国外炼油化工新技术丛书

流化催化裂化手册

（第三版）

［美］Reza Sadeghbeigi　著
王红霞　译
刘特林　审校

石 油 工 业 出 版 社

内 容 提 要

本书对流化催化裂化技术的工艺、反应及装置等进行了比较全面的论述，内容包括催化裂化工艺、工艺控制设施、原料及产品、催化剂及添加剂、化学反应、装置监控与故障排除、项目执行与管理、耐火衬里系统、设备工艺和机械设计、装置优化与消除瓶颈、污染物排放以及渣油和深度加氢处理原料的加工等。

本书可供从事石油化工生产、科研和设计的工程技术人员、管理人员及高校相关专业的师生阅读和参考。

图书在版编目（CIP）数据

流化催化裂化手册：第三版／（美）雷扎·斯德博格（Reza Sadeghbeigi）著；王红霞译．— 北京：石油工业出版社，2018.1

（国外炼油化工新技术丛书）

书名原文：Fluid Catalytic Cracking Handbook

ISBN 978-7-5183-2067-7

Ⅰ.①流… Ⅱ.①雷… ②王… Ⅲ.①石油炼制-流化催化裂化-手册 Ⅳ.①TE624.4-62

中国版本图书馆 CIP 数据核字（2017）第 250611 号

Fluid Catalytic Cracking Handbook：An Expert Guide to the Practical Operation，Design，and Optimization of FCC Units，Third Edition

Reza Sadeghbeigi

ISBN：9780123869654

《流化催化裂化手册》（第三版）（王红霞译）

ISBN：9787518320677

北京市版权局著作权合同登记号：01-2016-4217

出版发行：石油工业出版社
（北京安定门外安华里 2 区 1 号　100011）
网　址：www. petropub. com
编辑部：（010）64523546
图书营销中心：（010）64523633

经　销：全国新华书店

印　刷：北京中石油彩色印刷有限责任公司

2018 年 1 月第 1 版　2018 年 1 月第 1 次印刷
787×1092 毫米　开本：1/16　印张：15.75
字数：400 千字

定价：128.00 元
（如发现印装质量问题，我社图书营销中心负责调换）

译 者 前 言

自中国第一套流化催化裂化装置于 1965 年实现工业化以来，催化裂化工艺作为炼油行业的主要加工工艺，发展极为迅速。50 多年来，中国催化裂化装置从无到有，技术水平不断提高，装置规模和加工能力不断扩大，在流化催化裂化技术领域积累了丰富的经验，取得了巨大的成就，有些技术已达到国际先进水平。

《Fluid Catalytic Cracking Handbook（3rd Edition）》是由 Elsevier 出版集团于 2012 年出版的一本新书，该书在 2000 年出版的第二版基础上增加了一些新的章节，并对原有的章节也进行了全面更新。本书全面介绍了催化裂化工艺、工艺控制设施、原料及产品、催化剂及添加剂、化学反应、装置监控与故障排除、项目执行与管理、耐火衬里系统、设备工艺和机械设计、装置优化与消除瓶颈、污染物排放以及渣油和深度加氢处理原料的加工等方面的内容，是流化催化裂化技术领域非常实用的一本工具书。

由《石油炼制与化工》编辑部翻译、中国石化出版社 2002 年出版的《Fluid Catalytic Cracking Handbook（2nd Edition）》中文版，为本书一些章节的翻译提供了很好的借鉴，在此表示感谢。

在本书翻译过程中，得到了王莹、李濛、武烨、高凯然、李沁阳、王嘉辉、王洋、李振荣、刘雪梅、杨丽琴、王鸣东、袁兰、王昆仑、杜志芳等同志的大力支持与帮助，在此一并表示感谢！

由于译者水平有限，译文若有不妥之处望读者不吝指正，提出宝贵意见。

原书前言

来自伊朗的我能在美国接受教育和工作是非常幸运的。从20世纪70年代初海上钻井平台的码头工人和钻工，到近40年后的今天，我的目标始终是与他人分享我的丰富经验和知识。通过发表技术文章、出版书籍、举办研讨会以及提供定制培训等，我已经实现了这一目标。我写这本书的主要目的是对很多了不起的人在我的职业生涯中为我提供的帮助表达谢意。

美国的炼油工业已经缩减多年，成长为有经验的炼油技术专家的人才正在迅速消失，而且没有可取代他们的“人才培养体制”。以前，参加年会曾有利于提供这种技术传承。在过去10年里，这些会议变得受限于政治导向并被商业利益所左右。在很多情况下，报告人或主持人只有有限的知识来提供实用的可供现场学习的经验教训。此外，许多参会者不愿意在公共论坛来挑战现状或提出新的想法。

第三版真正提供了我在催化裂化工艺方面35年的经验传承。没有其他出版物可以无任何商业利益的干扰来进行催化裂化领域的综合讨论，同时还能提供有形和实用的信息以用于在一个不断挑战的行业做出“正确的”决定。这些决定的例子可以是加工合适的原料、购买恰当的新鲜催化剂和（或）添加剂、设计或确保流化催化裂化（FCC）设备的设计适当以及能够有效地排除装置操作的故障或优化装置操作等。

第三版在第二版的基础上增加了几个新章节，并对原有的章节也进行了全面更新。新章节中的耐火衬里部分包含大量实用信息，对于提高FCC组件的长期机械可靠性是必不可少的。新章节中的渣油裂化部分为装置实现最佳产率的同时维持长周期运行提供了参考。新章节中的烟气排放部分提供了各种有效的方法以较好地遵守排放要求而不要越界。

我为第三版感到自豪。我收到了来自我们公司尊贵的客户、工业“专家”以及RMS工程公司的同事的信息和反馈。为确保内容的准确性和完整性，每一章都进行了仔细审查。本书的重点是在无重大资本项目支出的情况下，提供使现有操作利润和可靠性最大化的工具。我希望这本书可作为与流化催化裂化工艺有关的任何人员的一个参考。

在未来几年，我计划继续分享我的专业技术知识和技术诀窍。

Reza Sadeghbeigi

目　　录

附录

第1章 工艺简述

全球以汽油和柴油作为主要运输燃料的需求将继续增长。在综合炼油厂，流化催化裂化（FCC）工艺一直发挥着关键作用，是从原油制取轻质产品的主要转化工艺。在未来20年内，FCC工艺将有可能用于生物燃料及减少二氧化碳的排放等过程。对于很多炼油厂来说，催化裂化装置是取得经济效益的关键，它的成功与否决定了炼油厂在当前市场中能否保持竞争力。

自从1942年第一套FCC工业化装置开工以来，已经进行了很多改进，增强了装置的机械可靠性，提高了裂化更重、更廉价原料的能力。FCC工艺有着为适应市场需求不断改进的非凡历史。表1.1和表1.2列出了FCC工艺的发展史。

表1.1 FCC工艺发明前催化裂化工艺的发展

年份	发展情况
1915	Gulf炼油公司的Almer M. McAfee发现三氯化铝弗里德尔—克拉夫茨催化剂可催化裂化重油，然而催化剂的高成本阻碍了McAfee工艺的推广使用
1922	法国机械工程师Eugene Jules Houdry和药剂师E. A. Prodhomme建立了一个实验室来开发将褐煤转化为汽油的催化过程。1929年建成的示范工厂表明该过程是不经济的。Houdry发现漂白土（一种含有Al_2SiO_6的黏土）可以将褐煤转变为汽油
1930	真空石油公司（Vacuum Oil Company）邀请Houdry将其实验室搬至美国新泽西州的保罗斯伯勒（Paulsboro, NJ）
1931	真空石油公司与纽约标准石油公司（纽约美孚石油公司）（Standard Oil of New York）（Socony）合并组建纽约美孚—真空石油公司（Socony-Vacuum Oil Company）
1933	由于20世纪30年代初的经济大萧条，小型Houdry装置接受了加工石油200bbl/d（bpd）的委托，纽约美孚—真空石油公司不能继续支持Houdry的工作并授权他到其他公司寻求帮助。太阳石油公司（Sun Oil Company）加入开发Houdry工艺
1936	纽约美孚—真空石油公司将一套旧热裂解装置改造为采用Houdry工艺可催化裂化原油的装置，加工量可达2000bbl/d
1936	采用天然黏土作为催化剂可极大地提高裂化效率
1937	太阳石油公司开始采用Houdry工艺，原油加工量可达12000bbl/d。Houdry工艺采用装有催化剂的固定床反应器，为半间歇操作，近50%的裂化产物为汽油
1938	随着Houdry工艺的商业化成功，作为协会成员之一的新泽西标准石油公司（Standard Oil of New Jersy）恢复了FCC工艺的研究，该协会成员包括5家石油公司：新泽西标准石油公司、印第安纳标准石油公司（Standard Oil of Indiana）、盎格鲁—伊朗石油公司（Anglo-Iranian Oil）、得克萨斯石油公司（Texas Oil）和荷兰壳牌公司（Dutch Shell）、两家工程建设公司——凯洛格公司（M. W. Kellogg）和环球油品公司（UOP），以及一家德国化工公司I. G. Farben。该协会被称为催化剂研究协会（CRA, Catalyst Research Associates），其目标是开发一种新的催化裂化工艺，且不与Houdry的专利相冲突。麻省理工学院的两名教授Warren K. Lewis和Edwin R. Gilliand建议CRA研究人员使流低速通过粉末以使粉末像液体般流动。新泽西标准石油公司开发并获得第一件流化催化剂裂化工艺专利

续表

年份	发展情况
1938—1940	1938年，纽约美孚—真空石油公司另有8套在建Houdry装置，到1940年已有14套Houdry装置在运行，原油加工量达140000bbl/d。下一步需要开发一个连续生产工艺来替代Houdry工艺的半间歇式操作。由此出现了催化热裂化（TCC）的移动床工艺，该工艺使用斗式提升输送机将催化剂从再生窑移动至反应器
1940	凯洛格公司在标准石油公司位于路易斯安那（Louisiana）的Baton Rouge炼油厂设计并建造了一个大型试验工厂
1941	一个小型TCC示范装置在纽约美孚—真空石油公司的Paulsboro炼油厂建成
1943	一个原油加工量达10000bbl/d的TCC装置在位于得克萨斯Beaumont的Magnolia石油公司（属纽约美孚—真空石油公司Paulsboro炼油厂子公司）开始运转
1945	第二次世界大战结束后，在运转的TCC装置石油加工能力约为30×10^4bbl/d

表1.2　FCC工艺的发展

年份	发展情况
1942	第一套FCC工业装置（Ⅰ型上行式设计）在新泽西标准石油公司位于路易斯安那的Baton Rouge炼油厂开工，加工能力为12000bbl/d
1943	第一套下行式FCC工业装置开始运转；第一套TCC装置开始运转
1947	UOP第一套烟囱式FCC装置（stacked FCC unit）建成，凯洛格公司推出Ⅲ型FCC装置
1948	W. R. Grace & Co公司的Davison分部开发出微球FCC催化剂
1950年代	床层裂化工艺得到改进
1951	凯洛格公司推出正流式（Orthoflow）设计
1952	埃克森公司（Exxon）推出Ⅳ型催化裂化
1954	引入高铝（Al_2O_3）催化剂
20世纪50年代中期	UOP推出并列式设计
1956	壳牌石油公司（Shell）发明了提升管裂化反应器
1961	凯洛格和菲利普斯公司（Phillips）开发出第一个渣油裂化装置并在得克萨斯Borger炼油厂开工
1963	第一套Ⅰ型FCC装置经过22年运转后关停
1964	美孚石油公司（Mobil Oil）开发出含有超稳Y型（USY）和稀土交换超稳Y型分子筛（ReY）的FCC催化剂；最后的TCC装置完成
1972	阿莫科石油公司（Amoco Oil）发明了高温再生方法
1974	美孚石油公司引入CO助燃剂
1975	菲利普斯石油公司（Phillips Petroleum）开发出锑助剂用于钝化镍
1981	道达尔发明了渣油加工的两段再生方法
1983	美孚报道了ZSM-5作为提高汽油辛烷值及烯烃产率的FCC添加剂的首次工业应用
1985	美孚在其FCC装置中开始使用封闭式旋风分离系统
1994	Coastal公司进行了超短停留时间、选择性裂化（MSCC）工业试验
1996	ABB鲁姆斯全球公司（ABB Lummus Global）取得Texaco公司的FCC技术

FCC 装置采用微球催化剂，在适当的流化状态下其形态似液体。FCC 装置的主要目的是使高沸点石油馏分（称为瓦斯油）转化为高价值的运输燃料（如汽油、喷气燃料和柴油）。FCC 原料所用瓦斯油通常是原油中馏程在 650~1050℉（330~550℃）的馏分。原料性质将在第 3 章讨论。

全球正在运行的催化裂化装置大约有 350 套（其中美国有 102 套），总加工能力超过 1470×10^4bbl/d[1]。现有的 FCC 装置主要由以下 6 个技术供应商设计或改造：

（1）UOP（环球油品公司）（Universal Oil Products）；

（2）Kellogg Brown & Root-KBR（原来的 Kellogg 公司）；

（3）ExxonMobil 开发与工程公司（ExxonMobil Research and Engineering）（EMRE）；

（4）Shaw 集团公司（The Shaw Group Inc.）；

（5）CB&I 鲁姆斯（CB&I Lummus）；

（6）壳牌全球解决方案国际公司（Shell Global Solutions International）。

图 1.1 至图 1.9 列出了几家 FCC 技术供应商提供的典型装置草图。虽然每套 FCC 装置

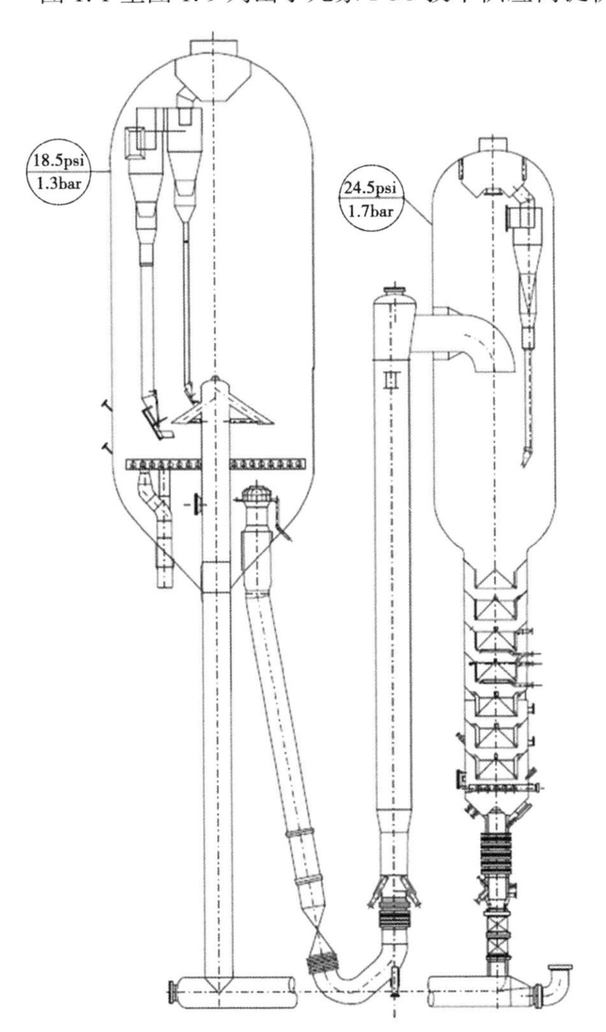

图 1.1　具有增强 RMS 设计内构件的Ⅱ型催化裂化反应器实例

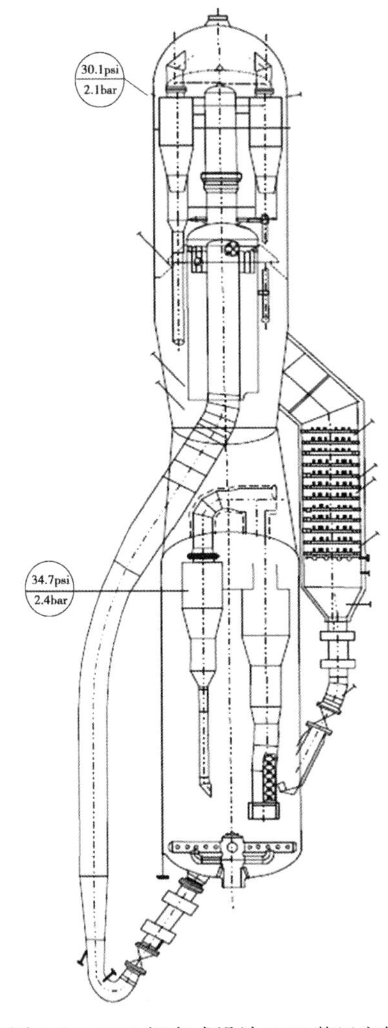

图 1.2　UOP 烟囱式设计 FCC 装置实例

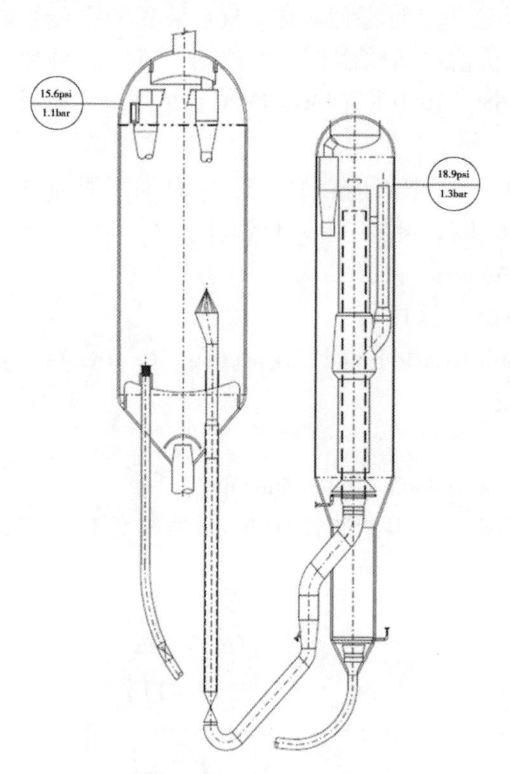

图 1.3　Ⅳ型设计 FCC 装置实例

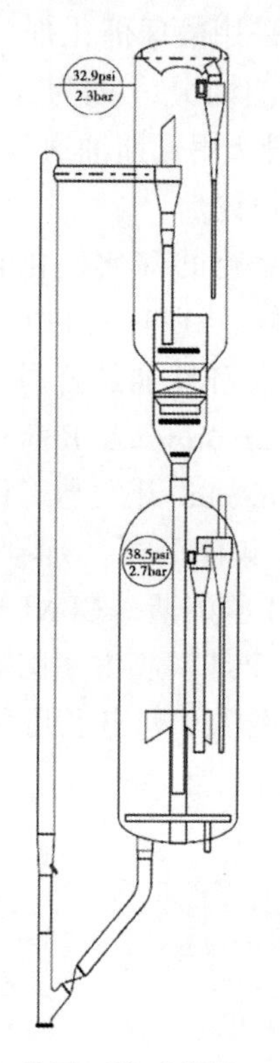

图 1.4　KBR 公司正流式设计 FCC 装置实例

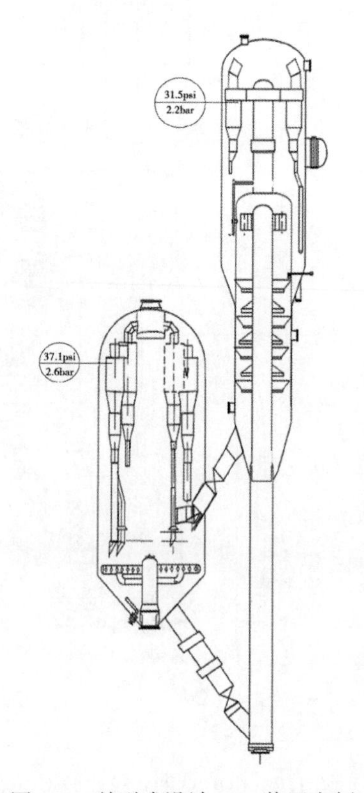

图 1.5　并列式设计 FCC 装置实例

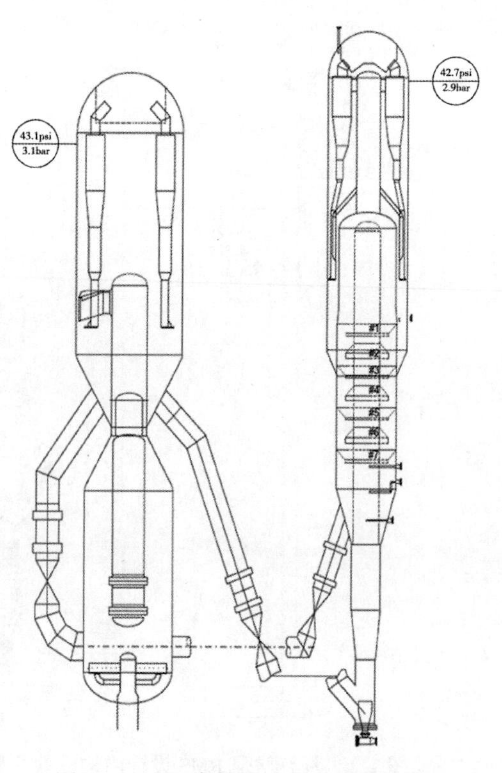

图 1.6　UOP 高效设计 FCC 装置实例

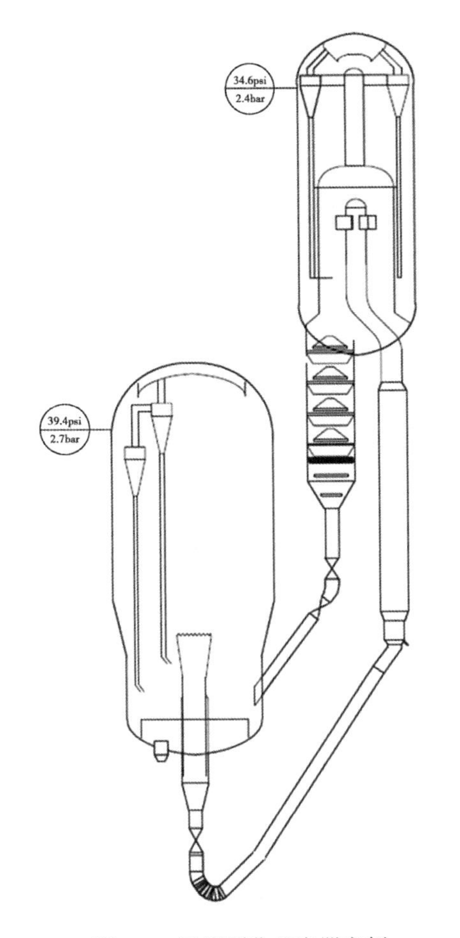

图 1.7　灵活裂化反应器实例

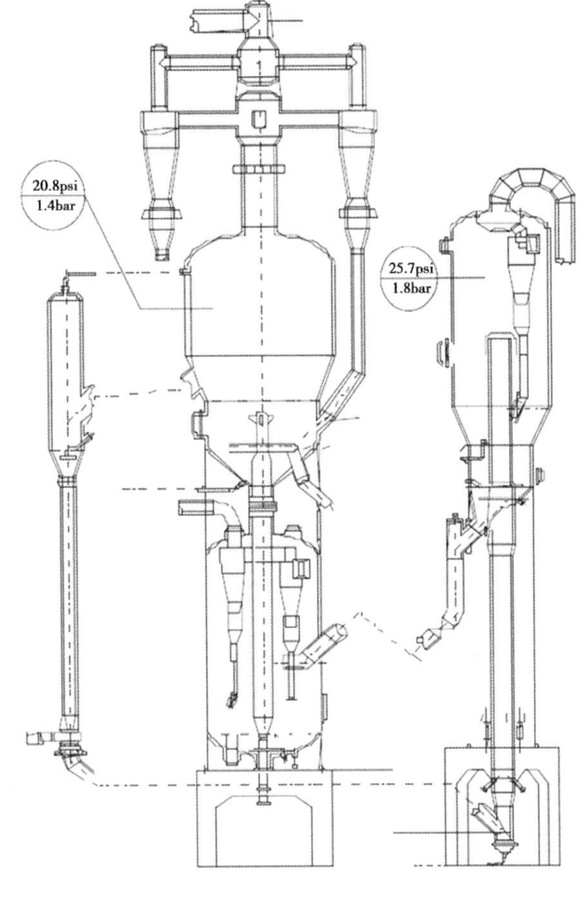

图 1.8　Shaw 集团公司设计的 FCC 装置实例

的机械构造可能有所不同，但它们的共同目标都是将廉价的原料加工成具有较高价值的用于运输及石化行业的产品。全球大约 45%的汽油来自 FCC 及其附属装置，如烷基化装置。

在介绍工艺之前，有必要了解典型的催化裂化装置在炼油厂所处的地位。炼油厂由多套加工装置组成，通过这些装置将原油加工转化为有用的产品，如汽油、柴油、喷气燃料和燃料油（图 1.10）。

原油蒸馏装置是炼油工艺流程中的第一套装置，原油通过蒸馏分成石脑油、煤油、柴油和瓦斯油等几种中间产品。原油中最重的部分不能通过常压塔蒸出，加热后送往减压塔，分割成瓦斯油和减压渣油。从减压塔底出来的减压渣油被送往延迟焦化装置、脱沥青装置、减黏裂化装置或渣油裂化装置进一步加工，或者

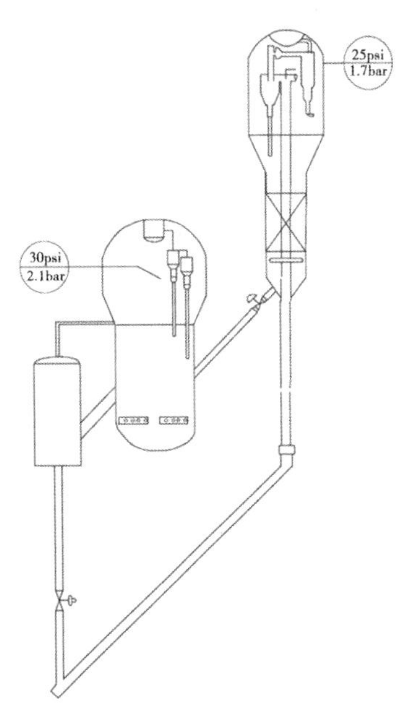

图 1.9　鲁姆斯技术公司 FCC 装置实例

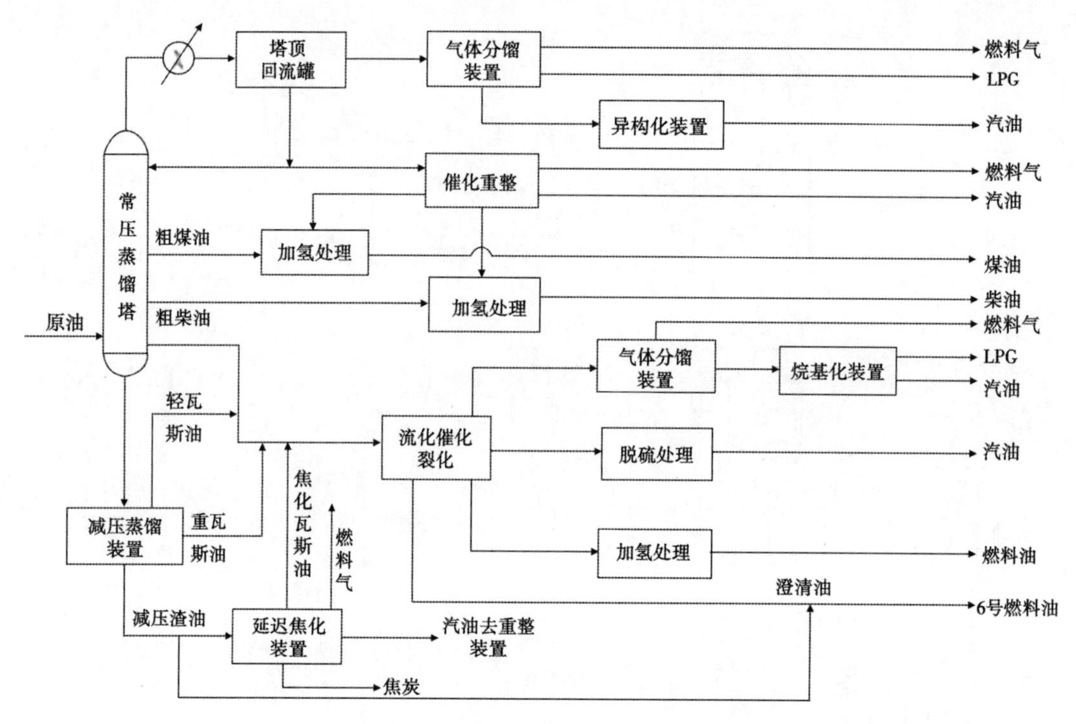

图 1.10　典型的高转化率炼油厂

作为燃料油或道路沥青出售。

常规催化裂化装置的原料瓦斯油主要来自常压蒸馏塔、减压蒸馏塔和延迟焦化装置。此外，一些炼油厂将常压或减压渣油掺入 FCC 装置的原料中进行加工。FCC 装置的进料可以是完全加氢处理的、部分加氢处理的或完全未加氢处理的。

FCC 工艺非常复杂，为简单起见，将此工艺分成 12 个部分进行描述。

1.1　原料预热

大多数炼油厂能够生产足够的瓦斯油以满足催化裂化装置的需要。但是，一些炼油厂生产的瓦斯油不能满足其催化裂化装置的加工能力，购买 FCC 原料或掺和一些渣油作为原料的补充，可能在经济上比较合算。炼油厂生产的瓦斯油和 FCC 的其他补充原料通常被混合在一起进入缓冲罐，以便能稳定地流入进料泵。利用缓冲罐也可以将原料中可能存在的水或水蒸气进行分离。

在大多数 FCC 装置中，瓦斯油进料在从存贮罐和（或）其他单元被送至提升管之前都要先经过预热。预热的热源通常为主分馏塔循环物料、主分馏塔产品和（或）专用的燃气炉（图 1.11）。

典型的原料预热温度范围是 400～750℉（205～400℃），原料首先经过换热器与主分馏塔的高温物料进行换热，通常与主分馏塔塔顶回流油、轻循环油（LCO）和塔底循环油换热（图 1.11）。从主分馏塔移走热量至少与原料预热同样重要。

大多数 FCC 装置使用加热炉来最大化 FCC 原料的预热温度。燃气原料预热炉具有多种操作优势。例如，当装置的主风机能力和（或）催化剂循环量不足时，提高预热温度可以

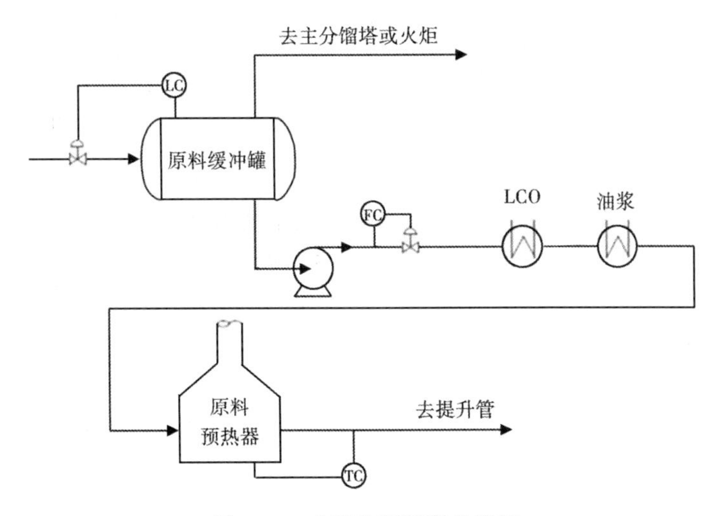

图 1.11　典型的原料预热系统

FC—流量控制；LC—液位控制；TC—温度控制；LCO—轻循环油

提高装置的处理能力。此外，对于加工深度加氢原料的装置，通过提高原料的预热温度来控制再生器床层温度是一个很好的选择。原料预热的影响将在第 8 章讨论。

1.2　进料喷嘴—提升管

反应—再生系统是 FCC 工艺的核心。在当今的催化裂化装置中，提升管就是反应器(图 1.12)。

原料与再生催化剂的有效接触对获得理想的裂化反应是很重要的。进料喷嘴借助分散或雾化水蒸气雾化原料，较小的油滴提高了原料与催化剂活性酸中心接触的可能性。实际上采用高活性的沸石催化剂，所有的裂化反应都发生在 3 秒或更短的时间内。

在大多数 FCC 装置中，进料喷嘴是“升高”型的，它们位于提升管底部之上大约 15～40ft（5～12m）的位置。根据 FCC 的原料流速和提升管直径的不同，进料喷嘴的数目可以是 1～15。

理想的裂化反应在气相中进行，原料一旦被热的再生催化剂气化，裂化反应就会开始，反应油气的体积膨胀是携带催化剂在提升管中上升的主要驱动力。

热的再生催化剂不仅要提供必要的热量以气化原料油和使其达到所需的裂

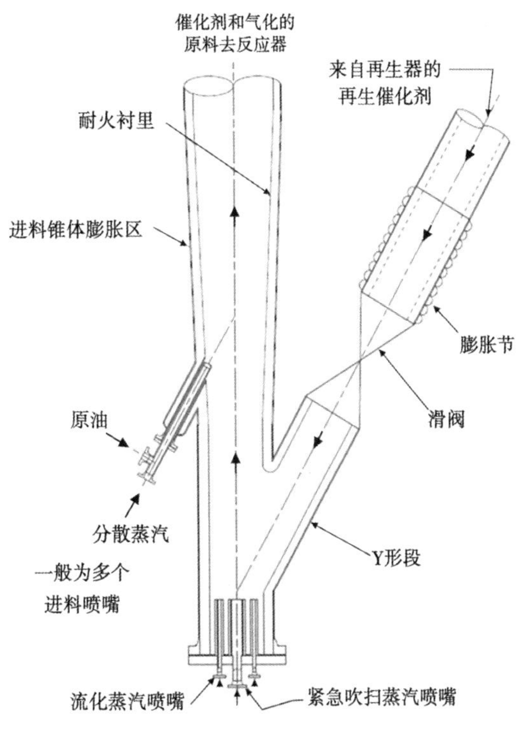

图 1.12　典型的 Y 形进料段提升管

化温度，而且要补偿由于吸热反应所造成的发生在提升管内的“内部冷却”现象。

取决于原料预热、再生器床层及提升管出口温度等因素，剂油比（催化剂的循环量与总进料量的质量比）（通常为4:1~10:1）。典型的再生催化剂的温度为1250~1350℉（677~732℃）。裂化或反应器的温度通常为925~1050℉（496~565℃）。

提升管通常为垂直立管，典型竖管的直径一般为2~7ft（61~213cm），高度为75~120ft（23~37m）。理想的提升管能模拟活塞流反应器，催化剂和反应油气在提升管内返混最小。

一些提升管完全在反应器外部，它们大多是冷壁设计，具有厚度为4~5in（10~13cm）的保温和抗磨损的内部耐火衬里。而在反应器内部的提升管，通常具有厚度为1 in（2.5cm）的内部耐火衬里。冷壁设计的提升管所用材料是碳钢，热壁设计的提升管所用材料是低铬合金。

提升管通常设计出口的油气线速为40~60ft/s（12~18m/s）。烃类和催化剂的平均停留时间分别约为2s和3s（基于提升管的出口条件计算）。经过裂化反应，一种氢含量很低的物质，即焦炭沉积在催化剂上，降低了催化剂的活性。

1.3 催化剂分离

催化剂从提升管出来后，便进入了沉降器。在当今的FCC装置中，沉降器作为放置用于催化剂分离的旋风分离器和（或）其他分离装置的场所。在早期的FCC工艺中，沉降器可以作为床层反应器进一步进行裂化反应，同时用于催化剂的分离。

几乎每套FCC装置均采用某种类型的惯性分离装置，与提升管的出口相连，将大部分催化剂与反应油气分开。一些FCC装置采用导流设备使催化剂运动方向向下改变。在某些FCC装置中，提升管直接与一组旋风分离器相连，“粗旋”分离器通常即指这种类型的设计。这些措施可以将75%~99.9%的催化剂从油气产物中分离出去。

图1.13　典型的两段旋风分离系统

大多数FCC装置使用单级或两级旋风分离器（图1.13）以分离残留在裂化油气中的催化剂微粒。旋风分离器将催化剂收集并通过料腿和挡板/翼阀（图1.14和图1.15）送往催化剂汽提段。产品油气从旋风分离器的上部流出后进入主分馏塔。典型的提升管末端设备和上部旋风分离系统的分离效率通常达99.999%以上。

催化剂与反应油气一旦进入沉降器，尽快将其分开是很重要的，尤其当裂化温度超过950℉（510℃）时。否则就延长了催化剂与反应油气在沉降器内的接触时间，导致某些所需产品再进行非选择性催化裂化。停留时间延长也会促进所需产品再进行热裂化反应。当沉降器温度超过950℉（510℃）时，二次裂化反应会普遍发生。大多数炼油厂已经改进了提升管末端设备以最大限度减少这些二次裂化反应的发生。

图 1.14　典型的配重挡板阀及一个二级旋风分离器翼阀照片

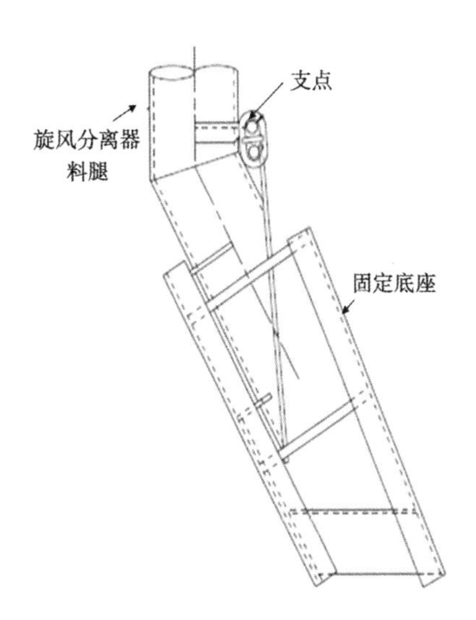

图 1.15　典型的翼阀示意图

1.4　汽提段

吸附在催化剂中的烃类与“待生”催化剂一起进入催化剂汽提段，汽提水蒸气主要用来脱除这些催化剂微粒夹带的烃蒸气。汽提水蒸气通常不能使催化剂微孔中的烃类脱附，因而裂化反应继续在汽提段内进行，并且这些反应受温度和催化剂在汽提段中停留时间的影响。工业上最常用的使下行催化剂与上行汽提水蒸气接触的设备有栏板、圆形或环形挡板以及结构填料等（图 1.16）。

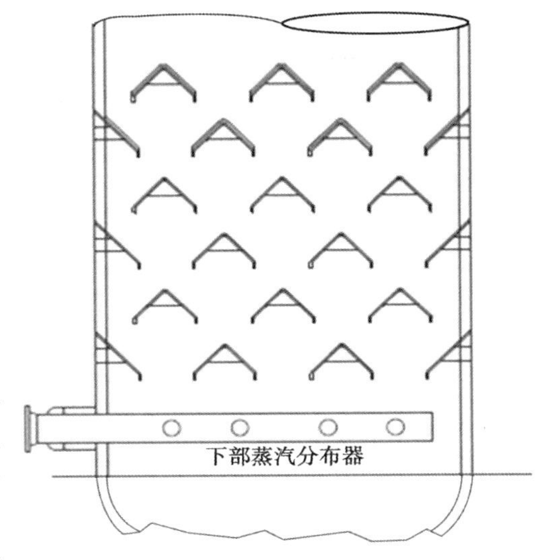

图 1.16　催化剂汽提实例

高效催化剂汽提段的设计应能使催化剂与水蒸气充分接触。反应器汽提段一般设计水蒸气空速约为 0.75ft/s（0.23m/s），催化剂质量流速约为 700lb/（min · ft^2），即 3418kg/（min · m^2）。催化剂流速太高会导致下落的催化剂夹带水蒸气，从而降低汽提水蒸气的效率。典型的汽提水蒸气与循环催化剂的比例为 2~5 lb/1000 lb（2~5kg/1000kg）。

应当尽量减少催化剂携带烃类蒸气进入再生器的量，但是并非所有烃类蒸气都可以在汽提段从催化剂微孔中脱附，其中一部分随待生催化剂进入再生器。

这些烃蒸气/液体具有比催化剂上的坚硬焦炭更高的氢碳比。这些富氢烃类进入再生器的不良影响如下：

（1）液体产品损失。如果这些烃类不在再生器中被烧掉，应该可以作为液体产品回收。

（2）生产能力降低。氢气燃烧生成水是碳燃烧生成二氧化碳所产生的热量的 3.7 倍，由于过多的烃类燃烧所造成的再生器温度上升会超过再生器构件所能承受的温度极限，迫使装置降低进料速度。

（3）催化剂活性损失。较高的再生器温度及再生器中水蒸气的存在，会破坏催化剂的晶体结构，从而降低催化剂活性。

待生催化剂进入再生器通常由滑阀或塞阀控制（图 1.17），通过控制此滑阀或塞阀使汽提段的催化剂维持在所需的高度。所有 FCC 装置汽提段催化剂的高度均须维持在适当的水平，以防止热烟道气逆向进入沉降器中。

滑阀实例

塞阀实例

图 1.17　典型的滑阀和塞阀实例

在大多数 FCC 装置中，待生催化剂在重力作用下进入再生器。还有一些 FCC 装置是利用提升风或载气风将待生催化剂输送到再生器。待生催化剂的均匀分布对于实现高效燃烧从而最大限度地减少尾燃及氮氧化物的排放非常关键。图 1.18 给出了设计得当的待生催化剂分布系统实例，图 1.19 给出了待生催化剂通过滑跳式分布器从侧壁进入再生器的实例，遗

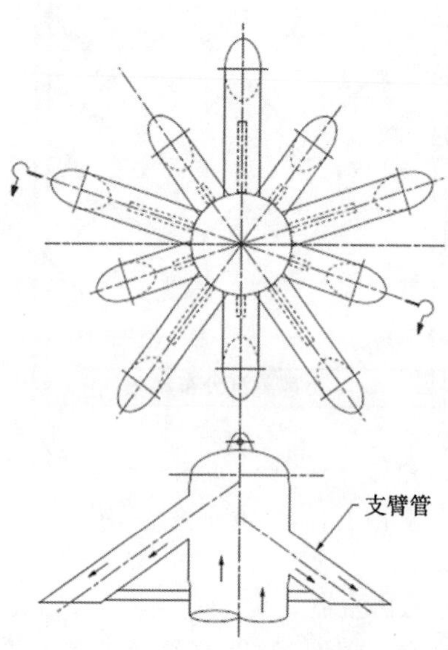

图 1.18　待生催化剂分布系统实例
（RMS 工程公司提供）

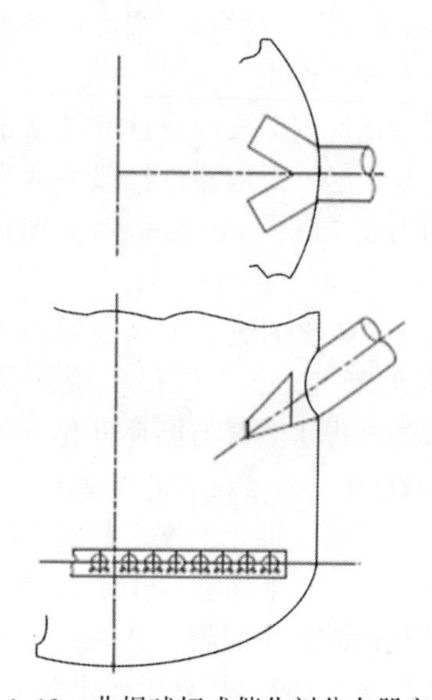

图 1.19　曲棍球杆式催化剂分布器实例

憾的是其未能提供均匀的催化剂分布。

1.5 再生器——热量和催化剂回收

再生器有三个主要作用：

（1）恢复催化剂活性；

（2）为裂化反应提供热量；

（3）将流化催化剂输送至进料喷嘴。

进入再生器的待生催化剂通常含有0.5%~1.5%（质量分数）的焦炭，焦炭的主要成分为碳、氢及痕量的硫和有机氮分子。它们燃烧的化学反应如表1.3所示。

表1.3 碳、氢、硫、氮燃烧的化学反应及燃烧热

化学反应	燃烧热		编号
	kcal/kg	Btu/lb	
$C+1/2\ O_2 \longrightarrow CO$	2200	3968	(1.1)
$CO+1/2\ O_2 \longrightarrow CO_2$	5600	10100	(1.2)
$C+O_2 \longrightarrow CO_2$	7820	14100	(1.3)
$H_2+1/2\ O_2 \longrightarrow H_2O$	28900	52125	(1.4)
$S+xO \longrightarrow SO_x$	2209	3983	(1.5)
$N+xO \longrightarrow NO_x$			(1.6)

应用一台或多台主风机为焦炭燃烧提供氧气，主风机为催化剂在床层中保持流化状态提供足够的空气流速和压力。一些FCC装置需购买氧气来补充燃烧用空气。空气或氧气通过一个位于靠近再生器底部的空气分配系统（图1.20）进入再生器。空气分配器的设计对于催化剂有效和可靠的再生是非常重要的。空气分配器一般设计压降为1.0~2.0psi（7~15kPa），以保证正压空气通过所有喷嘴。

图1.20 空气分布器设计实例（RMS工程公司提供）

传统的鼓泡床再生器分为密相和稀相两段，再生器中气体线速度一般为2~4ft/s（0.6~1.2m/s），大部分催化剂微粒集中在空气分配器上方的密相床层，稀相段在密相床层上方直到旋风分离器入口，具有较低的催化剂浓度。

1.6 部分燃烧和完全燃烧

催化剂在一定的温度范围内可以再生，并且有固有的烟气组成限制。实践中再生过程有两种截然不同的燃烧方式：部分燃烧和完全燃烧。完全燃烧产生较多的能量且焦炭产率低，而部分燃烧产生较少的能量且焦炭产率高。在完全燃烧过程中，过量的反应物为氧气，因而较多的碳产生较多的燃烧；在部分燃烧过程中，过量的反应物为碳，所有的氧气都被消耗，因而焦炭产率增加就意味着 CO_2 转变为 CO。

FCC 再生方式可以进一步分为低温再生、中温再生和高温再生。在低温再生（大约 1190℉或 640℃）过程中，完全燃烧是不可能的。低温再生的一个特征是在 1190℉，三种组分（O_2，CO 和 CO_2）在烟气中都有较高的含量。低温再生的操作方式曾在早期催化裂化工艺中使用。

20 世纪 70 年代早期，高温再生发展起来。高温再生是指提高温度直至所有的氧气都被燃烧掉，结果主要是再生催化剂的含碳量降低。采用这种再生方式，烟气中或者有少量过量氧气而没有 CO，或者没有过量氧气而有不定量的 CO。如果氧气过量，则操作方式为完全燃烧；如果 CO 过量，则操作方式为部分燃烧。

随着设计适当的空气/待生催化剂分配系统和 CO 助燃剂的使用，再生温度可以降低，而再生催化剂仍可保持完全燃烧模式。

表 1.4 归纳了不同催化剂再生方式的特征。在低温、中温或高温，再生都有可能是部分或完全燃烧。在低温时，再生总是不完全的，再生催化剂含碳量高，增加燃烧空气会导致后燃。在中温时，再生催化剂含碳量降低。这三种再生方式通常采用的“操作区”如表 1.4 所示。

表 1.4 不同再生方式的特征

再生器燃烧操作区	部分燃烧方式	完全燃烧方式
低温（1190℉/640℃）	烟气中 O_2，CO 和 CO_2 含量稳定（少量的尾燃）	不能实现
中温（1275℉/690℃）	操作稳定（使用助燃剂时），再生催化剂含碳量高	使用助燃剂时操作稳定
高温（1350℉/730℃）	操作稳定	操作稳定

与部分燃烧相比，完全燃烧具有的优缺点如下：

完全燃烧的优点：（1）能量充足；（2）在焦炭产率低时能维持热平衡；（3）装置设备少（无 CO 锅炉）；（4）应用清洁催化剂时可得到较高产率；（5）环境友好。

完全燃烧的缺点：（1）除非安装取热系统，否则焦炭产率的适应范围较窄；（2）有较多的尾燃，特别是在空气或待生催化剂分配系统不均匀时；（3）剂油比低。

选择部分燃烧还是完全燃烧要根据 FCC 原料性质而定。加工“清洁原料”，应选择完全燃烧方式；加工劣质原料或渣油，应选择部分燃烧，可能还需要取热系统。

1.7 再生催化剂立管和滑阀

经过再生，催化剂上的焦炭量一般会降至 0.1%以下。从再生器出来后，催化剂向下流入输送管，即通常所说的立管。立管提供必需的压头使催化剂在装置内循环。有些立管较短，有些则较长。一些立管伸入再生器，其顶端通常称为“催化剂料斗”。有些装置的再生催化剂通过外部回收料斗进料。在再生器内部的催化剂料斗为锥形设计。

立管直径根据循环催化剂流率确定，流率范围通常为 150~300lb/（s·ft^2），即 750~1500kg/（s·m^2）。对多数短立管而言，足够的烟气随再生催化剂一起流下以使其保持流化状态；对于较长的立管，则需要外部注入气体以确保催化剂保持流化状态，通过沿着立管的长度方向间歇注入某种气体介质，如空气、水蒸气或氮气可以达到这一目的。在设计较好的立管中，催化剂流动密度在 35~45lb/ft^3（560~720kg/m^3）之间。

再生催化剂流向提升管的流速通常由滑阀或塞阀控制。滑阀的操作类似于可变孔板的操作，通常由反应器温度控制。它的主要作用是供应足够的催化剂以加热原料并达到所需的裂化温度。在 ExxonMobil IV 型 FCC 装置（图 1.3）和灵活裂化装置（图 1.7）设计中，再生催化剂的流动是通过调节反应器与再生器之间的压差来控制。

烟气离开再生器密相段时，会夹带催化剂颗粒，夹带量主要取决于烟气在再生器中的空速。较大的催化剂颗粒（50~90μm）回落到密相床，而较小的催化剂颗粒（0~50μm）悬浮在稀相段，被带入旋风分离器。

大多数 FCC 装置的再生器采用 2~20 组一级和二级旋风分离器。旋风分离系统设计为可回收直径大于 15 μm 的催化剂颗粒，回收的催化剂通过料腿返回再生器。

在催化剂床层料位以上且烟气流速达到稳定所需的高度，被称为携带沉降高度（TDH）。在这一高度，烟气中催化剂的浓度保持不变，催化剂不再落回到床层。一级旋风分离器入口的中心线应设在夹带沉降高度或更高。否则，过多的催化剂夹带会引起严重的催化剂损失。

1.8 烟气余热余压回收措施

烟气离开旋风分离器进入再生器顶部的集气室，高温烟气携带大量的能量，可采用多种热量回收措施来回收这些能量中。在一些装置中，烟气被送往 CO 锅炉，显热和燃烧热都被用于产生高压蒸汽。在另外一些装置中，烟气通过利用管壳式换热器或箱式换热器与锅炉给水换热以产生蒸汽。

大多数装置中没有烟气轮机（烟机），烟气通过双片式滑阀和降压孔板室来减压，穿过双片式滑阀的烟气压力约降低 1/3，剩余 2/3 压力则通过降压孔板室降低。降压孔板室为垂直或水平设置，内置有一系列带孔的板，以保持通过烟气阀的合理压降。

在一些大中型 FCC 装置中，可以利用烟机回收压力能。伴随着压力回收，烟气温度会降低约 200℉（93℃）。为保护烟机叶片免受催化剂颗粒的侵蚀，烟气首先进入第三级分离器分离出催化剂粉尘。根据设计，第三级分离器安装在再生器外部，装有大量的小型旋风分离器、旋风管或几个大型旋风分离器。第三级分离器可以从烟气中分离出 70%~95%的粉尘。

烟气能量回收系统（图 1.21）通常采用四机组：烟机、电动机/发电机、主风机和汽轮机。汽轮机主要用于开工，并且经常作为烟机发电不足的补充。

电动机/发电机作为速度控制器和调速轮，可以产生或消耗动力。在一些 FCC 装置中，烟机的动力超过驱动主风机所需的动力，过剩的动力通过电动/发电机输出到炼油厂电力系统。如果烟机所产生的动力低于主风机所需的动力，电动/发电机就为动力系统保持所需的

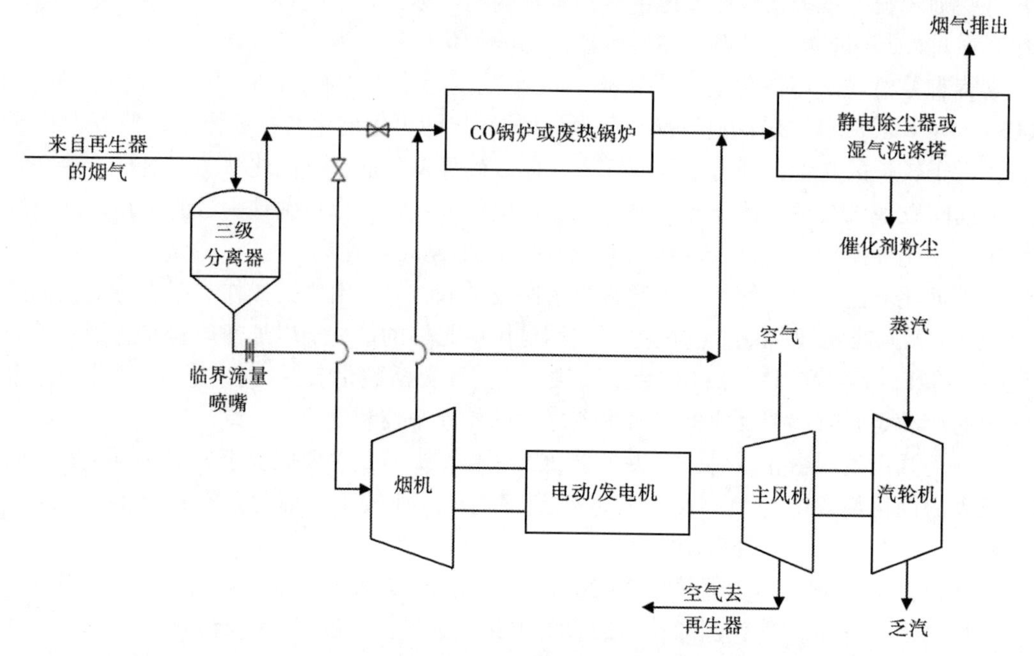

图 1.21　典型的烟气能量回收示意图

速度而提供动力。

从烟机出来后，烟气通过蒸汽发生器以回收热能。根据当地的环保法规，烟气在通过废热发电机下游设置的静电除尘器（ESP）或湿气洗涤塔后才可以排放到大气中。有些装置应用 ESP 除去烟气中 5~20μm 的催化剂粉尘。有些装置应用湿气吸收塔不仅从烟气中除去催化剂粉尘，还能除去硫化物。

1.9　催化剂处理设施

催化剂活性会随着使用时间的延长而降低。活性损失的原因主要是由于 FCC 原料中存在杂质及再生器中的高温和水热失活。为维持反应所需的活性，需向装置中不断加入新鲜催化剂。新鲜催化剂储存在新鲜催化剂料斗中，在大多数装置中，通过催化剂装载机自动加入到再生器中。

在 FCC 装置中循环的催化剂通常称为平衡催化剂或简单地称为 E-cat。一定量的平衡催化剂定期卸出并储存在 E-cat 料斗中，后期进行处置。加工渣油原料的炼油厂，也可以利用来自加工轻质低硫原料炼油厂卸出的质量较好的 E-cat。渣油原料中含有大量杂质，如金属，因此需要较高比例的新鲜催化剂来维持所需的反应活性。而结合使用质量较好的 E-cat 与新鲜催化剂，是保持低的催化剂成本的经济有效的方法。

即使反应器和再生器的旋风分离系统运转正常，小于 20μm 的催化剂微粒仍然会从这些设备中逸出。在大多数 FCC 装置中，来自反应器旋风分离系统的催化剂粉尘与油浆产品一起被送至储存罐中。

少数 FCC 装置采用三级回收装置（油浆沉降器、油浆分离器、道尔型水力旋流器等），将回收的催化剂再循环到提升管。

再生器烟气中残留的催化剂粉尘通常通过烟气洗涤塔、ESP 或设计适当的三级/四级旋风分离系统回收。

1.10 主分馏塔

主分馏塔或称主塔（图 1.22）的作用是使高温反应油气降温并回收液体产品。从反应器出来的高温蒸气产物从靠近底部的位置进入主分馏塔。烃类蒸气在塔中向上流经塔板和（或）填料，通过烃组分的冷凝和重新气化而完成分馏过程。

主分馏塔的操作与原油蒸馏塔类似，但有两点不同之处：第一，在分馏开始之前，反应器流出的蒸气必须经过冷却。第二，大量气体与不稳定汽油一起到达塔顶，需要进一步分离。

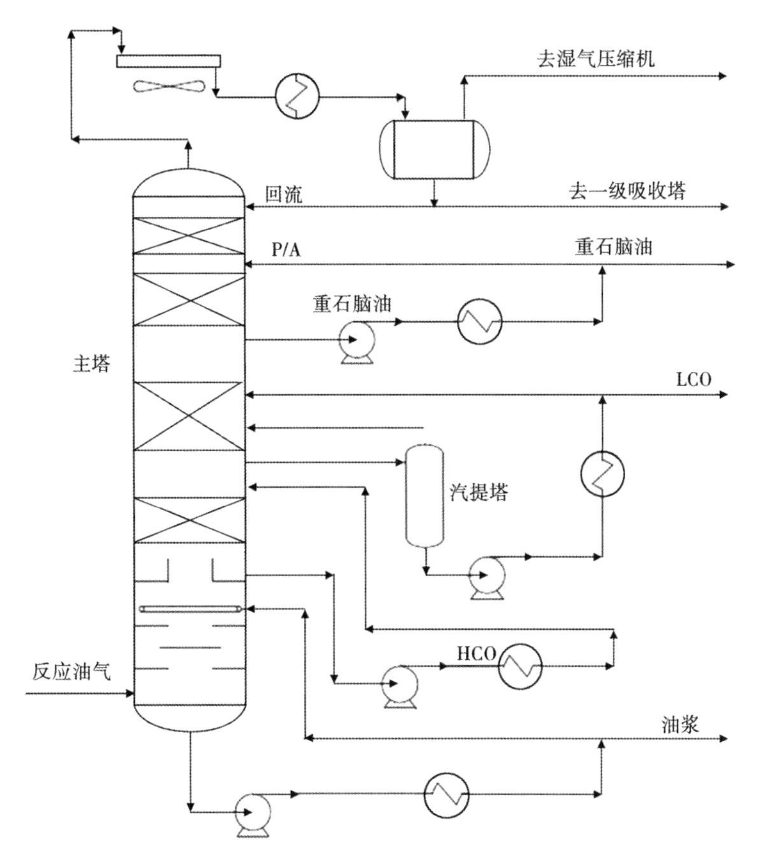

图 1.22　FCC 主分馏塔典型流程

主分馏塔的底部为换热区。用来促进气液接触的设备有人字挡板、圆形/环形塔盘以及栅格填料等。反应油气由几股循环物料降温并冷却。冷的循环物料还作为洗涤介质洗去夹带在蒸气中的催化剂细粉。

可以应用冷却池（参见图 13.12）维持分馏塔底部温度低于结焦温度，一般在 680℉（360℃）左右。

从主分馏塔塔底油回收的热量通常用于预热新鲜原料、发生蒸汽、作为气体分馏装置再沸器的加热介质等。

从主分馏塔出来的最重的塔底产品通常称为油浆或澄清油（DO）（在本书中，这些词互换使用）。油浆经常用作“沥青稀释油”与减压渣油一起生产6号燃料油。优质油浆（低硫、低金属、低灰分）可以用作生产炭黑的原料。

早期FCC装置所用催化剂机械强度差，旋风分离系统效率低，大量催化剂被携带进入主分馏塔并沉积在塔底。这些FCC装置采用两种方法控制催化剂损失：第一，采用较高的再循环速率使油浆返回反应器；第二，油浆产物经过重力或离心式油浆沉降器，以除去催化剂细粉，利用一部分FCC原料作为载体将从油浆分离器收集的催化剂细粉带回提升管。后来，FCC催化剂的物理性质和反应器旋风分离系统得到了改进，降低了催化剂的夹带量。现在大多数装置不再使用油浆分离器，油浆直接送往储存罐。催化剂细粉沉积在储存罐中，定期清除。一些装置仍在使用某种形式的油浆沉降器，以降低油浆中的灰分含量。

在塔底产品以上，主分馏塔通常设计有三个侧线：

（1）重循环油（HCO）：作为侧线回流，有时返回至提升管，但很少作为产品；

（2）轻循环油（LCO）：作为侧线回流，有时作为气体分馏装置的吸收油，汽提后作为柴油/燃料油的调和组分；

（3）重石脑油：作为侧线回流，有时作为气体分馏装置的吸收油，也可能作为汽油调和组分。

在许多装置中，LCO是唯一可以作为产品的侧线物料。LCO从主分馏塔出来后通过侧线汽提塔控制闪点。LCO通常经过脱硫处理后作为燃料油的调和组分。在大多数装置中，LCO的一部分支流经过汽提或不经汽提，进入气体分馏装置的吸收塔作为吸收用油。在另外一些装置中，吸收用油为冷却后的重石脑油。

HCO、重石脑油和其他侧线回流物流都用于从主分馏塔取热，为气体分馏装置再沸器提供热量并产生蒸汽。从每一个回流点所取得的热量都用于使塔内蒸气和液体负荷均匀分布，提供必要的塔内回流。

不稳定汽油和轻质气体通过主分馏塔后，以蒸气形式离开。塔顶流出油气在主分馏塔塔顶冷凝器冷却并部分凝结，然后流入一个塔顶接收罐，其操作压力通常小于15psi（1bar）。烃蒸气、烃类液体和水在塔顶接收罐中分离。

烃蒸气流入湿气压缩机（也称为富气压缩机，WGC），此气体物流中不仅含有乙烷及更轻的气体，而且还含有超过95%的C_3/C_4组分以及大约10%的石脑油。“湿气”是指气体物流中含有可凝结的组分。

从塔顶接收罐出来的烃类液体被分为两部分，一部分用泵输送回主分馏塔进行回流，一部分进入气体分馏装置。冷凝水也分开，一部分用泵输送回塔顶冷凝器作为洗涤水，一部分被抽走进行处理。在一些装置中，从塔顶接收罐出来的含硫污水也用于洗涤WGC出口冷却器。

1.11 气体吸收装置

FCC气体吸收装置（图1.23）将不稳定汽油和轻质气体分为：

（1）燃料气；（2）C_3和C_4组分；（3）汽油。

C_3和C_4组分（或脱丁烷塔的塔顶产品）包括丙烷、丙烯、正丁烷、异丁烷和丁烯。大多数炼油厂将C_3和C_4组分进行烷基化，或者通过一个脱丙烷塔将C_3组分从C_4组分中分离出来，C_4组分则进入烷基化装置。大多数FCC的气体吸收装置还包括脱除这些产物中硫的处理设施。

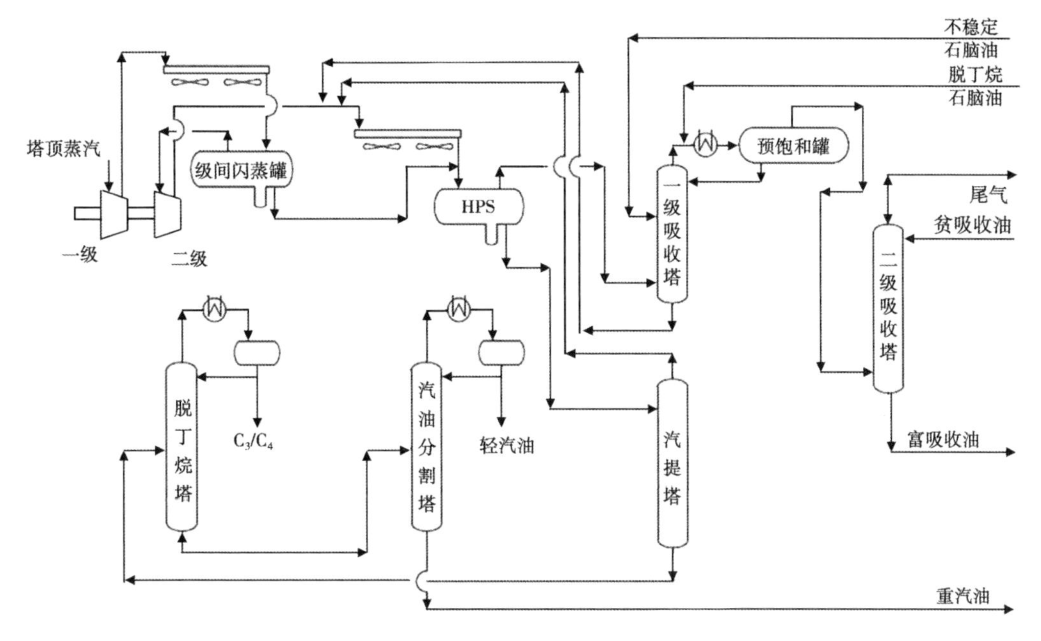

图 1.23　典型的 FCC 气体分馏装置

HPS—高压分离器

气体吸收装置从 WGC 开始，通常使用两级离心压缩机。这种类型的压缩机一般与电动机或多级汽轮机一起使用，一般由高压蒸汽驱动，蒸汽通常排放至减压下操作的表面冷凝器。需要指出的是，有些 FCC 装置使用单级 WGC。

在大多数两级压缩系统，从压缩机的第一级排放口排出的蒸气部分冷凝，并在级间闪蒸罐闪蒸，液态烃类被泵输送至气体吸收装置，进入高压分离器（HPS），或直接进入汽提塔。

从级间闪蒸罐出来的蒸气进入二级压缩机，二级压缩机排出的气体通过一个冷却器进入 HPS，来自炼油厂其他装置的气体和轻质物料通常也用于回收液化石油气（LPG）。从汽提塔和一级吸收塔来的循环物料也进入 HPS。注入洗涤水来稀释污染物，如铵盐等污染物可以造成设备结垢。此混合物在 HPS 中部分冷凝并进行闪蒸。

HPS 出来的蒸气流入一级吸收塔，而液体则由泵输送至汽提塔。HPS 实质上是位于一级汽提塔和吸收塔之间具有器外冷凝器的分离设备。

1.11.1　一级吸收塔

HPS 塔顶流出蒸气含有大量的 C_3 及更重的组分，一级吸收塔的作用就是回收这些组分。HPS 蒸气从底部塔板下面进入，向上流动与吸收油接触，重组分被吸收油吸收。

塔中所用吸收油通常有两个来源：第一种是来自于主分馏塔塔顶接收器的烃类液体，这部分物料通常称为“粗料”，或不稳定石脑油，从顶部塔板下面几个塔板处进入吸收塔。第二种吸收油是冷却的脱丁烷汽油，一般从顶部塔板进入，它的蒸气压较低，可以认为是补充吸收剂。脱丁烷汽油和从塔顶接收器来的不稳定石脑油通常称为“贫油”。

吸收过程是放热过程。为提高 C_{3+}组分的回收率，将一个或多个中间塔板的液体用泵输送至一个中间冷却器后再返回到下面的塔板。在一些 FCC 装置中，贫油料要经过冷却处理。

为增强 C_{3+}组分的回收能力，一些装置安装了预饱和罐，作为辅助的吸收段。操作过程中，冷却的脱丁烷汽油与吸收塔塔顶流出气混合（预饱和），混合物在预饱和罐中冷却并闪蒸，然后预饱和罐中的液体用泵输送至一级吸收塔的塔顶。

1.11.2 吸收油或二级吸收塔

从一级吸收塔和预饱和罐出来的蒸气中含有少量的汽油，二级吸收塔的作用就是回收这些汽油。“二级吸收油”通常是经过汽提或未经汽提的 LCO，用它来对干气进行最后的吸收处理。一些装置不使用 LCO，而将从主分馏塔来的重石脑油冷却后作为二级吸收油。

贫吸收油从顶部塔板之上进入吸收塔，而从预饱和罐或一级吸收塔来的气体从底部塔板之下进入吸收塔。富吸收油从塔底流出，返回主分馏塔。贫气从塔顶流出吸收塔，进入胺法脱硫装置脱除 H_2S，然后进入炼油厂燃气系统。

1.11.3 汽提塔或脱乙烷塔

HPS 液体主要含有 C_3 组分和更重的烃类化合物，还含有少量的 C_2 组分、H_2S 及夹带的一些水，汽提塔的作用是除去这些轻质馏分。液体从顶部塔板进入汽提塔。汽提所需的热量由外部的再沸器提供，加热介质为蒸汽或脱丁烷塔塔底油。从再沸器来的蒸气在塔中向上流动，汽提出向下流动液体中的轻馏分。塔顶流出富气经冷凝器回到 HPS，并作为一级吸收塔的原料。汽提后的石脑油由塔底流出进入脱丁烷塔。一些脱乙烷塔有专用的水引出塔板，以脱除夹带的水。

1.11.4 脱丁烷塔

汽提塔塔底油含有 C_3、C_4 组分和汽油，脱丁烷塔的作用是从汽油中分离出 C_3 和 C_4 组分。在一些装置中，汽提塔热塔底油进入脱丁烷塔前可进一步预热；而另一些装置中，汽提塔塔底油直接进入脱丁烷塔。原料从塔的中部进入后，由于脱丁烷塔的操作压力低于汽提塔，原料总是会部分汽化。这一压力降通过控制阀调节汽提塔塔底油液面的方式来实现。由于这个压降，部分原料通过控制阀而汽化。

脱丁烷塔将原料分离为两种产品，塔顶流出的产品包括 C_3 和 C_4 组分的混合物，塔底产品为稳定汽油。分离这些产品所需的热量由外部再沸器提供，热源一般为主分馏塔 HCO 或油浆，也可以使用蒸汽。

塔顶流出产品全部在塔顶冷凝器冷凝，塔顶流出液体的一部分用泵抽出并返回塔作为回流，剩余部分送往脱除 H_2S 和其他硫化合物的处理装置。混合 C_3 和 C_4 物流可作为烷基化装置的原料，或作为脱丙烷塔的原料将 C_3 组分从 C_4 组分中分离出来。C_3 组分被进一步加工用作石油化工原料，C_4 组分则进行烷基化反应。

脱丁烷汽油首先通过向汽提塔再沸器供热或预热脱丁烷塔的原料而冷却，然后再经过一组空气或水冷却器。一部分脱丁烷塔底油作为贫油用泵输送回预饱和罐或一级吸收塔，剩余部分通过脱硫处理，作为炼油厂的汽油调和组分。

1.11.5 汽油分割塔

一些炼油厂将脱丁烷汽油分割成“轻”汽油和“重”汽油。当汽油调和受到硫含量和芳烃含量限制时，可以优化炼油厂汽油组成。在一些汽油分割塔，第三种“核心馏分”被排出，这种中间馏分辛烷值较低，需在其他装置中进一步改质加工。

1.11.6 水洗系统

催化裂化原料中含有一定浓度的有机硫和氮化合物。有机氮化合物裂化后会释放出氰化氢（HCN）、氨（NH_3）及其他氮化合物。有机硫化合物裂化后会产生硫化氢（H_2S）及其他硫化合物。

FCC 气体分馏装置中存在潮湿环境，水来自于主分馏塔塔顶冷凝器中工艺水蒸气的冷凝。在 H_2S，NH_3 和 HCN 存在时，此环境容易导致腐蚀发生。腐蚀可能是下列类型中的一种或全部[2]：

（1）由硫氢化铵引起的一般腐蚀；

（2）氢鼓泡和（或）脆化；

（3）污垢沉积物下的麻点状腐蚀。

硫氢化铵是由氨与硫化氢反应而生成：

$$NH_3+H_2S \longrightarrow (NH_4)HS \tag{1.1}$$

$$MW(NH_3)=17 \quad MW(H_2S)=34$$

$$\text{质量比：} m(NH_3)/m(H_2S)=0.5$$

硫氢化铵对钢铁有极强的腐蚀性，腐蚀产物是氢气和硫化铁。反应一般为自终止反应，因为硫化铁覆盖在金属表面会形成保护膜，抑制进一步腐蚀。但是，当氰化物存在时，硫化铁就会脱落，硫氢化物腐蚀就不再是自终止反应。氰化氢是在提升管中由氨和 CO 反应而生成的，氰化铵由氰化氢与氨反应生成。氰化铵会溶解在潮湿的环境中并离解成氰离子和铵离子，氰离子与不溶性的硫化铁反应生成可溶性的铁氰配合物，这就破坏了硫化铁保护膜，暴露出的新鲜金属进一步腐蚀。随着腐蚀的进行，产生的氢原子便渗入金属表面，引起氢鼓泡，导致应力腐蚀开裂（SCC）。

化学反应如下：

（1）氰化氢的生成：

$$CO+NH_3 \longrightarrow HCN+H_2O \tag{1.2}$$

（2）氰化铵的形成：

$$HCN+NH_3(aq) \longrightarrow NH_4CN(aq) \tag{1.3}$$

（3）氰化铵在水中离解：

$$NH_4CN \longrightarrow NH_4^{+}+CN^{-} \tag{1.4}$$

（4）氰化物的腐蚀：

$$FeS+CN^{-} \longrightarrow Fe(CN)_6+(NH_4)_2S \tag{1.5}$$

氨也可以与硫化氢反应形成硫化铵：

$$2NH_3+H_2S \longrightarrow (NH_4)_2S \tag{1.6}$$

$$MW(2NH_3)=34 \quad MW(H_2S)=34$$

$$\text{质量比：} m(2NH_3)/m(H_2S)-1.0$$

硫化铵不具有腐蚀性，但它可以沉淀，发生沉积物腐蚀和麻点状腐蚀。

通常情况下，从 FCC 出来的含硫污水包括硫化铵和硫氢化铵的混合物，氨与硫化氢之比为 0.5~1.0。

大多数炼油厂采用连续水洗作为控制腐蚀和氢鼓泡的主要方法。水的最佳来源是蒸汽冷凝水或来自含硫污水汽提塔经过汽提的水。一些炼油厂使用硫酸铵中和氰化氢，控制氢应力开裂。

在气体分馏装置中，腐蚀性物质（H_2S，HCN 和 NH_3）大多聚集在高压位置，在一级和二级压缩机出口处通常注入水，水与高温气体接触洗去这些物质。通常采用两种注入方法：正向级联和反向级联。

在正向级联（图 1.24）注入操作中，通常向一级压缩机的出口注水，并在级间冷却罐冷凝，水从级间冷却罐出来，由泵输送至二级压缩机出口，在冷却器冷凝，收集于 HPS，从 HPS 出来后，水经过加压进入含硫污水汽提塔（SWS）。

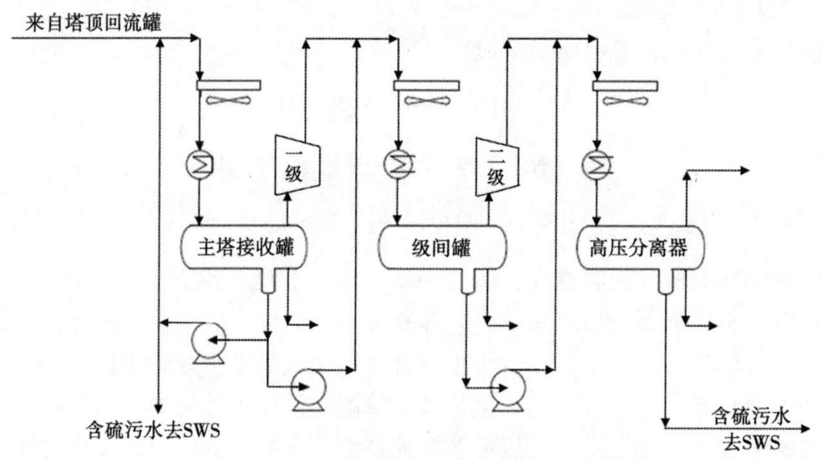

图 1.24　典型的正向级联水洗系统

SWS—含硫污水汽提塔

在反向级联（图 1.25）注入操作中，新鲜水注入二级压缩机出口。含腐蚀性物质的水加压进入一级压缩机出口，然后回到主分馏塔塔顶。水从塔顶接收器出来，由泵打入含硫污

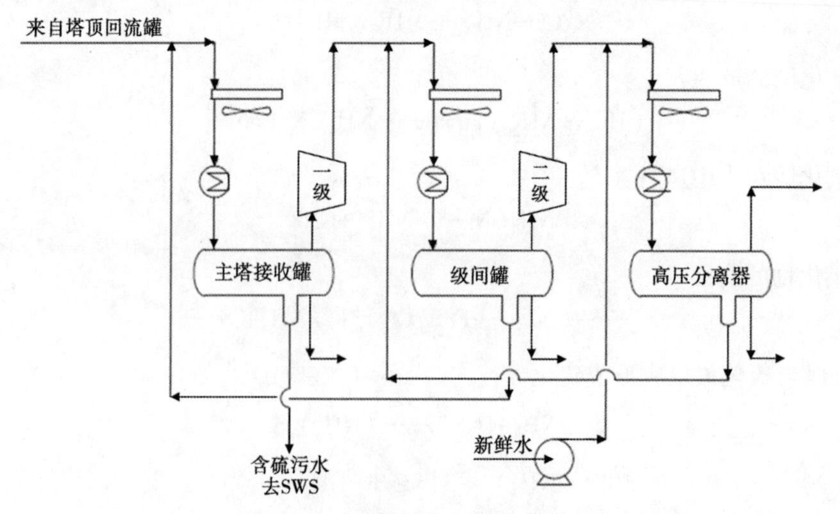

图 1.25　典型的反向级联水洗系统

水汽提塔。反向级联注入操作少用一台泵，但从第二级压缩机捕获的氰化物的一部分会排放到级间罐，形成氰化物循环。因此，正向级联注入操作在减少氰化物腐蚀方面更有效。

1.12 处理设施

气体分馏装置的产物，即燃料气、C_3 组分、C_4 组分和汽油，含有硫化合物需要处理。气体分馏装置产物中的杂质本质上是酸性的，包括硫化氢（H_2S）、二氧化碳（CO_2）、硫醇（R—SH）、酚类（ArOH）和环烷酸（R—COOH），羰基硫和硫黄也可能存在于上述物料中。这些化合物均为酸性。

使用胺和碱性溶液可脱除这些杂质，链烷醇胺的胺溶剂可脱除 H_2S 和 CO_2。硫化氢是有毒气体，对于炼油厂加热炉及锅炉，H_2S 最大含量一般为 160×10^{-6}。

胺可以脱除大量 H_2S，伯胺还可以脱除 CO_2。胺处理不能有效地脱除硫醇，而且它不能脱除足够的 H_2S 以满足铜片腐蚀试验。因此，在胺处理装置下游设置了碱处理这一最后的精加工步骤。表 1.5 列出了一些重要的碱处理化学反应。

表 1.5 石油工业碱处理装置中常见的酸碱反应

反应物	产 物
二氧化碳 $CO_2+2NaOH \longrightarrow$	$Na_2CO_3+H_2O$
硫化氢 $H_2S+2NaOH \longrightarrow$	Na_2S+2H_2O
硫醇 $RSH+NaOH \longrightarrow$	$RSNa+H_2O$
环烷酸 $RCOOH+NaOH \longrightarrow$	$RCOONa+H_2O$

1.12.1 酸性气体吸收塔

胺吸收塔（图 1.26）可以将酸性气体中大部分 H_2S 脱除。酸性气离开二级吸收塔后通常流入分离器，将烃类从蒸气中液化分离出去。气体从分离器出来，进入 H_2S 吸收塔底部，与来自胺再生器冷却的贫胺溶液逆流接触。处理后的燃料气从 H_2S 吸收塔塔顶离开，进入沉降罐分离夹带的溶剂，然后进入燃料系统。

富胺溶液从 H_2S 吸收塔塔底出来，进入闪蒸分离器，将溶解的烃类从胺溶液中分离。用泵将富胺溶液从分离器输送至胺再生器。

在胺再生器中，富胺溶液经过加热，使酸性气体解吸，热量由蒸汽再沸器供给。热的贫胺溶液从胺再生器底部泵出，在贫富胺换热器与富胺溶液换热，然后进入冷却器，再返回吸收塔。

一部分富胺溶液流经颗粒过滤器和活性炭过滤器，颗粒过滤器除去尘土、铁锈和硫化铁。活性炭过滤器在颗粒过滤器下游，可以从胺溶液中将残余烃类除去。

含有少量胺的酸性气体从塔顶离开胺再生器，流经冷凝器到收集器。酸性气体被送往硫黄单元，而冷凝的液体回流到胺再生器。

多年来，几乎所有的胺吸收装置都使用单乙醇胺（MEA）或二乙醇胺（DEA）。然而，近几年来使用叔胺，如甲基二乙醇胺（MDEA）的装置有所增加，叔胺溶剂通常腐蚀性较小，且再生所需的能量较少，可以用于特定气体的回收。

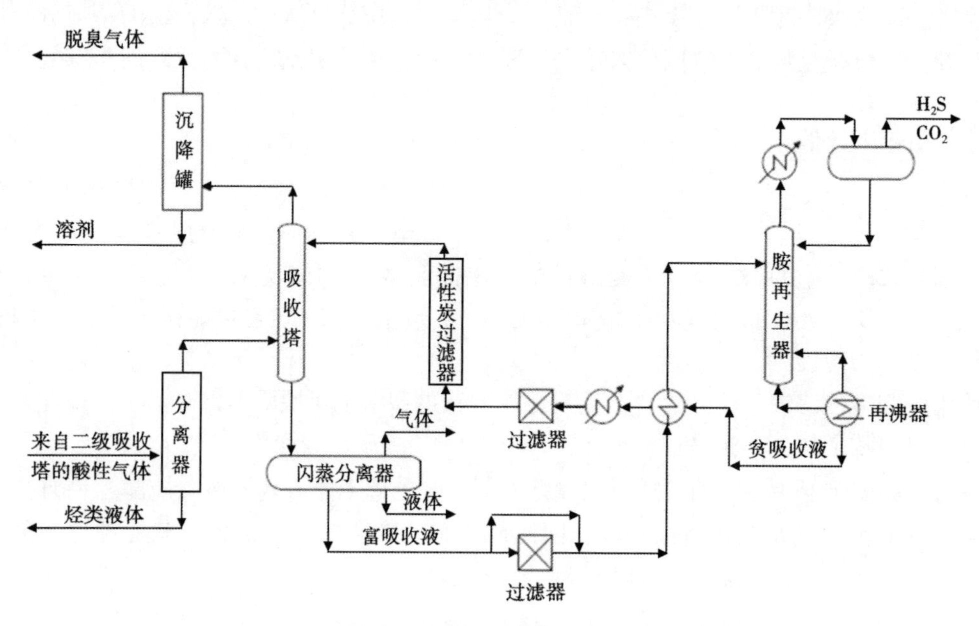

图 1.26　典型的胺处理系统

1.12.2　LPG 处理设施

包含 C_3 和 C_4 混合物的 LPG 物料必须经过处理，脱除硫化氢和硫醇，以生产无腐蚀、气味小和危险性小的产品。C_3 和 C_4 组分从脱丁烷塔收集器出来，流入 H_2S 吸收塔的塔底。此吸收塔的操作类似于燃料气吸收塔，所不同的是，此塔为液—液接触塔。

在 LPG 吸收塔内，胺通常为连续相，胺—烃界面在吸收塔的顶部，这个界面高度控制胺从吸收塔的流出。(一些液—液接触塔是以烃类作为连续相操作，在这种情况下，界面控制在接触塔的底部。) 处理后的 C_3 和 C_4 物料从顶部离开吸收塔。最后常安装一个凝聚过滤器，以回收携带的胺。

1.12.3　碱处理

硫醇为有机硫化物，结构通式为 RSH。如前所述，胺处理不能有效地脱除硫醇。处理硫醇有两种方案，在每一种方案中，硫醇都首先被氧化为二硫化物。一种方案是萃取，即溶解二硫化物于碱中并将其脱除；另一种方案是脱臭，即将转化的二硫化物留在产物中。萃取能够脱除硫，而脱臭只能脱除硫醇的气味。萃取用于处理轻质产品（最重到轻石脑油），脱臭用于处理重质产品（从汽油到柴油）。

脱臭工艺和萃取工艺（图 1.27）通常都使用碱和催化剂，如果 LPG 和汽油中 H2S 含量较高，需要进行预碱洗以保护催化剂。

脱臭工艺使用碱溶液、催化剂和空气。在混合器或纤维膜接触罐中，硫醇转化为二硫化物。反应的化学方程式为：

$$RSH+NaOH \xrightarrow{\text{催化剂}} RSNa+H_2O \tag{1.7}$$

$$2RSNa+1/2\ O_2+H_2O \xrightarrow{\text{催化剂}} RSSR+2NaOH \tag{1.8}$$

碱和二硫化物的混合物转移到沉降罐，从沉降罐出来，处理后的汽油依次流经凝聚过滤

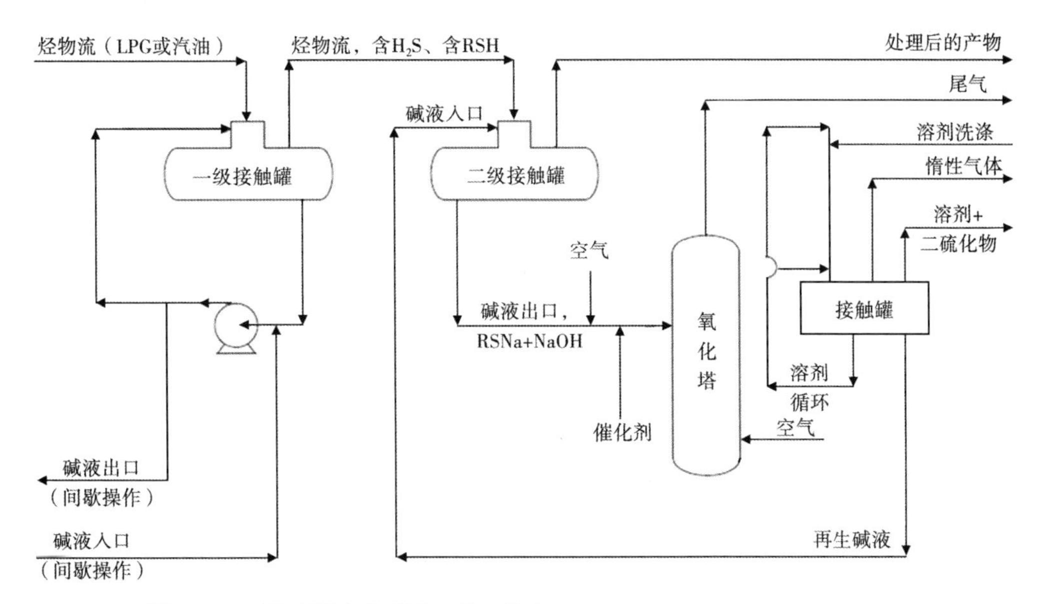

图 1.27　碱处理脱臭和萃取工艺（摘自 Merichem Company，Houston，TX）

器、砂滤器或水洗塔，然后进入储存罐。碱溶液循环回到混合器或纤维膜接触罐。

在萃取工艺中，从预洗塔来的 LPG 从塔底进入萃取塔。萃取塔为液—液接触塔，LPG 与碱溶液在萃取塔中逆流接触。另外一个方案是使用纤维膜接触装置，硫醇溶解于碱溶液中［式（1.7）］。处理后的 LPG 从萃取塔的顶部离开，进入沉降罐中，将夹带的碱液分离。

含有硫醇钠的碱溶液从塔底离开萃取塔，进入碱液再生器。工厂的压缩空气提供氧气与硫醇钠反应，生成不溶于碱液的二硫化物［式（1.8）］。氧化塔塔顶流出物料流入二硫化物分离器，用烃类溶剂，如石脑油将二硫化物从再生碱液中洗去。再生碱液回到萃取塔，含二硫化物的溶剂到其他装置进行处理。

1.13　小结

FCC 是炼油厂最重要的转化工艺之一。这一工艺包括了化学工程基本原理的大部分内容，如流化、传热/传质和蒸馏。工艺的核心是反应器—再生器系统，自 1942 年以来，大多数创新都出现在反应器—再生器系统。

FCC 装置将低价值、高沸点的原料转化为有价值的产品，如汽油和柴油。FCC 工艺效率非常高，仅有大约 5%的原料用作过程的燃料。在反应过程中，焦炭沉积在催化剂上，并在再生器中烧掉，提供反应所需的全部热量。

从反应器来的产物在主分馏塔和气体分馏装置中回收，主分馏塔从汽油和更轻的产品中回收重质产物，如 LCO 和 DO。气体分馏装置将主分馏塔塔顶流出蒸气分离成汽油、C_3、C_4 和燃料气。由于产物中含有硫化物，因此在使用前需要进行处理，联合应用胺洗和碱洗方法以脱除这些产品中的硫。

参 考 文 献

［1］R. Mari Lyn, Worldwide refining, Oil Gas J. 108（46）（2010）52.

［2］Fluid Catalytic Cracking Information, Fluid catalytic cracking reference articles. , http：//www. Canadaspace. com.

第2章 工艺控制设施

FCC装置是类似于水压计的“压力平衡”装置。在再生器和反应器之间的压差驱动下，流化催化剂才可以在再生器和反应器之间进行循环。再生器烟气管线上的滑阀或蝶阀用于调节再生器和反应器之间的压差。反应器压力由富气压缩机（WGC）控制。

必须加入新鲜催化剂以补充反应器（再生器）中的催化剂损失以及催化剂活性损失。通过从再生器定期取出适量的催化剂来控制装置所需催化剂的藏量。通过取出催化剂使再生器内的催化剂波动程度控制在“理想”范围。通过调节待生催化剂滑阀或塞阀来控制反应器（汽提塔）中的催化剂量，这个滑阀或塞阀使足够的催化剂进入再生器，以维持所需的催化剂水平。利用连接反应器和再生器的压差显示器，可以测量催化剂的“大致”料位和催化剂的流动密度。

在大多数催化裂化反应器中，再生器内“洁净”催化剂的流动是通过反应器或提升管所设定的出口温度自动调节的，只有极少数FCC装置的这项功能是通过手动完成的。在Ⅳ型和灵活裂化反应器设计中，反应器和再生器的压差用于调节催化剂的循环速率。

在FCC再生器完全燃烧操作模式下，进入再生器的总空气量需要调节至理想水平，从而使再生器烟气中存在过量氧气。再生器的床层温度经常会波动，通常采用手动方式来调节，如调整原料的品质及预热温度、利用流入提升管的循环物料、调节汽提蒸汽速率以及对新鲜催化剂的补加速度和（或）催化剂活性可能进行的调整等。

在催化剂再生过程部分燃烧模式下，再生器温度和催化剂上的碳通常通过对流入再生器的空气流速的调节和（或）再生器烟气中所期望的CO浓度的定位来控制。

2.1 操作参数

反应器和再生器部分的关键操作参数如下：

（1）新鲜原料流速；

（2）循环至提升管的轻循环油（LCO）、重循环油（HCO）或油浆；

（3）提升管出口温度或反应器旋风分离器出口温度；

（4）原料预热温度；

（5）反应器和（或）再生器的压力；

（6）烟气中的过量氧气；

（7）再生器（部分燃烧）烟气中的CO浓度；

（8）再生器（部分燃烧）密相床的温度；

（9）再生催化剂上的焦炭（部分燃烧）；

（10）汽提蒸汽速率；

（11）进料喷嘴雾化蒸汽；

（12）催化剂补加速度或新鲜催化剂的表面积。

2.2 工艺控制设施

采用过程控制仪器，以有限的操作人员即可实现对 FCC 装置的安全及监控模式的控制。采用的过程控制有两种水平：

（1）基本监控；

（2）先进的过程控制（APC）。

2.2.1 基本监控

反应器—再生器部分的控制主要是流量、温度、压力和催化剂料位的控制。

流量控制器通常用于设定所要求的新鲜及循环进料量、空气流速、汽提蒸汽和分散蒸汽等的流量。每个流量控制器通常有三种控制模式：手动、自动和级联控制。图 2.1 是典型的 FCC 装置工艺流程图（PFD）。手动控制模式由操作人员手动打开或关上阀门来控制所要求的开度；自动控制模式是由操作人员输入所要求的流率作为给定值；级联控制模式中，级联控制器的给定值是从另一个控制器输入的。

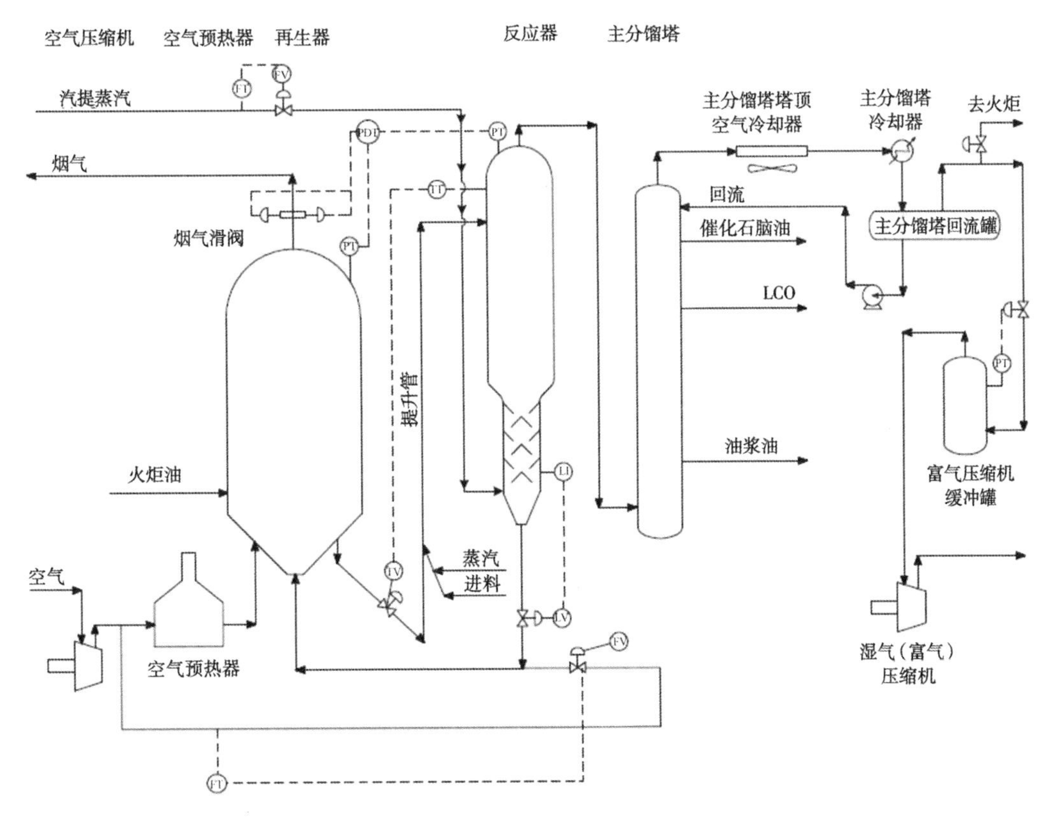

图 2.1 典型的 FCC 装置工艺流程图（PFD）

FV—流量控制阀；FT—流量传感器；KO—缓冲；LI—液位指示器；LV—液位控制阀；MF—主分馏塔；OVHD—塔顶；PDT—压差传感器；PT—压力传感器；TV—温度控制阀

反应器温度由调节再生催化剂滑阀开度的温度控制器来控制。再生器温度不是自动控制，而是取决于其催化剂再生模式：在部分燃烧模式下，再生器温度通过调节进入再生器的空气流量来控制；在完全燃烧模式下，再生器温度是几个变量的函数，这些变量包括进料性质、催化剂的性能、物料的循环量、汽提蒸汽流速、进料注入系统及催化剂汽提塔的机械条件等。

反应器压力不是直接控制，而是随主分馏塔塔顶回流罐压力波动。主分馏塔塔顶回流罐的压力控制器控制 WGC，从而间接控制反应器压力。再生器压力通常通过调节烟气滑阀或蝶阀直接控制。某些情况下，烟气滑阀或蝶阀用来控制再生器和反应器之间的压差。

反应器或汽提塔催化剂的料位通过料位控制器调节待生催化剂滑阀的开度来维持，再生器料位由手动控制以维持催化剂的藏量。

2.2.2 再生催化剂和待生催化剂滑阀低压差超控

通常，反应器温度和汽提塔料位控制器调节再生催化剂和待生催化剂滑阀的开度。如果这些控制器得不到给定值，它们的运行系统就会驱动滑阀全开或全关。保持再生催化剂和待生催化剂滑阀为稳定的正压差非常重要。为了安全，由一个低压差控制器来超控温度（料位）控制器，使滑阀不会开得太大。通常使阀关闭的压差设定值为 2 psi（14kPa）。表 2.1 给出了典型的关闭矩阵的例子。

表 2.1 典型的关闭矩阵

状态	RCSV	提升管应急蒸汽	去提升管的原料	循环油浆	循环 HCO	SCSV	再生器应急蒸汽	报警
正常低压差时的 RCSV	工作	关闭	工作	工作	工作	工作	关闭	×
压差较低时的 RCSV	关闭	开	关闭	关闭	关闭			
正常低压差时的 SCSV								×
压差较低时的 SCSV						关闭	开	
空气流速较低时的主风机	关闭	开	关闭	关闭	关闭		开	
提升管进料流速较低		开	关闭					
反应器温度较低			关闭					×
反应器（汽提塔）催化剂料位较高	关闭	开	关闭	关闭	关闭			×
手动关闭	关闭	开	关闭	关闭	关闭	关闭	开	

注：RCSV—再生催化剂滑阀；SCSV—待生催化剂滑阀。

催化剂流向必须总是从再生器流向反应器和从反应器流回再生器。再生催化剂滑阀负压差会导致烃类物料倒流到再生器，称作“倒流”，会产生不受控制的尾燃和设备损坏的后果。待生催化剂滑阀负压差会使空气从再生器倒流到反应器，同样会产生灾难性后果。

为了防止反应器和再生器发生倒流，用压差控制器（PDIC）监控滑阀的压差。如果压差降到低于最小给定值时，PDIC 会超控过程控制器关闭滑阀。只有满足了 PDIC 的要求之后，滑阀才恢复控制过程。

2.2.3 先进控制

为了使装置获得最大效益，必须尽可能同时应对多种制约因素进行装置操作。这些制约因素包括对主风机、WGC、反应器（再生器）温度、滑阀压差等的限制。常规的调节控制器每次仅在一个回路工作，互不干扰。熟练的操作人员每次可以使装置应对多个制约因素，但制约因素常常变化。为了使装置操作能应对更多的制约因素，许多炼油厂在其装置上安装了先进控制（APC）软件包，有的装在集散控制系统（DCS）内，有的装在主机内。

APC 的主要优点如下：

（1）可提供对操作变量的更加精确的控制，以应对装置的制约因素。因此，可以增加处理量，或者提高裂化苛刻度。

（2）对环境的干扰，如冷锋或暴雨能够快速做出反应。利用夜晚温度较低的特点，能够昼夜操作。

（3）能够应对两个或者更多的制约因素，而不是单一的制约因素。能够最大化地发挥主风机和 WGC 的能力。

如上所述，安装 APC 有两种方案：一种是在 DCS 框架内安装 APC，另一种是在主机内安装多变量建模（控制）软件包。两种方案各有优缺点，具体如下。

（1）多变量建模和控制的优点。

多变量建模（控制）软件包能够更加密切地应对制约因素，受到干扰时能够更快地恢复。处理能力的增加证明了多变量控制的效果。测定装置变量的响应必须对装置进行广泛试运行。

DCS 框架上装的 APC，对于每一个特定装置，控制结构必须进行设计、配置及编程。修改逻辑可能是一个困难的过程。可能需要敷设电线。很难记录编程及进行试验。

利用主机框架，控制包全部在软件中。改变程序仍然可能有困难，但程序可以离线试验。计算机系统具有更多灵活性，可以用于许多其他目的，包括在线热平衡和物料平衡。

（2）多变量建模和控制的缺点。

多变量模型像个“黑匣子”，制约因素输入，信号输出。操作人员不相信一个使装置远离他们的系统。成功的安装需要对操作人员进行良好的培训并与之进行持续的沟通。操作人员必须知道系统间相互关系。

在装置检修期间如果要改变模型，可能昂贵费用。如果装置的进料超出设计值，其结果顶多是不可预测的，但如果系统没有编程则可能会发生意外。

以 DCS 为基础的 APC 是以模块化形式安装的，意味着操作人员能够更容易理解控制变量与哪部分联系在一起。

以主机为基础的系统可能有其自身的缺陷，包括计算机到计算机的数据链接。

对任何 APC 系统，操作人员在使用该系统之前都必须接受培训。控制系统设计必须合适，即模型必须配置和“调整”正确。操作人员需要尽早参与，而且每个人都需要进行咨询。实行四班运转的装置运行情况可能会不同。

2.3 小结

对于大多数 FCC 装置，在其管道和仪表的流程图（PID）中所显示的仪表通常是操作 FCC 装置所需的最低要求。许多 FCC 装置没有利用 DCS 对催化裂化反应器进行高效和可靠地操作。仪表诊断可以用于检测传感器的准确性和状态。这些诊断功能可以提醒控制台的操作人员所测量变量的精度，这些变量包括催化剂料位、滑阀偏差、裂化温度等（表 2.1）。DCS 的屏幕可以配置为显示诸如旋风分离器流速、旋风分离器压降、实际的催化剂床层料位、变化率报警、再生器空速及其他参数等。

APC 软件包（无论在 DCS 框架内还是作为基于主机的多变量控制系统）提供了更精确的操作变量控制以应对装置的制约因素，从而使装置处理量增加或裂化苛刻度提高。设计合理的 APC 可以使装置安全长周期运转，同时可以优化进料流速、操作苛刻度、产品质量和环境控制，以及使装置保持在其制约范围内。

第 3 章　催化裂化原料表征

炼油厂加工许多不同类型的原油。由于市场情况和原油质量的波动，催化裂化原料也在不断变化。通常，在 FCC 操作中唯一不变的就是原料质量的不断变化。

原料性质的表征是确定原料的物理和化学性质的过程。即使是具有相似馏程的两种原料，也可能在裂化性能和产率上表现出巨大差异。

FCC 原料性质的表征是监控催化裂化操作最重要的工作之一，了解原料的性质和它们对装置性能的影响是必不可少的。故障排除、催化剂的选择、装置优化以及后续过程的评价都与原料性质有关。

表征原料性质时应将产品产率和质量与原料品质联系起来。炼油厂了解原料对装置产率的影响就可以购买具有最大获利能力的原料。购买原油或 FCC 原料，而不了解它们对装置操作的影响的情况在炼油厂并不少见。这方面知识的缺乏可能会付出昂贵的代价。

复杂的分析技术，例如质谱、高压液相色谱（HPLC）、近红外光谱（NIR）以及化学计量学可用来分析 FCC 原料的芳烃及饱和烃含量。例如，美国材料试验学会（ASTM）的方法 D2549、D2786 和 D3239 可以用来分析烷烃、环烷烃和芳环分布。遗憾的是，只有少数炼油厂的实验室直接或间接使用上述方法来表征他们的 FCC 原料。这主要是因为这些分析技术不仅耗时、费用高，而且不能为炼油厂日常评价及提高其装置性能提供切实可行的建议。因此，经常使用的是更简单的经验关联式，它们只需要在炼油厂实验室里进行常规的测试，这些经验关联式对于确定原料中烷烃、环烷烃和芳烃组成是很好的方法，还为监测 FCC 装置的性能提供了实用手段。与复杂的分析技术相比，经验关联式需假定所分析的原料中不含烯烃。

影响原料质量的主要因素有两个：烃的类别和杂质。

3.1　烃的分类

FCC 原料中烃类大致分为烷烃、烯烃、环烷烃和芳烃（PONA）。

3.1.1　烷烃

烷烃是直链或带有支链的烃，其化学式为：C_nH_{2n+2}

烷烃的名称都以“-ane”结尾。例如，丙烷（propane）、异戊烷（isopentane）和正庚烷（normal heptane）（图 3.1）。

一般来说，FCC 原料主要是烷烃。烷烃的碳含量通常占总进料的 50%～65%（质量分数）。烷烃易于裂解，通常在液体产物中的比例最大。正构烷烃裂解生成的主要是烯烃和其他烷烃分子并产生大量轻汽油（即 C_5 和 C_6 烃类分子），不过汽油的辛烷值相当低。

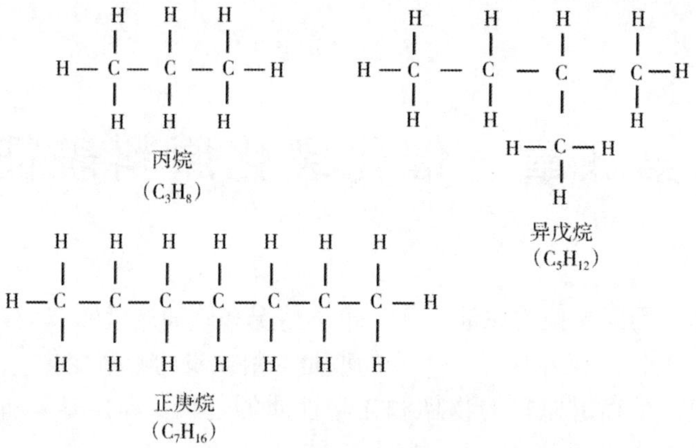

丙烷
（C_3H_8）

异戊烷
（C_5H_{12}）

正庚烷
（C_7H_{16}）

图 3.1　烷烃示例

3.1.2　烯烃

烯烃是化学式为 C_nH_{2n}的不饱和的化合物。这些化合物的名称以“-ene”结尾。例如，乙烯（ethene，ethylene）和丙烯（propene，propylene）。图 3.2 为烯烃的典型实例。与烷烃相比，烯烃不稳定，它能够与其自身发生反应，也能与氧、溴溶液等其他化合物反应。自然界中不存在烯烃，FCC 进料中的烯烃是利用其他工艺对原料进行预处理后出现的，这些工艺包括热裂化和其他催化裂化操作过程。

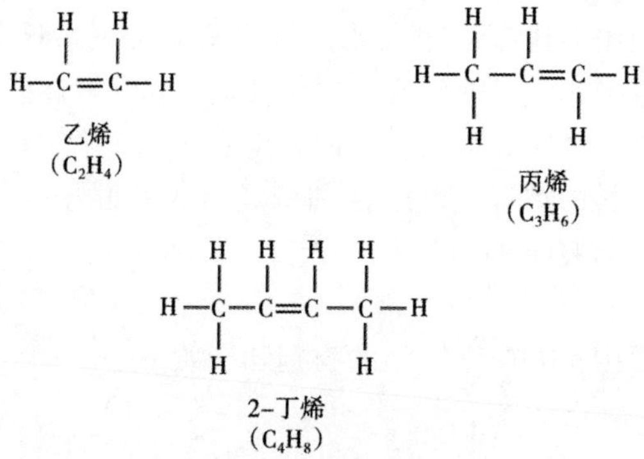

乙烯
（C_2H_4）

丙烯
（C_3H_6）

2-丁烯
（C_4H_8）

图 3.2　烯烃示例

FCC 装置进料是不希望烯烃存在的，这不是因为烯烃本质上不好，而是因为 FCC 进料中含烯烃表明其是经过热加工的油。烯烃经常聚合形成不希望得到的产品，例如油浆和焦炭。除非是以未加氢处理的焦化蜡油为原料，典型的 FCC 进料中烯烃含量一般小于 5%（质量分数）。

3.1.3　环烷烃

环烷烃（C_nH_{2n}）和烯烃具有相同的化学式，但是它们的性质有明显区别。与烯烃不同，烯烃是直链的化合物，环烷烃是环状的烷烃。像烷烃一样，环烷烃是饱和的化合物。例如环戊烷、环己烷和甲基环己烷（图 3.3）。

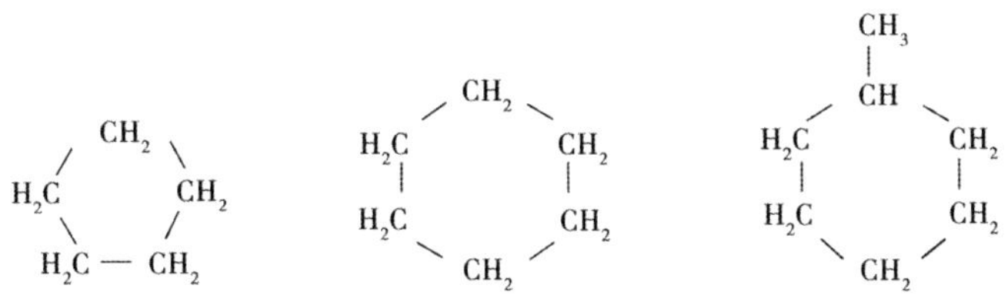

环戊烷（C_5H_{10}）　环己烷（C_6H_{12}）　甲基环己烷（C_7H_{14}）

图 3.3　环烷烃示例

环烷烃是 FCC 进料中的理想组分，这是因为它们能生产高辛烷值汽油。环烷烃裂解生成的汽油含有更多的芳烃，并且比烷烃裂解生成的汽油重。

3.1.4　芳烃

芳烃（C_nH_{2n-6}）与环烷烃相似，但它们含有一个共轭稳定的不饱和碳环。芳烃（图 3.4）是含有至少一个苯环的化合物。苯环非常稳定，不会裂解生成更小的组分。芳烃不是理想的原料组分，因为芳烃分子几乎不裂化。芳烃裂化主要为侧链断裂反应，从而导致产生过量的燃料气。此外，一些芳烃化合物含有多个环（多环芳烃，PNA），可以“压缩”形成通常所称的“六角网状结构”。图 3.5 列举了 3 个 PNA 化合物的例子。一些多环芳烃最后在催化剂上生成碳残留物（焦炭），另一些将变成油浆产品。与烷烃裂解相比，裂解芳烃原料会导致较低的转化率、较低的汽油产率和较少的液收，但是可以获得较高的汽油辛烷值。

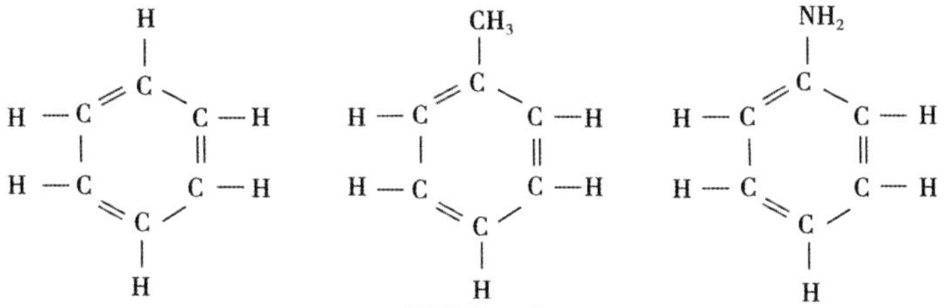

苯（C_6H_6）　甲苯（C_7H_8）　苯胺（$C_6H_5NH_2$）

图 3.4　芳烃示例

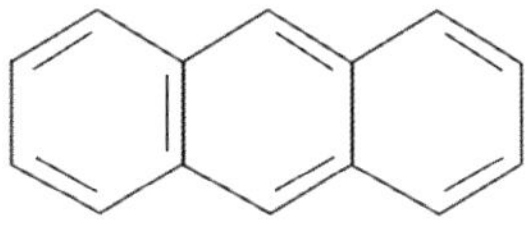

蒽（$C_{14}H_{10}$）

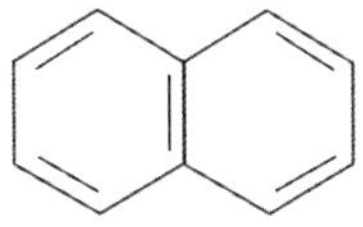

萘（$C_{10}H_8$）

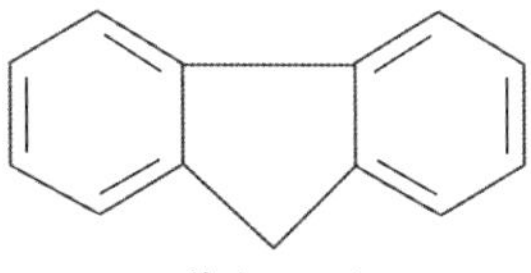

芴（$C_{13}H_{10}$）

图 3.5　PNA（多环芳烃）示例

3.2　进料的物理性质

表征 FCC 进料性质包括确定其化学性质和物理性质。由于复杂的分析技术对日常分析并不实用，所以通常采用分析物理性质的方法定性测定原料组成。炼油厂实验室通常配备了按常规方法进行这些物理性质测定的试验设备。应用最广泛的性质如下：

（1）API 度；

（2）馏程；
（3）苯胺点；
（4）折光指数（*RI*）；
（5）溴值（*BN*）和溴指数（*BI*）；
（6）黏度；
（7）康氏残炭、兰氏残炭、微残炭和正庚烷不溶物。

3.2.1 API度

美国石油学会制订的API度是用于测量液态烃相对于水重或轻的指标。API度用于测量石油液体相对于水的相对密度。相对密度（*SG*）是另一种常用的密度表述方式。液体的相对密度（*SG*）是在60℉（15.5℃）的条件下单位体积的样品的质量与相同体积的水的质量的比值。

与相对密度（*SG*）相比，由API度可以看出进料密度的细小变化。例如，API度从24变到26，其相对密度（*SG*）变化了0.011，密度变化了0.72 lb/ft^3（0.0115g/cm^3），后两者变化都不是很大，但是API度变化了两个单位时，会对产率造成很大影响。

相对密度（*SG*）与API度的关联方程式如下：

$$SG_{60℉}=\frac{141.5}{131.5+API} \tag{3.1}$$

$$API=\frac{141.5}{SG_{60℉}}-131.5 \tag{3.2}$$

API度与相对密度（*SG*）成反比关系，API度越高，液体样品越轻。在石油炼制过程中，通常要测定每种进料和产品物流的API度。ASTM D287是通常由实验室技术人员或装置操作人员使用比重计进行的测定试验。其方法是：将玻璃比重计插入一个盛有试样的圆筒中，并在比重计标尺上读出API度和流体的温度。按类似于表3.1的标准数据表，将在任一温度下的API度转化为60℉时的API度，API度一般用60℉（15.5℃）时的数据表示。

对高石蜡基原料（蜡状）来说，在浸润比重计进行测定之前，样品应该首先被加热到约120℉（49℃）。加热是为了确保蜡熔化，消除错误的读数。

表3.1 测定温度及60℉下的API度

60℉下的API度		18.0	19.0	20.0	21.0	22.0	23.0	24.0	25.0	26.0	27.0
测定温度下的API度	70℉	17.5	18.4	19.4	20.4	21.4	22.4	23.4	24.4	25.4	26.3
	75℉	17.2	18.2	19.1	20.1	21.1	22.1	23.1	24.1	25.0	26.0
	80℉	16.9	17.9	18.9	19.8	20.8	21.8	22.8	23.7	24.7	25.7
	85℉	16.6	17.6	18.6	19.6	20.5	21.5	22.5	23.4	24.4	25.4
	90℉	16.4	17.3	18.3	19.3	20.2	21.2	22.2	23.1	24.1	25.1
	95℉	16.1	17.1	18.0	19.0	20.0	20.9	21.9	22.8	23.8	24.8
	100℉	15.9	16.8	17.8	18.7	19.7	20.6	21.6	22.5	23.5	24.4
	105℉	15.6	16.5	17.5	18.7	19.4	20.3	21.3	22.2	23.2	24.1
	110℉	15.3	16.3	17.2	18.2	19.1	20.1	21.0	21.9	22.9	23.8

续表

60℉下的API度		18.0	19.0	20.0	21.0	22.0	23.0	24.0	25.0	26.0	27.0
测定温度下的API度	115℉	15.1	16.0	17.0	17.9	18.8	19.8	20.7	21.6	22.6	23.5
	120℉	14.8	15.8	16.7	17.6	18.6	19.5	20.4	21.3	22.3	23.2
	125℉	14.6	15.5	16.4	17.4	18.3	19.2	20.1	21.1	22.0	22.9
	130℉	14.3	15.2	16.2	17.4	18.0	18.9	19.9	20.8	21.7	22.6
	135℉	14.1	15.0	15.9	16.8	17.7	18.7	19.6	20.5	21.4	22.6
	140℉	13.8	14.7	15.6	16.6	17.5	18.4	19.3	20.2	21.1	22.0

资料来源：ASTM D1250-80，表5A和表5B。

API度的日常监控为操作者提供了预测装置操作变化的工具。对于相同馏程的原料，API度为26的原料比API度为24的原料更容易裂解，这是因为API度为26的原料含有更多的长链烷烃分子，在与1300℉（704℃）催化剂接触时，这些分子更容易裂解生成有价值的产品。

简单的API度试验提供了关于进料质量的有价值信息。但是API度的变化通常表明进料其他性质的变化，例如残炭和苯胺点。因此，还需要其他测定试验来全面表征进料的性质。一般情况下，随着进料API度的降低，装置的转化率下降，例如，进料的API度降低1个单位，则装置的转化率将下降约2%。

3.2.2 馏程

沸点、馏程数据也可提供有关进料质量和组成的信息，其重要性本章稍后再作讨论。馏程能反映相对分子质量大小和碳数多少。它可以显示出进料能否生产出市场上所需的“清洁”产品。在讨论数据之前，不同的测试方法和其局限性要先作一下说明。

在典型的炼油厂，催化裂化装置的进料是来自常压蒸馏、减压蒸馏、溶剂脱沥青和焦化等操作单元的混合瓦斯油。一些炼油厂从外面购买FCC原料以保持最高的FCC进料速率，而另一些炼油厂的催化裂化装置则加工常压或减压渣油。渣油通常指沸点大于1050℉（565℃）的馏分。炼油厂进行加氢处理的FCC原料其馏分各不相同。有些FCC原料为100%加氢，有些则未加氢，绝大多数FCC原料为部分加氢。每种FCC原料都有其不同的蒸馏特性。

每个炼油厂对原料测试的频率和方法是不同的。有的炼油厂每天进行测试，有的则1个星期测试2次或3次，有的炼油厂1个星期测试1次。测试的频率取决于如何应用蒸馏结果、原油变化情况和实验室人员的配备情况。

实验室中进行的蒸馏试验包括测定初馏点（*IBP*）及5%，10%，20%，30%，40%，50%，60%，70%，80%，90%，95%馏出体积和（或）质量和终馏点（*EP*）时的蒸气温度。通常用于测定FCC原料馏程的ASTM方法包括D86，D1160，D2887和D7169。

D86是炼油厂测定液体样品馏程最古老的方法之一。蒸馏在常压下进行，一般用于测定*EP*<750℉（400℃）的样品，超过这一温度，样品就开始裂化。可以通过蒸馏蒸气的温度下降、褐色烟气生成以及系统压力的升高来判定热裂化发生。当液体温度超过750℉时，蒸馏烧瓶将开始变形。由于现在FCC原料太重以至于不能使用D86，但D86仍可用于轻质产品，如汽油、煤油和馏分油的馏程测定。

与 D86 一样，D1160 也是最早用于测定重质液态烃类样品馏程的方法之一。用 D1160 测定样品的馏程是在真空（1mmHg）下进行的，测定的结果采用标准关联式换算成常压下的数据。一些新型仪器自带的软件可以将减压下的数据自动转换成常压下的数据。D1160 仅限于测量常压下 *EP* 小于 1000℉（538℃）的样品，超过这一温度后，样品就开始热裂解。

然而，大多数炼油厂使用模拟蒸馏（SIMDIS）方法来确定较重的物料，如 FCC 原料、LCO 及油浆产品等的馏程分布。ASTM D2887 和 ASTM D7169 是两种常用的模拟蒸馏方法。

D2887 是一种低温 SIMDIS 方法，它是用气相色谱法（GC）来确定样品的馏出质量分布。D2887 仅限于测量 *EP* 小于 1000℉（538℃）的样品。ASTM D7169 将 SIMDIS 的应用扩展至可测量沸点温度高达 1328℉（720℃）的样品。通过这些方法所获得的沸点数据被认为是等同于采用 ASTM D2892 方法所获得的实沸点（TBP）蒸馏结果。

蒸馏数据提供了关于原料中沸点小于 650℉（343℃）轻质馏分的信息。沸点低于 650℉（343℃）的轻质直馏馏分，经常会导致 LCO 收率增大，装置转化率降低。这些馏分来自常压瓦斯油、轻减压瓦斯油、焦化轻瓦斯油和加氢处理后未进行充分分馏的轻质馏分。轻质直馏馏分作为原料的转化率较低是由于：

（1）相对分子质量较低，油品不容易裂化。

（2）轻质芳烃含有的可裂化侧链较少。

（3）通常情况下，焦化装置轻质原料芳香性高。

经济性和装置构造决定了 FCC 进料中是否要含有小于 650℉（343℃）的馏分。总的原则是，这部分馏分应该尽可能少。上游蒸馏塔操作很小的改进，就能明显降低轻质瓦斯油在 FCC 原料中的量。但是，FCC 原料中的轻质瓦斯油可以减少催化剂上的结焦量，焦炭减少意味着再生器温度降低。轻质瓦斯油可用作“急冷剂”降低再生器温度，使剂油比增加。

蒸馏数据还提供了沸点高于 900℉（482℃）馏分的信息，这部分馏分可以反映所测原料的结焦趋势。大于 900℉馏分中的杂质，如金属和氮的含量较高，如本章后面部分所述（参见“杂质”部分），这些杂质使催化剂失活，液体产品减少，并产生较多的焦炭和气体。

蒸馏数据是 FCC 进料分析项目中最重要的部分。已发表的关联式可以用蒸馏数据来确定 FCC 进料的化学组成。

3.2.3 苯胺点

苯胺是一种芳香族胺（$C_6H_5NH_2$），当它用作溶剂时，在低温下对芳烃分子有很好的选择性，在高温下对烷烃和环烷烃有很好的选择性。苯胺常用来确定包括 FCC 进料的油类产品的芳香性。苯胺点是指油样在苯胺中完全溶解的最低温度。

ASTM D611 是加热 1:1 比例的油样和苯胺混合物直到完全混溶，然后冷却混合物，苯胺点是混合物突然变得混浊时的温度。试验中通过穿透样品的光源来测试样品的溶解性。

苯胺点随着油样石蜡性升高而升高，随芳香性升高而降低。苯胺点也随相对分子质量增加而升高。环烷烃和烯烃的苯胺点介于直链烷烃和芳烃之间。通常，苯胺点高于 200℉（93℃）时显示石蜡性，苯胺点低于 150℉（65℃）时显示芳香性。

一些关联式常用苯胺点来预测瓦斯油和轻质原料的芳香性。TOTAL′s[1] 关联式就用到苯胺点和折光指数（*RI*）。其他方法，如 $n-d-M$[2]，用折光指数（*RI*）表征 FCC 原料性质。

3.2.4 折光指数

与苯胺点类似，折光指数（*RI*）表示样品的折光性或芳香性。*RI* 越高，样品的芳烃分子越多，样品越不易裂化。*RI* 为 1.5105 的原料比 *RI* 为 1.4990 的原料更难裂化。*RI* 值可以在实验室里按 ASTM D1747 方法测定，或者用如 TOTAL 公司发表的关联式来预测。

在实验室里，使用折射仪来测定 *RI*。折射仪由 2 个棱镜和 1 个光源组成。技术人员将少量油样涂敷在折射仪中 2 个棱镜的表面，再用光直接照射样品，并从标尺上读取数值。然后将标尺上的读数按照仪器所提供的表格换算成折光指数（*RI*），并校正样品温度。

折光指数（*RI*）和苯胺点试验都是用来定性测定液态烃类样品的芳香性。对于深色和黏稠的样品，两种方法都有其局限性。对于较深的样品，由于在相同芳烃范围时苯胺点试验的刻度比例较大，因而稍微准确一些。业内人士并不认可哪种方法更准确。用 68℉（20℃）时的折光指数（*RI*）计算原料组成的 3 种已发表的关联式将在后面进行讨论。然而，在 68℉（20℃）时，大多数 FCC 原料都是固体，它们的折光指数不能准确测定。TOTAL 和 API[3] 关联式都可以用相对密度（*SG*）、相对分子质量和平均沸点等原料性质来预测 *RI* 值。

3.2.5 溴值和溴反应指数

溴值（ASTM D1159）和溴反应指数（ASTM D2710）是定性测定样品反应中心的方法。溴值（ASTM D1159）用于测定较重的油品，例如 FCC 原料。

溴不仅与烯烃反应，而且也和碱性氮分子及一些芳香性硫的衍生物反应。不过，烯烃是最常见的反应中心，溴值常用来说明原料的不饱和程度。

溴值是与 100g 样品反应的溴的克数。典型的溴值是：

（1）加氢处理后的原料小于 5g Br/100g；

（2）重质减压瓦斯油为 10 g Br/100g；

（3）焦化瓦斯油为 50 g Br/100g。

经验表明，样品中的烯烃含量通常是其溴值的一半。

溴反应指数是与 100g 样品反应的溴的毫克数，它主要用于化学工业中烯烃含量非常低的原料的测定。

3.2.6 黏度

黏度反映了油样的化学组成。黏度通常在 100℉（38℃）和 210℉（99℃）这两个不同的温度下测量。对许多 FCC 原料来说，样品在 100℉（38℃）时太黏稠以至于不能流动，因此需要将样品加热到大约 130℉。将这两个温度下的黏度数据绘制在黏温曲线上（见附录 1），该黏温曲线图给出了较宽温度范围的黏度[4]。黏度不是温度的线性函数，可以调整图上的刻度使其呈线性关系。

黏度是对流体流动阻力的测量。虽然绝对黏度（η，简称黏度）的单位是泊（P）或帕·秒（Pa·s），但其测量起来较困难，因此一般用运动黏度来代替。运动黏度是通过测量所给样品通过特定直径和长度的毛细管的时间来确定的。运动黏度的单位是斯（St）或平方米每秒（m^2/s）。但是，通常用厘斯（cSt）或平方毫米每秒（mm^2/s）。厘泊与厘斯，平方毫米每秒与帕·秒分别用下列方程式关联：

$$1\text{ 厘斯} = 1\text{ 厘泊}/\text{密度，即 } 1\text{cSt} = 1\text{cP}/\rho \tag{3.3}$$

用 ASTM D445 方法可测量运动黏度。运动黏度的值用平方毫米每秒（mm^2/s）表示，$1mm^2/s = 1$ cSt。

用 ASTM D2161 方法可以将运动黏度转换为相同温度下的赛氏通用黏度（SUS），也可以转换为 122℉（50℃）和 210℉（98.9℃）温度下的赛氏重油黏度。运动黏度的值以水在 68℉（20℃）时的运动黏度值 $1.0034mm^2/s$（cSt）作为基准。

3.2.7　康氏残炭、兰氏残炭、微残炭和正庚烷不溶物

对催化裂化过程中如何正确确定原料中的残炭量及其是如何影响装置焦炭形成的，目前还不是完全清楚。残炭是指油品热裂化后形成的炭质残渣。催化裂化装置通常受烧焦能力的限制，原料中的残渣会产生更多的焦炭，并使 FCC 装置的处理能力降低。常规瓦斯油原料残炭含量一般小于 0.5%（质量分数）；对于含有渣油的原料，残炭值可能高达 15%（质量分数）。

目前测定 FCC 原料中残炭值的常用方法有 4 种：

（1）康氏残炭（CCR）；

（2）兰氏残炭（RCR）；

（3）微残炭（MCR）；

（4）正庚烷不溶物法。

测定残炭的目的是为了预测原料生焦的相对趋势。每种实验方法都有优点和不足，但是没有一种方法可以严格确定残炭或沥青质。

CCR 实验（ASTM D189）通过蒸发和分解蒸馏测定残炭值。将样品放在已称重的样品盘上，用煤气灯加热样品直至蒸气停止燃烧，并且没有蓝色的烟雾生成。冷却后，再称重样品盘以计算残炭的含量。这种实验方法虽然很普及，但是由于它仅表明热反应生成焦炭的量，而不是催化焦炭的量，所以它并不是预测 FCC 原料中焦炭生成趋势的理想方法。此外，此实验工作量大，通常重复性也差，而且此方法往往会受到主观因素的影响。

RCR 实验（ASTM D524）也是用于测定残炭的方法。实验时需要将 4g 样品放在已称重的玻璃球管中，然后将球管放入油浴中加热 20min。油浴温度维持在 1027℉（553℃），20min 后将样品球管冷却并重新称重。与康氏残炭实验相比，兰氏残炭实验更精确，重复性好。两种实验结果相似并且经常可以相互转换（图 3.6）。

MCR 法是利用分析仪器在小型自动装置上测定康氏残炭的方法。MCR（ASTM D4530）法测定的实验结果与 CCR（ASTM D189）法的实验结果相同。微残炭法的目的是提供所测样品焦炭形成相对趋势的一些信息。

正庚烷不溶物法（ASTM D3279）通常用来测定进料中的沥青质含量。沥青质是 PNA（多环芳烃）的聚合物，但是目前还没有人搞清它们的分子结构，它们不溶于 $C_3 \sim C_7$ 的烷烃中。由于沥青质在不同溶剂中沉淀的量不同，因此选择合适的溶剂来确定沥青质含量很重要。正庚烷和戊烷不溶物广泛用来测定沥青质含量。

虽然它们不能准确确定沥青质含量，但它们提供了评估 FCC 原料中焦炭前体非常实用的方法。值得注意的是，沥青质的传统定义是正庚烷不溶物。正戊烷不溶物减去正庚烷不溶物定义为树脂，树脂是比芳烃大且比沥青质小的分子。

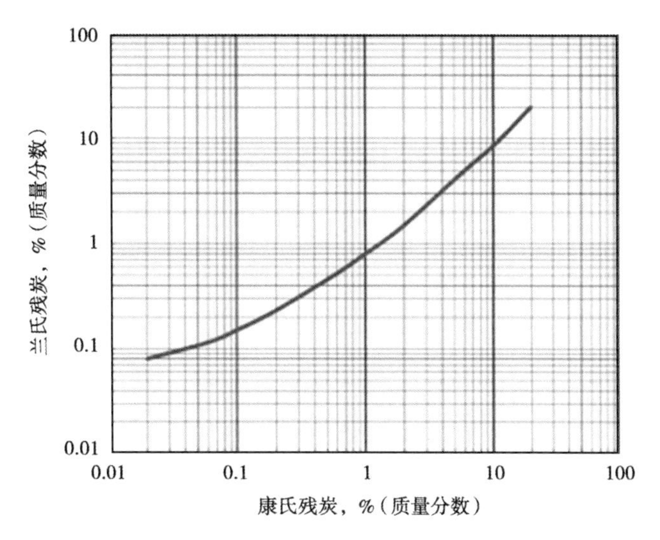

图 3.6　兰氏残炭与康氏残炭的关系（版权 ASTM D524，允许再版）

3.3　杂质

FCC 原料中的杂质含量主要取决于原油的品质、瓦斯油的终馏点（*EP*）以及加氢处理的程度。催化裂化装置作为主要的转化装置，设计用于处理各种原料。然而，原料中存在的杂质会对装置性能产生不利影响。因此，了解杂质的特性和作用，对于原料和催化剂的选择以及装置的故障排除都至关重要。

FCC 原料中大部分杂质是以大的有机分子组分的形式存在。最常见的杂质是：

（1）氮；

（2）硫；

（3）金属（如镍、钒、钾、铁、钙、铜等）。

除硫以外，所有这些杂质都对 FCC 催化剂有毒害作用，会导致催化剂丧失生产有价值产品的能力。原料中含有硫会增加操作成本，这是由于为了满足产品规格并遵守环保法规，需要增加原料和产品的预处理设备。一般来说，若 FCC 原料中硫含量较高，则原料中的芳烃含量也较高。

3.3.1　氮

FCC 原料中的氮指有机氮化合物。FCC 原料中的氮含量通常用碱性氮和总氮表示，总氮是碱性氮和非碱性氮的总和，碱性氮大约占总氮的 1/4~1/2。

“碱性”一词表示可以与酸反应的分子。碱性氮化合物会中和催化剂上的酸性中心，使催化剂暂时失去活性，装置转化率下降（图 3.7）。但是，氮是暂时性的毒物。在再生器内氮燃烧后可以恢复催化剂的活性。在再生器内，焦炭中大约 95%的氮转化成氮气，其余的氮转化成氮氧化物（NO*x*），NO_x 随烟气排出装置。

FCC 原料中碱性氮的存在造成催化剂中毒是值得重视的，遗憾的是，碱性氮的有害影响却常常被忽视。几乎所有的碱性氮最终都会形成焦炭。如图 3.7 所示，原料中每 125μg/g 碱性氮就会降低装置转化率 1%。为了补偿氮对催化剂的毒害，反应器温度需升高。此外，可使用高比表面、高酸性位密度和具备活性基质的 FCC 催化剂来尽量降低有机氮的危害。

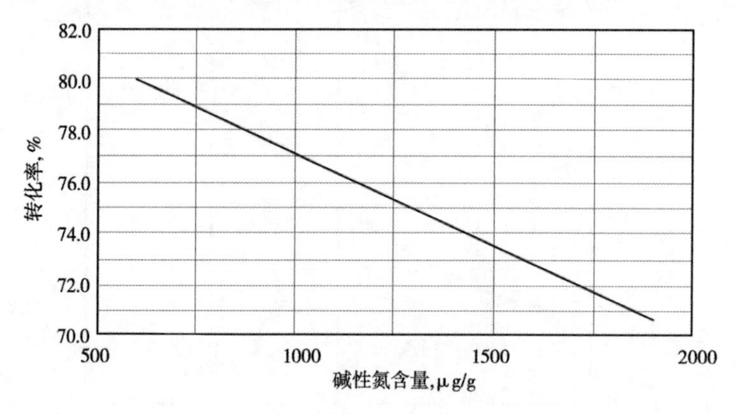

图 3.7 FCC 原料中的氮含量对装置转化率的影响

对一些炼油厂来说，对原料进行加氢处理是合适且经济的手段。除了大部分加利福尼亚原油和少量其他原油以外，氮含量高的原料也含有其他一些杂质。因此，很难只针对氮这一种杂质评价其有害影响。对原料进行加氢处理不仅可以降低氮含量，而且可以降低大部分其他杂质的含量。

氮除了能使催化剂中毒以外，还对其他加工单元的装置操作有危害。在提升管反应器中，一些氮转化成氨和氰化氢（HCN）。氰化氢会加速 FCC 气体分馏装置设备的腐蚀速率。由于它腐蚀了设备表面的硫化物保护膜，暴露的金属会进一步腐蚀。这种腐蚀产生的原子氢最终将导致氢鼓泡。氰化物的形成会随着裂化苛刻度的增加而增加。

此外，一些氮化合物最终生成轻循环油（LCO）中的吡咯和吡啶[5]。这些化合物很容易氧化而影响油品颜色的稳定性。LCO 中氮的含量取决于转化率，转化率提高，LCO 中氮含量就降低，而催化剂上氮的含量增加。

原油的来源和密度范围对 FCC 原料中的氮含量影响很大（表 3.2）。一般来说，重质原油比轻质原油含有更多的氮。此外，氮一般富集在原油中的渣油部分。图 3.8 列出了原油中发现的一些氮化合物的类型。

表 3.2 典型原油的 API 度、渣油和氮含量

原油来源	API 度	减压塔底油 %（体积分数）	重质减压瓦斯油中 总氮含量①，μg/g
Maya	21.6	33.5	2498
Alaska North Slope (ANS)	28.4	20.4	1845
Arabian Medium	28.7	23.4	829
Forcados	29.5	7.6	1746
Cabinda	32.5	23.1	1504
Arabian Light	32.7	17.2	1047
Bonny Light	35.1	5.3	1964
Brent	38.4	11.4	1450
West Texas Intermediate Cushing (WTIC)	38.7	10.6	951
Forties	39.0	10.1	1407

①氮含量随原油来源和渣油含量的变化而变化。

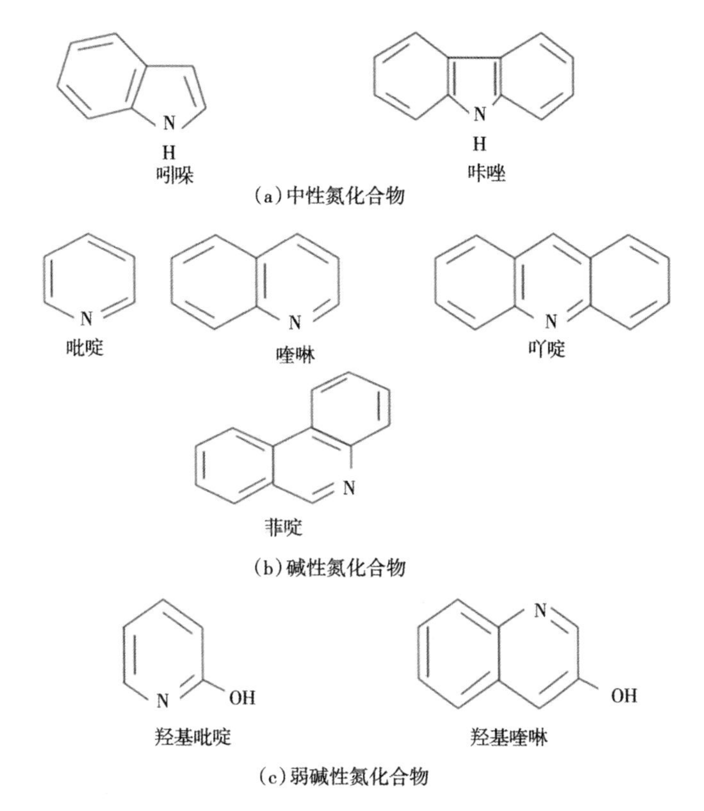

图 3.8　原油中的氮化物类型[6]

含量：225~540°C 瓦斯油中含 20%~25%氮，大于 540°C 减压渣油中含 75%~80%氮。

类型：225~540°C 瓦斯油中：50%氮为中性氮化物，33%氮为碱性氮化物，17%为弱碱性氮化物；

540°C 以上减压渣油馏分：20%的氮在沥青质中，33%为中性氮化物，20%为碱性氮化物，27%为弱碱性氮化物

UOP 公司实验方法 269 常被用来测定 FCC 原料中的碱性氮含量。样品首先与乙酸以体积比 1∶1 的比例混合，然后将混合物用高氯酸滴定。

ASTM D5762 方法常被用来测定 FCC 原料中 40~10000μg/g 的总氮。D4629 方法用来测定液态烃中小于 100μg/g 的总氮。

3.3.2　硫

FCC 原料中的硫以有机硫化合物，如硫醇、硫醚和噻吩的形式存在。通常，当原油中渣油含量升高时，硫含量也增加（表 3.3）。FCC 原料中的总硫通过 X 射线荧光光谱法（ASTM D2622）测定，其结果以元素硫的形式表示。

表 3.3　一些典型原油的 API 度、渣油和硫含量

原油来源	API 度	减压塔底油 %（体积分数）	减压瓦斯油中硫含量① %（质量分数）
Maya	21.6	33.5	3.35
Alaska North Slope（ANS）	28.4	20.4	1.45
Arabian Medium	28.7	23.4	3.19

续表

原油来源	API 度	减压塔底油 %（体积分数）	减压瓦斯油中硫含量① %（质量分数）
Forcados	29.5	7.6	0.30
Cabinda	32.5	23.1	0.16
Arabian Light	32.7	17.2	2.75
Bonny Light	35.1	5.3	0.25
Brent	38.4	11.4	0.63
West Texas Intermediate Cushing (WTIC)	38.7	10.6	0.63
Forties	39.0	10.1	0.61

①硫含量随原油来源和渣油含量的变化而变化。

虽然脱硫不是催化裂化操作的目的，但是进料中约有30%～50%的硫转化成 H_2S。此外，FCC产品中剩余的硫化物较轻，可以在低压加氢脱硫过程中被脱除。

在FCC工艺中，H_2S 主要是通过非噻吩（非环）硫化合物催化分解形成的。表3.4列出了原料中的硫化合物对生成 H_2S 的影响。

表3.4　进料中的硫化合物对生成 H_2S 的影响

裂化条件：剂油比7，950℉，沸石催化剂			
进料来源	转化率 %	硫醇硫、硫化物及非芳香硫在原料总硫中的含量，%（质量分数）	硫转化成 H_2S 的量① %（体积分数）
Mid Continent	72	38	47
West Texas	69	33	41
Coker Gas Oil	56	30	35
Hydrotreated	77	12	26
HCO	50	6	16

①硫转化成 H_2S 的百分含量很大程度上取决于原料中硫的类型及烃类在提升管中的停留时间[1]。

资料来源：Wollaston[7]。

与 H_2S 一样，硫在其他FCC产品中的分布取决于下列一些因素：原料性质、催化剂类型、转化率和操作条件。原料类型和停留时间是最重要的影响因素。表3.5列出了几种原料的FCC产品中硫的分布情况。图3.9列举了硫分布与装置转化率之间的关系。

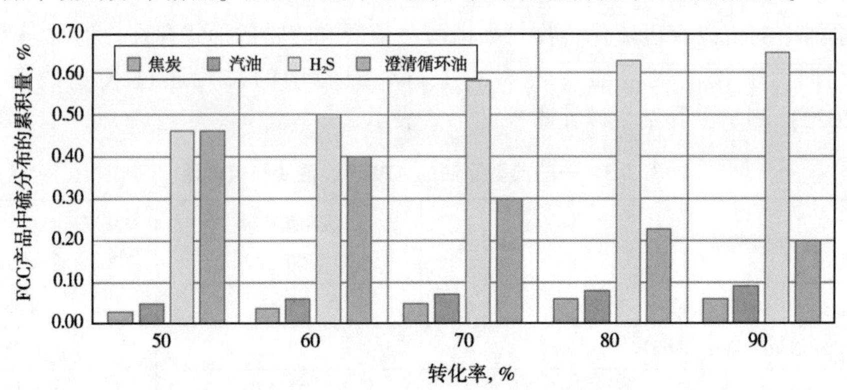

图3.9　FCC产品中的硫分布与装置转化率之间的关系

表 3.5　FCC 产品中的硫分布

原料来源				
原料	西得克萨斯直馏瓦斯油	西得克萨斯直馏瓦斯油（加氢处理）（HDT）	加利福尼亚瓦斯油	科威特脱沥青油（DAO）与瓦斯油的混合油（加氢处理）（HDT）
硫含量，%（质量分数）	1.75	0.21	1.15	3.14
转化率，%	77.8	77.8	78.7	80.1
硫分布（占原料中总硫的比例），%（质量分数）				
H_2S	42.9	19.2	60.2	50.0
轻汽油	0.2	0.9	1.6	1.9
重汽油	3.3	1.9	7.9	5.0
LCO	28.0	34.6	20.7	17.3
DO	20.5	34.7	6.8	15.3
焦炭	5.1	8.7	2.8	10.3

资料来源：Huling[8]。

对于转化率为78%的非加氢处理的原料，原料中大约50%（质量分数）的硫转化成硫化氢（H_2S），剩余的50%的硫分布大致如下：

（1）6%（质量分数）在汽油中；

（2）23%（质量分数）在轻循环油（LCO）中；

（3）15%（质量分数）在澄清油（DO）中；

（4）6%（质量分数）在焦炭中。

在原料中加入渣油所增加的焦炭中硫含量与原料中增加的硫成比例（表 3.6）。噻吩型（环型）硫化合物裂化较慢，未裂化的噻吩最终将存在于汽油、轻循环油（LCO）和澄清油（DO）中。

表 3.6　焦炭中硫含量与 FCC 原料中渣油含量的关系①

中试数据，提升管裂化采用最大液体收率的操作方案		
原　料　来　源	原料中的硫含量 %（质量分数）	焦炭中硫含量（以原料中的硫为基准），%（质量分数）
瓦斯油	0.7	3.5
瓦斯油+10%西得克萨斯含硫油 VTB	1.0	13.8
瓦斯油+20%西得克萨斯含硫油 VTB	1.32	18.6

①当进料中的渣油含量增加时，由于焦炭产率和焦炭前驱体中硫含量增加，导致焦炭中硫含量显著增加。

资料来源：Campagna[9]。

加氢处理能降低所有产品中的硫含量。使用加氢处理后的原料，较多的原料中的硫进入焦炭和重质液体产品中。在 FCC 工艺中转化成 H_2S 的硫原子首先在加氢精制过程中被脱除，剩余的硫化合物很难去除。原料越重、芳香性越高，则焦炭中的硫含量越高（表 3.7）。

虽然加氢处理使焦炭和油浆中的硫占总硫的比例增加，但是经过加氢处理后焦炭和油浆中硫的实际数量比使用未处理原料时少。硫对装置转化率和产率的影响不大，对工艺过程的影响也是最小的。一些芳香性硫化物不能转化，但这与其他芳香族化合物没有区别。它们大部分生成了循环油和油浆，使得装置转化率下降，最大产率降低。

表 3.7 焦炭中硫含量与加氢处理后的 FCC 原料质量的关系

中试数据，提升管裂化采用最大液体收率的操作方案			
进料来源	原料中的硫含量 %（质量分数）	三环芳烃含量① %（质量分数）	焦炭中硫含量（以原料中的硫为基准），%（质量分数）
轻质阿拉伯 HDS	0.21	7.3	28.1
重质阿拉伯 HDS	0.37	17.6	48.2
玛雅（Maya）HDS	0.7	5.0	43.7

①在加氢处理后的原料中，多环芳香性硫化合物越多，最终焦炭中的硫含量越高。

资料来源：Campagna[9]。

3.3.3 金属

原油中含有镍、钒和钠等金属。这些金属通常富集在高沸点范围的常压塔底油或减压渣油中，只有通过夹带，金属才会被携带到瓦斯油中。

这些金属本身具有催化作用，能促进一些不希望进行的反应，如脱氢反应和缩合反应。脱氢反应是指脱除氢；缩合反应是指聚合作用，它会形成“六角网状”结构的芳烃分子。原料中这些金属的存在，会使氢和焦炭产率增加，汽油产率下降，降低了催化剂生产所需产品的能力。

这些金属会对 FCC 催化剂造成永久性的毒害，使催化剂活性降低，从而降低了催化剂生产所需产品的能力。FCC 原料中几乎所有的金属都会在催化裂化催化剂上沉积。石蜡基原料含有的镍比钒多。每种金属都有负面影响。

（1）镍（Ni）。

正如第 4 章所要讨论的，FCC 催化剂包括两部分：

①非骨架结构，称为基质；

②晶状结构，称为沸石。

与催化剂接触时，镍沉积在基质上。镍能促进脱氢反应，从稳定的化合物中脱除氢，生成不稳定的烯烃。这些不稳定的烯烃能聚合成重质烃。这些反应会导致高的氢气和焦炭产率。焦炭产量越高则再生器的温度就越高，这些都会降低剂油比和装置的转化率。

加工重质原料时，通常镍含量较高。氢气过量或再生器温度过高都是不理想的。过量氢气会降低富气的相对分子质量；由于压缩机通常是离心式的，这就限制了出口压力。较低压力导致处理能力低，这就使得装置的负荷降低或在较低的转化率下操作。

用一些指数可以将金属的活性与氢和焦炭的产量相关联（这些指数是在 FCC 工艺使用金属钝化之前出现的，但它们仍然是可靠的）。最常用的指数是 $4\times Ni+V$。这表明，在生成氢的过程中，镍的活性是钒的 4 倍。常用的其他指数[10]有：

$$\text{Jersey 镍当量指数}=1000\times(Ni+0.2\times V+0.1\times Fe) \tag{3.4}$$

$$\text{Shell 污染指数}=1000\times(14\times Ni+14\times Cu+4\times V+Fe) \tag{3.5}$$

$$\text{Davison 指数}=Ni+Cu+V/4 \tag{3.6}$$

$$\text{Mobil 指数}=Ni+V/4 \tag{3.7}$$

在每个方程式中，镍都是最活泼的。这些指数将所有的金属都转换到一个共同基准上，通常是以钒或镍为基准。

当金属刚开始沉积在催化剂表面上时，它们的活性最强。随着时间的推移，经过连续的氧化—还原循环，金属失去最初的活性。一般而言，平衡催化剂上大约1/3的镍具有促进脱氢反应的活性。

FCC原料中少量的镍就会对装置操作有显著的影响。在“清洁”瓦斯油的操作中，氢气产率大约是$40ft^3/bbl$原料［即0.07%（质量分数）］，这是大部分装置都能处理的氢气量。如果镍含量增加到1.5μg/g，那么氢气产率将增加到$100ft^3/bbl$原料［即0.17%（质量分数）］。值得注意的是，对处理能力为50000bbl/d的装置，这仅仅相当于镍含量16 lb/d（即7.3 kg/d）。除非催化剂添加速率提高或进料中的镍被钝化（见第4章），否则进料速率或转化率需要降低，富气将变贫，富气压缩机（WGC）的泵送能力也将受到限制。

在大多数装置中，氢气增加不会引起焦炭产率的增加，在催化裂化装置中焦炭产率是不变的（见第7章）。焦炭产率不会增加是由于其他装置的限制造成的，例如再生器温度和（或）富气压缩机的限制，使操作者不得不降低装置的负荷或苛刻度。高的氢气产率还会影响气体分馏装置中C_{3+}组分的回收。在吸收塔中，氢气作为惰性物质并能改变液汽比。

从质量分数来看，氢气增加是可以忽略的，但是其气体体积的急剧增加会影响装置的操作性能。

催化剂组成和进料中氯化物对氢气产率有显著的影响。具有活性氧化铝基质的催化剂有促进脱氢反应的趋势。进料中的氯化物可使老化的镍恢复活性，导致较高的氢气产率。

下面两个是评价镍对催化剂影响的常用指标：

①氢气/甲烷的比（H_2/CH_4）；

②每桶原料所生成氢气的体积。

H_2/CH_4比是衡量脱氢反应的一个指标，但是H_2/CH_4比对反应器温度和催化剂类型很敏感。衡量镍活性较好的指标是每桶新鲜进料产生氢气的体积。当瓦斯油中镍含量小于0.5μg/g时，典型的H_2/CH_4摩尔比在0.25~0.35的范围内。生成氢的量相当于$30\sim40ft^3/bbl$原料。

从平衡催化剂数据推算原料中金属含量比直接定期分析原料中金属含量通常更准确一些。如果镍是原料中的常规组分，那么就需要使用钝化剂。如果镍影响操作和利润，用锑来钝化镍通常是有益的。如果平衡催化剂上的镍含量大于1000μg/g，那么用锑来钝化镍将是很有吸引力的做法。

（2）钒（V）。

钒也能促进脱氢反应，但是比镍的作用小。钒对氢气产率的贡献是镍的20%~50%，但是钒是更严重的毒物。与镍不同，钒不会停留在催化剂表面；相反，它会迁移到催化剂内部的沸石部分，破坏沸石的晶体结构，使催化剂永久地失去表面积和活性。

钒以相对分子质量大的有机金属化合物分子的形式存在，当这些大分子裂化时，含钒的焦渣留在催化剂上。在催化剂再生过程中，焦炭被烧掉，钒被氧化成氧化钒，例如五氧化二钒（V_2O_5）。V_2O_5在1274℉（690℃）时会熔化，这就使得在典型的再生器温度条件下，V_2O_5会破坏沸石的晶体结构。V_2O_5有很强的流动性，它可以从一个微粒流动到另一个微粒。

关于钒中毒的化学反应有几个理论，其中最著名的是V_2O_5在再生器条件下转化成钒酸（H_3VO_4），钒酸通过水解抽取沸石晶体结构中的四面体氧化铝，使沸石结构垮塌。

钒中毒的强度取决于以下因素：

①钒的含量：一般来说，平衡催化剂上钒的含量大于2000μg/g时表明已钝化。

②再生器温度：较高的再生器温度［>1250℉（677℃）］超过了钒氧化物的熔点，增加了它们的流动性，这使得钒可以进入沸石的晶体内部。除了水热作用失活以外，钒造成的失活只是由较高的再生器温度引起的。

③燃烧模式：再生器在完全燃烧模式下操作，形成“洁净”的催化剂，即催化剂含碳量（*CRC*）较低（图3.10），过量氧增加了 V_2O_5 的形成量。

④钠：钠和钒反应生成钒酸钠。这些混合物的熔点较低［<1200℉（649℃）］，增加了钒的流动性。

⑤蒸汽：蒸汽与 V_2O_5 反应生成挥发性的钒酸。钒酸通过水解作用引起沸石晶体的坍塌。

⑥催化剂类型：氧化铝含量、稀土含量以及沸石的类型和含量影响催化剂对钒中毒的耐受性。

⑦催化剂补充速率：高的催化剂补充速率（新鲜和/或购买的平衡催化剂）可以稀释金属的浓度，使钒没有足够的时间完全氧化。

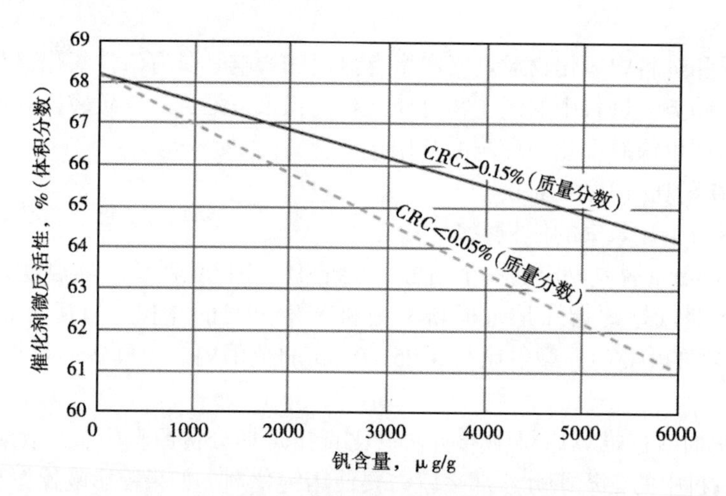

图3.10　钒的毒害作用随再生器操作苛刻度的变化[11]

（3）碱土金属。

通常，碱土金属特别是钠对FCC催化剂是有害的。钠通过中和催化剂的酸性中心使其永久失活。在再生器中，特别是钒存在时，钠会导致沸石晶体塌陷。钠的两个主要来源是：

①新鲜催化剂中的钠；

②原料中的钠。

在制造催化剂的过程中，新鲜催化剂含有钠。第4章将讨论新鲜催化剂中固有的钠的缺点。

原料中的钠被称为附加钠。在生产实践中，无论原料中的钠还是催化剂中的钠，对装置的不利影响都是相同的。

钠通常以氯化钠的形式存在。氯化物有使平衡催化剂上的老化金属通过重新分布而恢复活性的趋势，从而使这些金属造成更大的危害。

钠来源于下列地方：

①原油脱盐装置下游加入的碱液。在原油脱盐装置的下游加入碱液可以控制塔顶腐蚀。原油中的天然氯盐在典型的装置操作温度下分解生成 HCl。碱液与天然氯盐反应形成氯化钠。氯化钠在原油常压和减压蒸馏装置的加热炉温度下是热稳定的，这就使得氯化钠既存在于常压渣油中也存在于减压渣油中。当 FCC 装置加工渣油时，大多数炼油厂会采取中断注碱的方式。然而，购买的原料中还会有碱性物质存在。

②从脱盐装置中带来的水溶性盐。当催化裂化装置加工重质原料时，有效的脱盐操作比以往任何时候都更重要。氯盐通常是水溶性的，可在脱盐塔中从原油中除去。然而，脱盐后的原油中也会携带一些可溶性盐。

③处理炼油厂的“废油”。一些炼油厂在脱盐塔中处理炼油厂“废油”，这对脱盐塔有不利影响，会使脱盐后的原油携带盐。“废油”作为焦化装置进料或进入 FCC 主分馏塔中也会产生同样的结果。

④购买的 FCC 原料可能暴露在盐水中，这些盐水是作为压仓物用的。

⑤使用含有钠的雾化蒸汽和（或）水。几乎每个炼油厂都用蒸汽或水进行某种类型的原料雾化。由于炼油厂所用的水处理质量的不同，这些蒸汽或水中的钠含量也不同。

（4）其他金属。

铁通常作为杂质铁存在于 FCC 原料中，并且不具有催化活性。杂质铁是指来自上游加工和处理过程的各种有腐蚀性的副产品。钾和钙也是可以使 FCC 催化剂失活的金属。

铜是另一种可以使 FCC 催化剂中毒的金属。它的脱氢活性是镍的两倍多。一些用于减少 NO_x 的添加剂中含有铜，会对 FCC 反应器产生不利影响。

（5）小结。

FCC 原料中的金属有许多有害作用。镍和铜会导致过量的氢气产生，最终造成转化率或处理量降低。钒和钠会破坏催化剂晶体结构，使催化剂活性和选择性降低。金属毒性的不利影响可以通过以下几种途径解决：

①加氢处理 FCC 原料；

②提高新鲜催化剂的补充速率；

③加入一些优质平衡催化剂“冲刷”金属；

④采用某种类型的金属钝化剂（例如用锑钝化镍，金属捕集钝化钒）。

3.4 经验关联式

典型的炼油厂实验室不会配备作为 FCC 原料常规分析的 PONA 族组成分析和其他化学分析设备。然而，FCC 原料的一些物理性质，例如 API 度和馏程是比较容易测定的。因此，业界开发了一些经验关联式，可以用物理分析数据确定其化学性质。

对 FCC 原料性质进行表征可以定量和定性地预测 FCC 装置的性能。工艺模型使用进料的性质来预测 FCC 的产率和产品质量。工艺模型可用于装置的日常监测、催化剂评价、优化以及工艺研究。

目前尚没有标准的关联式。一些公司有其专有的关联式，但是这并不意味着这些关联式在预测产率方面更佳。尽管如此，这些关联式都包含了多数或部分相同的物理性质，目前最广泛使用的已发表的关联式有：特性因素 K、TOTAL、n-d-M 法、API 法。

3.4.1 特性因数 K

特性因数 K 对预测原料的裂化性能非常有用。特性因数 K 与原料的氢含量有关。特性因数 K 通常用原料的馏程和密度数据进行计算，并能测算原料中芳烃和烷烃的相对值。K 值越大，表示烷烃含量越高，越容易裂化。K 值大于12.0时，表示烷烃进料；K 值小于11.0时，表示芳烃进料。

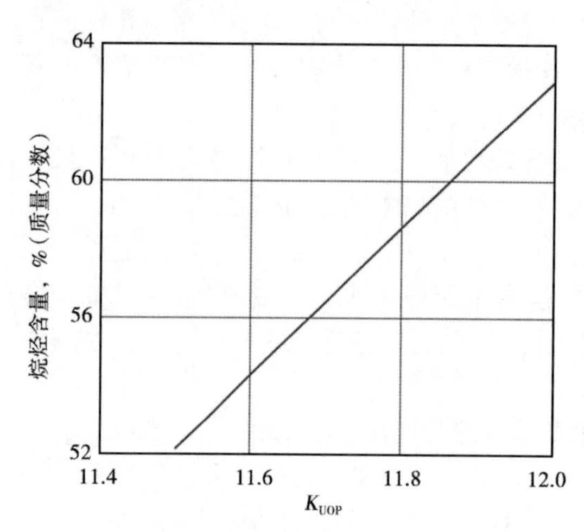

图3.11　烷烃的质量分数与 K_{UOP} 的关系

与苯胺点类似，高烷烃和芳烃原料的特性因数 K 不同。然而，在 $K=11.5\sim12.0$ 的窄范围内，特性因数 K 不能进行芳烃和环烷烃之间的关联。相反，它对烷烃含量关联的相当好（图3.11）。特性因数 K 不能提供有关环烷烃和烷烃含量比例的信息。对于相同的特性因数 K，其环烷烃和烷烃的比可能不同（表3.8）。

表3.8　C_N/C_P 的变化与 K_{UOP} 的关系

样品编号	K_{UOP}	C_A+C_N,%（质量分数）	C_N/C_P
1	11.70	46	0.47
2	11.69	45	0.44
3	11.70	46	0.44
4	11.67	45	0.43
5	11.70	45	0.39
6	11.70	44	0.35
7	11.70	42	0.33

注：（1）K 对芳烃+环烷烃有很好的关联性，但对环烷烃没有关联性。
（2）C_A 为芳烃含量，C_N 为环烷烃含量，C_P 为烷烃含量。
资料来源：Andreasson[12]。

特性因数 K 是烃类沸点的三次方根与其相对密度的比值。计算特性因数 K 常用的两个方法是 K_W（Watson 方法）和 K_{UOP}。计算 K_W 和 K_{UOP} 的公式如下：

$$K_W=\frac{(MeABP+460)^{1/3}}{SG} \tag{3.8}$$

$$K_{UOP}=\frac{(CABP+460)^{1/3}}{SG} \tag{3.9}$$

$$K_{UOP}=\frac{(VABP+460)^{1/3}}{SG} \tag{3.10}$$

$$MeABP=\frac{(MABP+CABP)}{2} \tag{3.11}$$

$$MABP=\sum(f_{mi}\times TB_i) \tag{3.12}$$

$$CABP = \sum (f_{vi} \times TB_i^{1/3})^3 \tag{3.13}$$

$$VABP = \frac{[T_{10\%} + T_{30\%} + T_{50\%} + T_{70\%} + T_{90\%}]}{5} \tag{3.14}$$

式中 $MeABP$——中平均沸点，℉；

$MABP$——分子平均沸点，℉；

$CABP$——立方平均沸点，℉；

SG——60℉相对密度；

$VABP$——体积平均沸点，℉；

f_{mi}——组分 i 的摩尔分数；

T_{Bi}——纯组分 i 在常压下的沸点，℉；

f_{vi}——组分 i 的体积分数；

T——温度，℉。

UOP 方法使用 $CABP$ 值，实际上它与附录 2 中的 $VABP$ 值相同。由于 $VABP$ 数据很容易得到，因此 K_{UOP} 比 K_W 应用更为广泛。Watson 方法中使用 $MeABP$，通常情况下，K 值比 UOP 方法中的要低。例 3.1 列出了计算 K_{UOP} 和 K_W 的步骤。

总之，特性因数 K 能提供有关原料的芳香性或石蜡性的信息。然而，在 K=11.5~12.0 的窄范围内，它不能确定烷烃、环烷烃和芳烃的比例。要确定烷烃、环烷烃和芳烃的比例就要用到其他关联式，如 TOTAL 法或 n-d-M 法。

例 3.1　用下列 FCC 原料的性质确定 K_{UOP} 和 K_W

原料性质

参　　数		温度，℉	温度，℃
API 度	23.5	60	15.6
SG	0.913	60	15.6
密度	0.900	68	20
折光指数	1.4810	152.6	67
黏度（SUS）	137.0	130	54.4
黏度（SUS）	50.0（7.27cSt①）	210	98.9
硫含量，%（质量分数）	0.48		
苯胺点		192.0	88.9

①见 ASTM D2161-10 中 SUS 与 cSt 的换算方法。

D1160 数据（1atm）

馏出体积，%	温度，℉	温度，℃
10	652	344
30	751	399
50	835	446
70	935	502
90	1080	582

计算步骤如下：

（1）用蒸馏数据计算 $VABP$；

（2）计算10%-90%斜率；

（3）通过将附录2查得的校正值添加到 $VABP$ 中，计算 $MeABP$ 和 $CABP$；

（4）计算 K_W 和 K_{UOP}。

第一步：$VABP=(652+751+835+935+1080)/5$

$=851°F=455℃=728.2°K$

第二步：10%-90%的斜率

$$斜率=\frac{T_{90}-T_{10}}{80}=\frac{1080-652}{80}$$

$$斜率=5.35\%$$

第三步：根据附录2，$VABP$ 的校正，对于 $MeABP$ 为-34°F，对于 $CABP$ 为-10°F，因此：$MeABP=851-34=817°F=436℃$

$CABP=851-10=841°F=449.4℃$

第四步：$K_W=\frac{(817+460)^{1/3}}{0.913}=11.88$

$$K_{UOP}=\frac{(841+460)^{1/3}}{0.913}=11.96$$

除了使用附录2，还可用下列方程式来确定 $MeABP$[6]：

$$MeABP=VABP+2-\left(\frac{(T_{90}-T_{10})}{170+0.075\times VABP}+1.5\right)^3$$

$$=851+2-\left(\frac{1080-652}{170+(0.075\times 851)}+1.5\right)^3$$

$$=816°F(435℃)$$

当没有完整的蒸馏数据时，可用50%点数据代替 $MeABP$ 来估算 K 因数。

3.4.2 TOTAL

TOTAL经验关联式用实验室常规测试方法计算芳烃碳含量、氢含量、相对分子质量和折光指数（RI）。下面列出了TOTAL关联式的用法，附录3中也有说明。例3.2说明了TOTAL关联式的用法[1]。

对于FCC原料，特别是含有渣油的原料，TOTAL经验关联式比 $n-d-M$ 关联式能更准确地预测芳烃碳含量。表3.9列出了这两个关联式的差异。可以通过TOTAL关联式计算 MW、$RI_{(20)}$、C_A 和氢含量，用 $n-d-M$ 法或 API 方法计算环烷烃质量分数 C_N 和烷烃质量分数 C_P。

表3.9 TOTAL关联式与其他方法的对比

关联式		平均偏差	绝对平均偏差	最大偏差
碳含量,%	$n-d-M$	5.14	4.67	12.99
	API	2.88	2.53	9.13
	TOTAL	0.93	0.00	3.45

续表

关联式		平均偏差	绝对平均偏差	最大偏差
氢含量,%	Linden	0. 31	-0. 05	1. 57
	Fein-Wilson-Winn	0. 36	0. 19	1. 43
	Modified Winn	0. 19	0. 07	0. 86
	TOTAL	0. 10	0. 00	0. 42
相对分子质量（*MW*）	*API*	62. 0	-62. 0	180. 9
	Maxwell	63. 3	-63. 6	175. 0
	Kester-Lee	61. 5	-61. 1	176. 9
	TOTAL	10. 6	-0. 20	44. 4
折光指数（*RI*）	*API*（20℃）	0. 0368	-0. 0367	0. 0993
	Lindee-Whitter（20℃）	0. 0315	-0. 0131	0. 0303
	TOTAL（20℃）	0. 0021	0. 0	0. 0074
	TOTAL（60℃）	0. 0021	0. 0	0. 0074

资料来源：Dhulesia[1]。

例 3. 2

相对分子质量（*MW*）：

$$\begin{aligned} MW &= 7.8312 \times 10^{-3} \times SG^{-0.0978} \times AP^{0.1238} \times VABP^{1.6971} \\ &= 7.8312 \times 10^{-3} \times (0.913)^{-0.0978} \times (88.9)^{0.1238} \times (455)^{1.6971} \\ &= 7.8312 \times 10^{-3} \times 1.0089 \times 1.7429 \times 32427 \\ &= 446.6 \end{aligned} \tag{3.15}$$

20℃（68℉）时折光指数（*RI*）：

$$\begin{aligned} RI_{(20)} &= 1 + 0.8447 \times SG^{1.2056} \times (VABP + 273.16)^{-0.0557} \times MW^{-0.0044} \\ &= 1 + 0.08447 \times (0.913)^{1.2056} \times (728.2)^{-0.0557} \times (446.6)^{-0.0044} \\ &= 1 + 0.8447 \times 0.8961 \times 0.6927 \times 0.97351 \\ &= 1.5105 \end{aligned} \tag{3.16}$$

60℃（140℉）时折光指数（*RI*）：

$$\begin{aligned} RI_{(60)} &= 1 + 0.8156 \times SG^{1.2392} \times (VABP + 273.16)^{-0.0576} \times MW^{-0.0007} \\ &= 1 + 0.08156 \times (0.913)^{1.2392} \times (728.2)^{-0.0576} \times (446.6)^{-0.0007} \\ &= 1 + 0.8156 \times 0.8933 \times 0.6841 \times 0.9957 \\ &= 1.4963 \end{aligned} \tag{3.17}$$

氢含量（C_{H_2}）（质量分数）：

$$\begin{aligned} C_{H_2} &= 52.825 - 14.26 \times RI_{(20)} - 21.329 \times SG - 0.0024 \times MW - 0.052 \times S + \\ &\quad 0.757 \times \ln v \\ &= 52.825 - 14.26 \times 1.5105 - 21.329 \times 0.913 - 0.0024 \times 446.6 - \\ &\quad 0.052 \times 0.48 + 0.757 \times \ln 7.27 \\ &= 12.22\% \end{aligned} \tag{3.18}$$

芳烃含量（C_A）（质量分数）：

$$
\begin{aligned}
C_A &= -814.136 + [635.192 \times RI_{(20)}] - (129.266 \times SG) + (0.013 \times MW) - \\
&\quad (0.34 \times S) - (6.872 \times \ln v) \\
&= -814.136 + 635.192 \times 1.5105 - 129.266 \times 0.913 + 0.013 \times 446.6 - \\
&\quad 0.34 \times 0.48 - 6.872 \times \ln 7.27 \\
&= 19.31\%
\end{aligned}
\tag{3.19}
$$

式中 SG——相对密度 20℃（68℉）；

AP——苯胺点，℃；

$VABP$——体积平均沸点，℃；

S——硫含量，%（质量分数）；

v——黏度 98.9℃（210℉），cSt。

3.4.3 *n-d-M* 法

n-d-M 关联式是 ASTM（D3238）方法，它用折光指数 RI（n）、密度（d）、平均相对分子质量（MW）和硫（S）来估算芳香环结构中的碳原子的百分数（C_A）、环烷环结构中的碳原子的百分数（C_N）以及链烷烃链上的碳原子的百分数（C_P）。折光指数和密度用 20℃（68℉）时的测量值或计算值。附录 4 中给出了计算碳分布的公式。注意用，*n-d-M* 方法可以计算出芳环结构中碳的百分数。例如，如果原料中有甲苯分子，*n-d-M* 法就会预测出 7 个碳中有 6 个是芳碳（86%）。

ASTM D2502 法是测定相对分子质量最准确的方法之一。该方法使用黏度测量值；没有黏度数据时，相对分子质量可以用 TOTAL 关联式估算。

n-d-M 法对折光指数和密度数据很敏感。它要求原料的折光指数用 20℃（68℉）时的测量值或计算值。但是大部分 FCC 原料在 20℃（68℉）时实际上是固体，折射仪无法测定原料在此温度下的折光指数。使用 *n-d-M* 法时，20℃（68℉）时的折光指数需要用已发表的关联式估算。因此，*n-d-M* 法通常要与其他关联式，如 TOTAL 结合使用。例 3.3 说明了 *n-d-M* 关联式的用法。

例 3.3　以例 3.1 中的原料性质数据，应用 *n-d-M* 方法确定 MW、C_A、C_N 和 C_P（见附录 4）。

第 1 步：用 ASTM 方法确定相对分子质量。

（1）得到 100℉（37.8℃）时的黏度：

①利用附录 1，绘制 130℉（54.4℃）时黏度为 137SUS（27.9cSt）和 210℉（98.89℃）时黏度为 50SUS（7.27cSt）的 cSt 黏度曲线；

②外推得到 100℉黏度，为 280SUS（60.2cSt）。

（2）将黏度由厘斯（cSt）换算成 SUS：

①附录 6 中，100℉黏度为 60.2cSt；

②210℉黏度为 7.27cSt。

（3）得到相对分子质量：

附录 5 中，H 函数为 372，MW=440。

第 2 步：用 TOTAL 关联式计算 20℃时的折光指数（RI）。

$$
\begin{aligned}
RI_{(20)} &= 1 + 0.8447 \times SG^{1.2056} \times (VABP + 273.16)^{-0.0557} \times MW^{-0.0044} \\
&= 1 + 0.8447 \times (0.913)^{1.2056} \times (728.2)^{-0.0557} \times (446.6)^{-0.0044} \\
&= 1.5105
\end{aligned}
\tag{3.20}
$$

第 3 步：计算 n-d-M 因数。

$$
\begin{aligned}
\nu &= 2.51 \times (RI_{(20)} - 1.4750) - (d_{20} - 0.8510) \\
&= 2.51 \times (1.5105 - 1.4750) - (0.90 - 0.8510) \\
&= +0.0401 \\
\omega &= (d_{20} - 0.8510) - 1.11(RI_{(20)} - 1.4750) \\
&= (0.90 - 0.8510) - 1.11 \times (1.5105 - 1.4750) \\
&= +0.0096
\end{aligned}
\tag{3.21}
$$

因为 ν 是正数，所以可以计算得到原油中所含的芳环结构的百分数 C_A：

$$
\begin{aligned}
C_A &= \frac{(430 \times \nu) + 3600/MW}{100}\% \\
&= \frac{(430 \times 0.0401) + 3600/440}{100}\% \\
&= 25.6\%
\end{aligned}
\tag{3.21a}
$$

由于 ω 是正数，所以可以计算得到原油中所含环状化合物的百分数 C_R：

$$
C_R = \frac{820 \times \omega - (3 \times S) + \dfrac{10000}{MW}}{100}\%
$$

$$
= \frac{820 \times 0.0096 - (3 \times 0.48) + \dfrac{10000}{440}}{100}\% \text{（译者注：原书此处有误，已改正）}
\tag{3.21b}
$$

$$
= 29.2\%
$$

计算得到原油中所含环烷烃化合物的百分数 C_N：

$$
\begin{aligned}
C_N &= C_R - C_A \\
&= 29.2\% - 25.6\% \\
&= 3.6\%
\end{aligned}
\tag{3.21c}
$$

计算得到原油中所含链烷烃的百分数 C_P：

$$
\begin{aligned}
C_P &= 100\% - C_R\% \\
&= 100\% - 29.2\% \\
&= 70.8\%
\end{aligned}
\tag{3.21d}
$$

3.4.4 API 法

API 法是用来预测不含烯烃的碳氢化合物中的烷烃、环烷烃或芳烃化合物摩尔分数的一般方法。开发此方程式的基础是将碳氢化合物分成两个分子范围：重馏分（$200<MW<600$）和轻馏分（$70<MW<200$）。附录 7 给出了适用于 FCC 原料的 API 关联式。例 3.4 可用来说明 API 关联式的用法。

例 3.4

用例 3.1 中的原料性质数据和 API 关联式计算 MW、$RI_{(20)}$、X_A、X_N 和 X_P（X_A、X_N 和 X_P 分别为芳烃、环烷烃和烷烃的摩尔分数）（见附录 7）。

计算 MW：

$$MW = a \times \exp(b \times MeABP + c \times SG + d \times MeABP \times SG) \times (MeABP)^{e} \times (SG)^{f}$$

$$\begin{aligned} MW &= 20.486 \times \exp(1.165 \times 10^{-4} \times 1277 - 7.787 \times 0.913 + 1.1582 \times 10^{-3}) \times \\ &\quad 0.913 \times 1277) \times (1277)^{1.26807} \times (0.913)^{4.98308} \\ &= 20.486 \times \exp(0.14877 - 7.10953 + 1.3503) \times 8686.95 \times 0.6354 \\ &= 20.486 \times 0.00365955 \times 8686.95 \times 0.6354 \\ &= 413.8 \end{aligned} \tag{3.22}$$

常数：

$a=20.486$；

$b=1.165\times10^{-4}$；

$c=-7.787$；

$d=1.1582\times10^{-3}$；

$e=1.26807$；

$f=4.98308$；

$MeABP=1277°R$ =（$817°F+460$）（°R 为热力学温度）。

计算折光指数（RI）：

$$\begin{aligned} I &= A \times \exp(B \times MeABP + C \times SG + D \times MeABP \times SG) \times (MeABP)^{E} \times (SG)^{F} \\ &= 2.341 \times 10^{-2} \times \exp(6.464 \times 10^{-4} \times 1277 + 5.144 \times 0.913 - 3.289 \times \\ &\quad 10^{-4} \times 1277 \times 0.913) \times 1277^{-0.407} \times 0.913^{-3.333} \\ &= 0.294 \end{aligned} \tag{3.23}$$

式中 $A=2.341\times10^{-2}$；

$B=6.464\times10^{-4}$；

$C=5.144$；

$D=-3.289\times10^{-4}$；

$E=-0.407$；

$F=-3.333$；

I——折光指数。

$$\begin{aligned} RI_{(20)} &= \left(\frac{1 + 2 \times I}{1 - I}\right)^{1/2} \\ &= \left(\frac{1 + 2 \times 0.294}{1 - 0.294}\right)^{1/2} \\ &= 1.500 \end{aligned} \tag{3.24}$$

黏重常数（VGC）：

$$
\begin{aligned}
VGC &= \frac{SG - 0.24 - 0.022 \times \lg(\nu_{210} - 35.5)}{0.755} \\
&= \frac{0.913 - 0.24 - 0.022 \times \lg(50 - 35.5)}{0.755} \\
&= 0.8575
\end{aligned}
\tag{3.25}
$$

式中　$SG=0.913$；

$\nu_{210}=50\text{SUS}$。

计算比折光度（R_i）：

$$
\begin{aligned}
R_i &= RI_{(20)} - d/2 \\
&= 1.500 - (0.913/2) \\
&= 1.0435
\end{aligned}
\tag{3.25a}
$$

式中　密度(d)$=0.913$；

$RI_{(20)}=1.500$。

计算烷烃、环烷烃和芳烃的摩尔分数 X_P、X_N 和 X_A，式中：

$a=2.5737$；

$b=1.0133$；

$c=-3.573$；

$d=2.464$；

$e=-3.6701$；

$f=1.96312$；

$g=-4.0377$；

$h=2.6568$；

$i=1.60988$。

用例 3.1 中的原料性质数据和 API 关联式计算 MW、$RI_{(20)}$、X_A、X_N 和 X_P（见附录 7）。烷烃的摩尔分数 X_P 为：

$$
\begin{aligned}
X_P &= a + b(R_i) + c(VGC) \\
&= 2.5737 + 1.0133(1.0435) + (-3.573 \times 0.8575) \\
&= 2.5737 + 1.0574 + (-3.064) \\
&= 0.5736 = 56.7\%
\end{aligned}
\tag{3.26}
$$

环烷烃的摩尔分数 X_N 为：

$$
\begin{aligned}
X_N &= d + e(R_i) + f(VGC) \\
&= 2.464 + (-3.6701 \times 1.0435) + (1.96312 \times 0.8575) \\
&= 2.464 + (-3.8297) + (1.6835) \\
&= 0.2939 = 31.8\%
\end{aligned}
\tag{3.27}
$$

芳烃的摩尔分数 X_A 为：

$$
\begin{aligned}
X_A &= g + h(R_i) + i(VGC) \\
&= -4.0377 + (2.6568 \times 1.0435) + (1.60988 \times 0.8575)
\end{aligned}
$$

$$= -4.0377 + 2.7724 + 1.38055 \tag{3.28}$$
$$= 0.1325 = 11.5\%$$

TOTAL，$n-d-M$ 和 API 法的研究结果汇总于表 3.10 中。通过表 3.10 的比较说明了用这三种方法预测的进料组成对 20℃（68℉）时的折光指数（RI）的敏感性。例如，使用 TOTAL 关联式时，用 $RI_{(20)}=1.5000$ 代替 $RI_{(20)}=1.5105$ 时芳烃含量会下降 35%。因此当使用这些关联式时，要尽可能使获得的 20℃（68℉）时折光指数的值准确和一致。

表 3.10　三种关联式的结果比较

项　　目		API	$n-d-M$	TOTAL
20℃折光指数 $RI_{(20)}$		1.5000		1.5105
相对分子质量 MW		413.8	440	446.6
碳含量	种类	摩尔分数，%	质量分数，%	质量分数，%
	芳烃	11.5，(14.3)①	(20.2)①，(8.8)②	19.3，(12.5)②
	环烷烃	31.8，(27.9)①	(20.2)①，(41.1)②	
	烷烃	56.7，(57.8)①	(57.8)①，(59.6)②	

①用 $n-d-M$ 关联式中 $RI_{(20)}$ 确定组成。

②用 API 关联式中 $RI_{(20)}$ 确定组成。

有了任何给定温度下的折光指数就可以用下列等式计算出 $RI_{(20)}$（例 3.5 说明了等式的用法）。

$RI_{(20)}$ 与任何温度下的折光指数换算等式为：

$$RI_{(20)} = RI_{(t)} + 6.25 \times (t-20) \times 10^{-4} \tag{3.29}$$

式中　t——温度,℃。

例 3.5

用 67℃时的折光指数 1.4810，确定 20℃时的折光指数。

$RI_{(20)} = 1.4810+6.25\times(67-20)\times10^{-4}$

$RI_{(20)} = 1.5104$

（注意，计算所得的 $RI_{(20)}$ 与 TOTAL 关联式得到的 $RI_{(20)}$ 非常吻合）

3.5　加氢处理的优点

对 FCC 原料进行加氢预处理有许多优点，包括：

（1）加氢脱硫（HDS）；

（2）加氢脱氮（HDN）；

（3）加氢脱金属（HDM）；

（4）降芳烃；

（5）脱除康氏残炭。

FCC 原料经过脱硫可以减少 FCC 产品中的硫含量和 SO_x 排放。在美国，车用柴油中硫含量为 500μg/g［0.05%（质量分数）］或更低。在一些欧洲国家，例如瑞典，车用柴油中硫含量为 50μg/g 或更低；在美国加利福尼亚州，汽油中硫含量要求小于 40μg/g。美国环保署（EPA）的复杂模型用硫含量作为控制参数来减少有毒排放物。FCC 原料经过加氢处理，原料中大约 5%的硫留在 FCC 汽油中。没有经过加氢处理的原料，FCC 汽油中的硫含量通常为原料中硫含量的 10%。

FCC 原料中的氮化合物会使 FCC 催化剂失活，导致焦炭和干气增加。加氢脱氮（HDN）可以减少 FCC 原料中的氮化合物。在再生器中，氮及其杂环化合物会增加再生器的热量，导致装置转化率降低。

加氢脱金属（HDM）可以降低 FCC 原料中的镍含量并在一定程度上降低 FCC 原料中的钒含量。镍使原料脱氢生成氢分子和芳烃。如果脱除这些金属，就可以使瓦斯油的切割点向后移。

多环芳烃（PNA）在 FCC 中不发生反应，一般留在焦炭中。如果在其外环上加氢则使它们更容易裂化，可减少其在催化剂上结焦的可能性。

加氢处理能减少重油中的康氏残炭。康氏残炭在 FCC 反应器中变成焦炭。这些多余的焦炭需要在再生器中燃烧，这就增加了再生器对空气的需求。

3.6 小结

在分子结构的水平上表征 FCC 原料的性质是非常重要的。一旦了解了分子结构，就可以开发动力学模型来预测产品的产率。用上面所提到的简明关联式确定 FCC 原料中烃的类型和分布是合理的。每一个关联式在其所开发的范围内都给出了令人满意的结果。无论使用哪种关联式，其结果都应该与装置操作进行比较和矫正。

清楚地了解原料的物理性质对故障排除、催化剂选择、装置优化和任何有计划的改造等方面的工作取得成功都是必要的。

参考文献

[1] H. Dhulesia, New correlations predict FCC feed characterizing parameters, Oil Gas J. 84（2）(1986）51-54.

[2] ASTM, Standard Test Method for Calculation of Carbon Distribution and Structural Group Analysis of Petroleum Oils by the n-d-M Method, ASTM Standard D3238-85, ASTM, West Conshohocken, PA, 1985.

[3] M. R. Riazi, T. E. Daubert, Prediction of the composition of petroleum fractions, Ind. Eng. Chem. Process Des. Dev. 19（2）(1982）289-294.

[4] ASTM, Standard Test Method for Estimation of Molecular Weight (Relative Molecular Mass) of Petroleum Oils from Viscosity Measurements, ASTM Standard D2502-92, ASTM, West Conshohocken, PA, 1992.

[5] R. L. Flanders, Proceedings of the 35th Annual NPRA Q&A Session on Refining and Petrochemical Technology, Philadelphia, PA, 1982, p. 59.

[6] J. Scherzer, D. P. McArthur, Nitrogen resistance of FCC catalysts, Presented at Katalistiks' 8th Annual FCC Symposium, Venice, Italy, 1986.

[7] E. G. Wollaston, W. L. Forsythe, I. A. Vasalos, Sulfur distribution in FCC products, Oil Gas J.（1971）64-69.

[8] G. P. Huling, J. D. McKinney, T. C. Readal, Feed-sulfur distribution in FCC products, Oil Gas J. 73（20）

(1975) 73-79.
[9] R. J. Campagna, A. S. Krishna, S. J. Yanik, Research and development directed at resid cracking, Oil Gas J. 81 (44) (1983) 129-134.
[10] Davison Div., W. R. Grace & Co., Questions frequently asked about cracking catalyst, Grace Davison Catalagram 64 (1982) 29.
[11] T. J. Dougan, V. Alkemade, B. Lakhampel, L. T. Brock, Advances in FCC vanadium tolerance, Presented at NPRA Annual Meeting, San Antonio, TX, March 20, 1994; reprinted in Grace Davison Catalagram, No. 72, 1985.
[12] H. U. Andreasson, L. L. Upson, What makes octane, Presented at Katalistiks' 6th Annual FCC Symposium, Munich, Germany, May 22-23, 1985. K. B. Van, A. Gevers, A. Blum, FCC unit monitoring and technical service, Presented at 1986 Akzo Chemicals Symposium, Amsterdam, The Netherlands.

第 4 章　催化裂化催化剂

20 世纪 60 年代初期，工业 FCC 催化剂中引入沸石是催化裂化发展史上最重要的进展之一。沸石催化剂能够以较小的投资获得较大的利润。简单地说，沸石催化剂一直并且仍将会给炼油厂带来最大的效益。催化剂技术的开发仍在继续，以便使炼油厂用最小的投资来满足市场需求。

与无定型硅铝催化剂相比，沸石催化剂具有更高的活性和选择性。高的活性和选择性有助于提高更有价值的液体产品的产率和裂化能力。为了最大限度地发挥沸石催化剂的优势，炼油厂改造旧装置以裂化更多的重质、低值原料。

如果对 FCC 催化剂进行完整的论述需要一本书方可完成，本章主要介绍有关装置操作故障排除和选择最佳的催化剂配方的内容，包括：

（1）催化剂组分；

（2）催化剂制备技术；

（3）新鲜催化剂的性质；

（4）平衡催化剂分析；

（5）催化剂管理；

（6）催化剂评价。

4.1　催化剂组分

FCC 催化剂为细粉末状，其典型粒径为 75μm，当前的催化裂化催化剂有 4 种主要组分：沸石、基质、填充物、黏结剂。

4.1.1　沸石

沸石，更恰当地讲八面沸石，是 FCC 催化剂的关键组分，它提供了产品的选择性和大部分催化活性。催化剂的性能主要取决于沸石的性质和质量。了解沸石的结构、类型、裂化机理和性能对于选择合适的催化剂以达到期望的产品收率是非常必要的。

4.1.1.1　沸石的结构

沸石有时称为分子筛，它具有明显的晶格结构。它的基本结构单元是氧化硅和氧化铝的四面体（棱锥体）。每个四面体（图 4.1）由在四面体中心的硅原子或铝原子与在四个角的氧原子组成。

沸石晶格具有由微孔组成的网络。现在几乎所有的 FCC 催化剂的沸石孔径约为 8.0 埃（Å）。这些内表面积约 $600m^2/g$ 的小孔不易容纳分子直径大于 8.0~10Å 的烃分子。

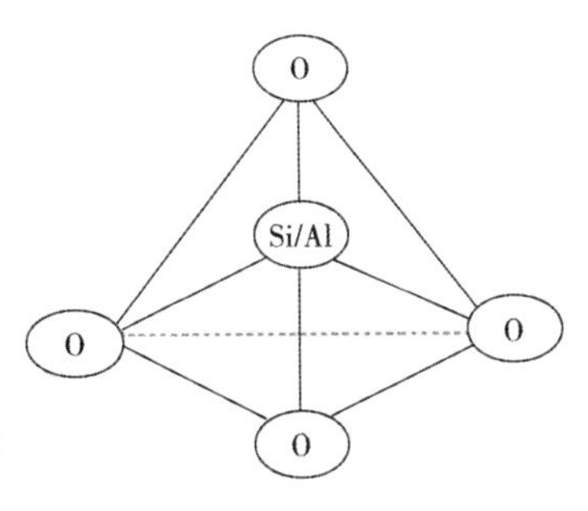

图 4.1　硅/铝—氧四面体

沸石晶体的基本结构单元为晶胞。晶胞尺寸（*UCS*）为沸石结构中重复晶胞之间的距离。在典型的新鲜 Y 沸石晶体中，一个晶胞包含 192 个骨架原子位置：55 个铝原子和 137 个硅原子。此结构相当于二氧化硅（SiO_2）与三氧化二铝（Al_2O_3）的摩尔比（SAR）为 5。UCS 是表征沸石结构的一个重要参数。

4.1.1.2 沸石的化学性质

如上所述，典型的沸石包括硅原子、铝原子及 4 个分别与它们相连的氧原子，呈四面体结构。硅为正四价氧化态，因此，四面体中的硅电荷为中性；而铝为正三价氧化态。这表明每个含铝四面体中的净电荷为-1，这就需要一个正离子来平衡。

通常用含氢氧化钠的溶液来合成沸石。钠作为正离子用来平衡铝四面体中的负电荷，这种沸石称为钠 Y 或 NaY。NaY 沸石由于钠含量高而水热稳定性差，通常用铵离子来置换钠，再通过干燥沸石将氨蒸发。所生成的沸石其酸性中心既有 Bronsted 酸又有 Lewis 酸。Bronsted 酸中心可进一步与稀土交换，如铈和镧，以提高酸性中心的强度，沸石的活性就来自这些酸性中心。

4.1.1.3 沸石的类型

在制备 FCC 催化剂时使用的沸石是与天然存在的八面沸石结构相同的合成沸石。大约有 40 种已知的天然沸石和超过 150 种已被合成的沸石，其中仅有少数被工业应用。表 4.1 列出了主要合成沸石的性质。

用于 FCC 的沸石有 X 型、Y 型和 ZSM-5。X、Y 型两种沸石的晶体结构基本相同。X 型沸石的硅铝比低于 Y 型沸石。X 型沸石的热稳定性和水热稳定性也比 Y 型沸石差。早期的一些 FCC 沸石催化剂含有 X 型沸石，然而，实际上现在所有的 FCC 催化剂都应用 Y 型沸石或其变种（图 4.2）。

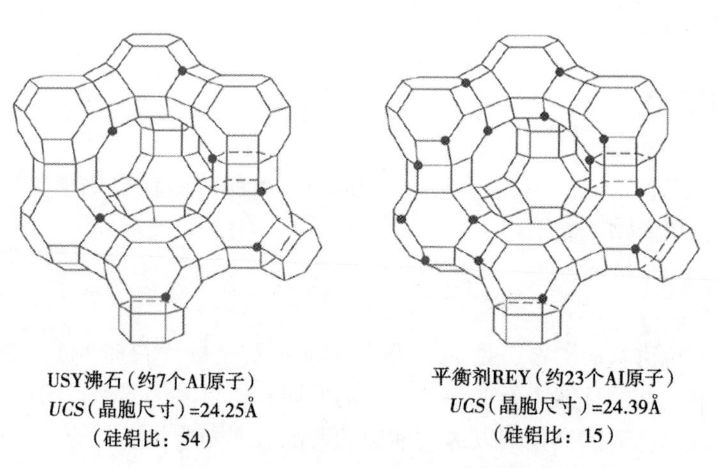

图 4.2 USY 和 REY 沸石的几何结构图[1]

ZSM-5 沸石是一种多用途沸石，它可以增加烯烃产率和辛烷值，其应用将在第 5 章讨论。

直到 20 世纪 70 年代末期，NaY 沸石大多用稀土组分进行离子交换。稀土组分，如镧和铈用来取代沸石晶格中的钠。稀土元素为三价，在沸石骨架中 2 个或 3 个酸性中心之间形成“桥”。“桥”可以保护酸性中心不被排斥并稳定沸石结构。稀土交换增加了沸石的活性及热和水热稳定性。

1986 年，车用汽油铅含量的降低增加了对 FCC 汽油提高辛烷值的需求。催化剂制造商相应地调整沸石的成分，其中一种改变是从沸石骨架中除去一定数量的铝原子。脱除铝后增加了硅铝比（*SAR*），缩小了晶胞尺寸（*USC*），并在此过程中降低了沸石中的钠含量。这些改变提高了汽油含烯度，因此提高了汽油辛烷值。由于它比常规 Y 沸石有更高的稳定性，这种缺铝的沸石被称为超稳 Y 或简称 USY。

表 4.1　主要合成沸石的性质

沸石类型	孔径，Å	硅铝比	应　用
A 型沸石	4.1	2~5	制造洗涤剂
八面沸石	7.4	3~6	催化裂化、加氢裂化
ZSM-5	5.2×5.8	30~200	二甲苯异构化、苯烷基化、催化裂化、催化脱蜡、甲醇转化
丝光沸石	6.7×7.0	10~12	加氢异构化、脱蜡

4.1.1.4　沸石的性质

沸石的性质对整个的催化剂性能起重要作用。了解这些性质，可提高在装置操作改变时预测催化剂变化的能力。从催化剂生产厂开始，沸石就必须保持在恶劣的 FCC 操作条件下仍具有催化性质。反应器/再生器的操作环境能够引起沸石化学和结构组成的巨大改变。例如，在再生器中沸石受到热处理和水热处理，在反应器中则会接触到原料中的杂质，如钒和钠。

可采用各种分析测试来确定沸石的性质。这些测试提供了有关沸石酸中心的强度、类型、数量和分布等信息，另外也可以提供有关沸石的表面积和孔径分布等信息。影响沸石性能的 3 个最常用的参数为：晶胞尺寸、稀土含量、钠含量。

（1）晶胞尺寸（*UCS*）。

UCS 是每个单元晶胞中所包含的铝中心或潜在总酸度的量度。带负电的铝原子是沸石活性中心的来源，硅原子不具备任何活性。*UCS* 与每个晶胞中铝原子的数量（N_{Al}）有关[2]，其关系式如下：

$$N_{Al}=111\times(UCS-24.215) \quad (4.1)$$

硅原子的数量（N_{Si}）为：

$$N_{Si}=192-N_{Al} \quad (4.2)$$

沸石的硅铝比（*SAR*）可通过上面两个方程式或由如图 4.3 所示的关联图来确定。

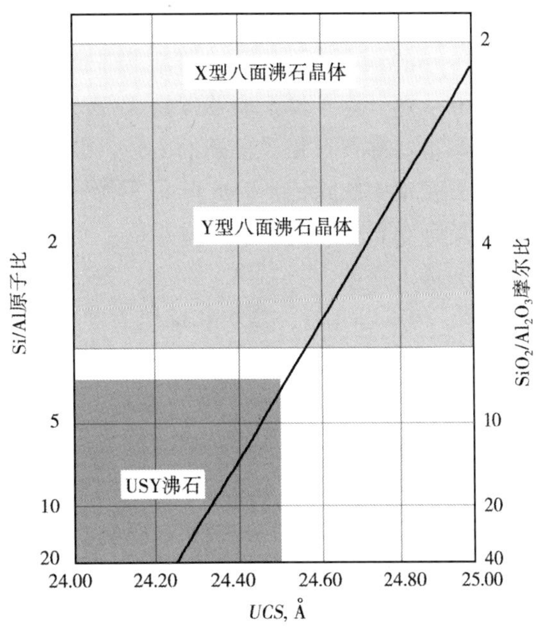

图 4.3　硅铝比与沸石 *UCS* 的关系

UCS 也能反映沸石的酸度。因为铝离子比硅离子大，所以 *UCS* 越小，酸性中心的距离就越大。酸性中心的强度由它们与邻近的酸性中心的远离程度所决定。酸性中心距离太近使得沸石的结构不稳定。沸石的酸分布是影响沸石活性和选择性的一个基本因素。

此外，测定 *UCS* 可以用来表征沸石的辛烷值潜力。*UCS* 越小，每个晶胞的活性中心越少，酸性中心越少，酸性中心之间的距离就越大，因此，可以抑制氢转移反应，从而提高汽油辛烷值及生产 C_3 及较轻的组分（图 4.4）。汽油辛烷值增加是由于汽油中烯烃浓度较高。

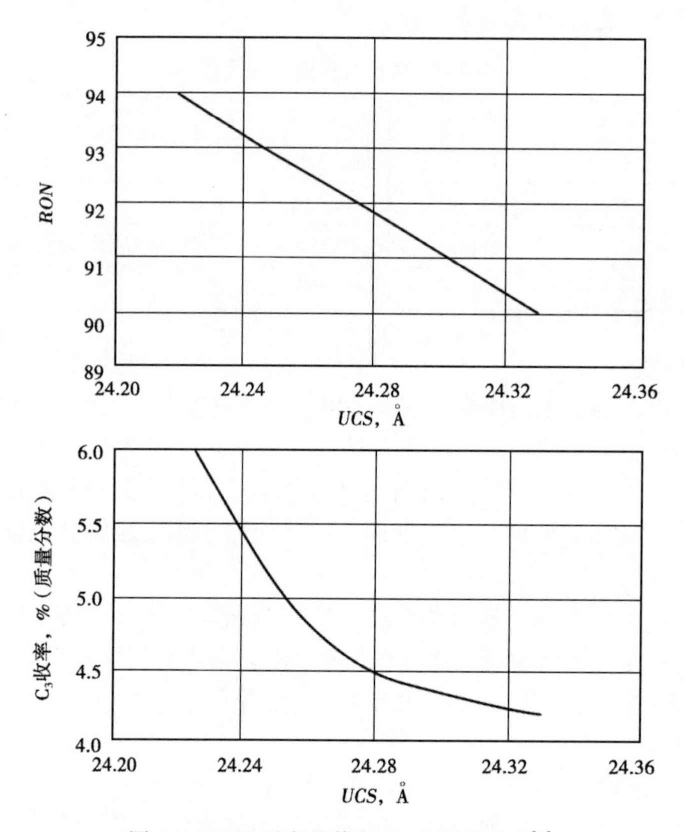

图 4.4　*UCS* 对辛烷值和 C_3 收率的影响[3]

UCS 小的沸石比常规稀土交换沸石的初始活性低（图 4.5）。但是，*UCS* 小的沸石在苛刻的热和水热处理条件下能够保持大部分活性，因此，称其为 USY。

新制备的沸石有相对较高的 *USC*，其范围在 24.50~24.75Å。再生器中热和水热环境能够从沸石骨架中脱除铝，因此降低了沸石的 *UCS*，最终 *UCS* 大小取决于沸石中稀土和钠的含量。新鲜沸石中钠和稀土含量越低，平衡催化剂（E-cat）的 *UCS* 越小。

（2）稀土含量。

稀土（RE）元素，如镧和铈作为“桥”可稳定沸石结构中的铝原子，当催化剂在再生器中暴露在高温蒸汽中时能够阻止铝原子从沸石晶格中分离。

完全被稀土交换的沸石 *UCS* 较高，而未被稀土交换的沸石 *UCS* 很低，约为 24.25Å[5]。所有中间含量的稀土交换沸石都可以生产。稀土提高了沸石的活性和汽油选择性，同时辛烷值有所损失（图 4.6）。辛烷值损失是由于稀土促进了氢转移反应，稀土的插入使酸中心更多、更紧密，因此促进了氢转移反应。此外，稀土提高了沸石的热和水热稳定性。为提高 USY 沸石的活性，催化剂供应商经常在沸石中添加一些稀土。

（3）钠含量。

催化剂中的钠有的来源于沸石的制备过程，有的来源于 FCC 原料。很重要的一点是，

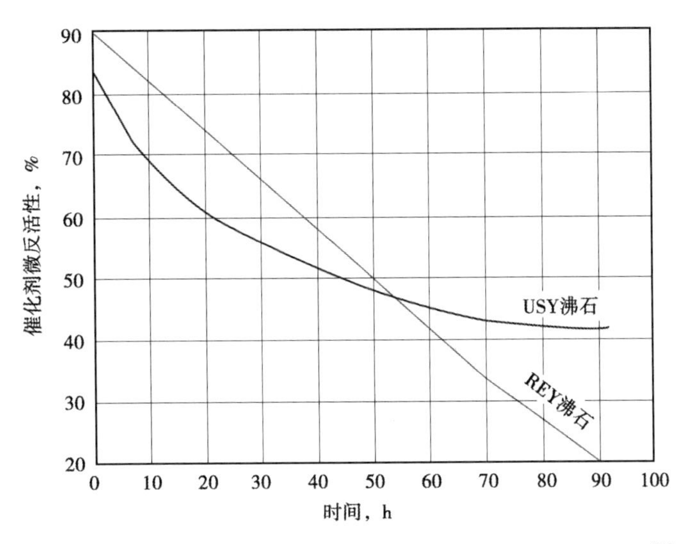

图 4.5　稀土交换沸石（REY）与 USY 沸石的活性稳定性比较[4]

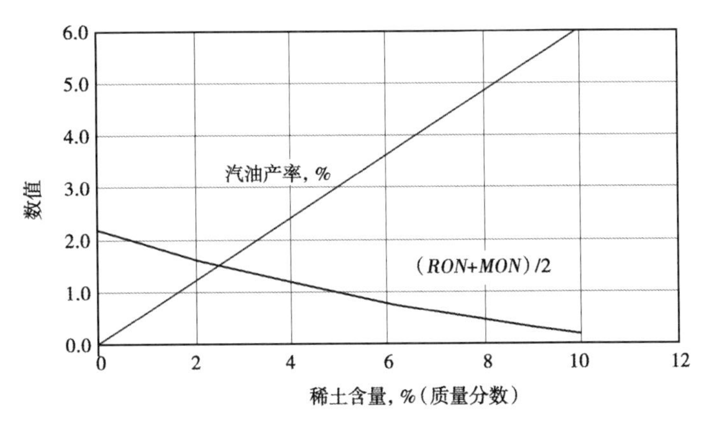

图 4.6　稀土对汽油辛烷值和产率的影响

RON—研究法辛烷值；*MON*—马达法辛烷值

新鲜沸石的钠含量非常低。

沸石中的钠能够降低沸石的水热稳定性，钠也可与沸石的酸中心反应，降低催化剂的活性。钠在再生器中是可流动的，钠离子倾向于中和最强的酸中心。在 *UCS* 较低（24.22～24.25Å）的脱铝沸石中，钠对汽油辛烷值有负面影响（图 4.7），其辛烷值降低是由于强酸中心数量下降。

目前催化剂供应商能够生产钠含量低于 0.2%（质量分数）的催化剂，钠含量通常以催化剂中钠或氧化钠（Na_2O）的质量分数来表示。比较钠含量的合适方式为钠在沸石中的质量分数，这是因为 FCC 催化剂具有不同的沸石含量。

UCS、稀土含量和钠含量仅仅是容易获得的用来表征沸石性质的其中 3 个参数。它们能提供有关催化裂化装置中催化剂行为的重要信息，如有必要，还可进行其他测试来确定沸石的其他性质。

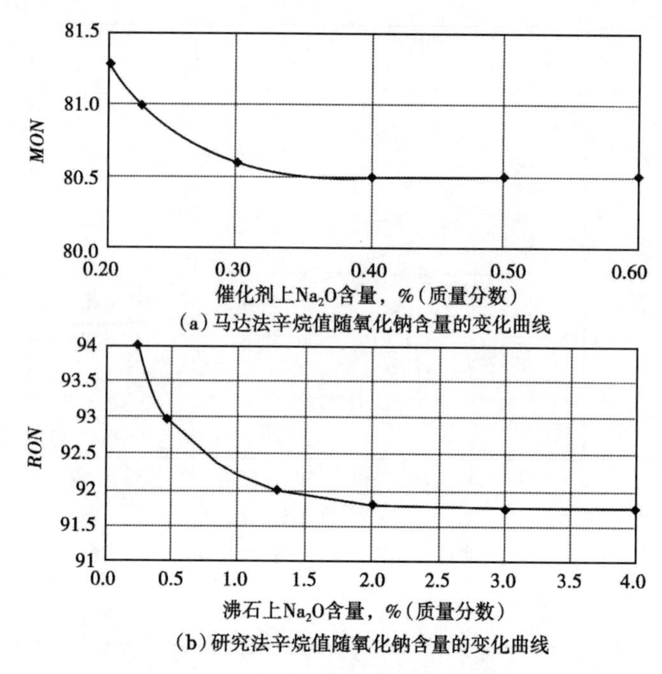

图 4.7　钠对马达法和研究法辛烷值的影响[3,6]

4.1.2　基质

基质一词对于不同的人具有不同含义。有些人认为，基质指催化剂中除沸石以外的组分；另一些人认为，基质是指催化剂中除沸石以外具有催化活性的组分；还有些人认为，基质是指催化剂黏结剂。在本章中，基质指催化剂中除沸石之外的组分，而活性基质指催化剂中除沸石之外具有催化活性的组分。

氧化铝是活性基质的一种来源，FCC 催化剂中所使用的多数活性基质是无定形的。然而，一些催化剂供应商也采用具有晶体结构的氧化铝作为活性基质。

活性基质对 FCC 催化剂的总体性能具有重要影响。沸石的微孔不适合裂化干点通常大于 900℉（482℃）的烃类大分子；沸石的孔径太小，不能允许大分子扩散到裂化中心。有效的基质必须具有大孔结构，允许烃分子扩散进出催化剂。

活性基质提供最初的裂化中心，虽然催化剂基质的酸中心的选择性不如沸石的酸中心，但是它能裂化那些进入沸石小孔受阻的烃类大分子。活性基质预裂化重质原料中的大分子，使其在内部的沸石酸中心进一步裂化。这样基质和沸石之间形成协同作用，它们共同作用达到的活性要大于它们单独作用效果的总和[7]。

活性基质还可以作为捕获剂，捕集一些钒和碱性氮。FCC 原料中的高沸点馏分通常含有金属和碱性氮，会毒害沸石。活性基质的优点之一就是保护沸石避免被这些杂质毒害而过早失活。

4.1.3　填充物和黏结剂

填充物是加到催化剂中用来稀释催化剂活性的黏土，高岭土［$Al_2(OH)_2$，Si_2O_5］是 FCC 催化剂中最常用的黏土。有一个 FCC 催化剂生产商采用高岭土作为原位生成沸石的骨架。

黏结剂作为一种胶将沸石、基质和填充物黏结在一起，黏结剂可能具有催化活性，也可能无催化活性。对于含有大量沸石的催化剂而言，黏结剂的重要性更加突出。

填充物和黏结剂的作用是与更重要和昂贵的沸石组分合并使用，提供催化剂物理性质的完整性［密度、抗磨强度、粒度分布（*PSD*）等］，同时提供传热介质和流化介质。

总之，沸石影响催化剂的活性、选择性和产品质量；活性基质可以提高渣油的裂化能力和抗钒与氮攻击的能力。但是含有极小孔的基质会抑制待生催化剂的汽提能力并在镍存在的情况下提高氢气产率。黏土和黏结剂可提供物理性质的完整性和机械强度。

4.2 催化剂制备技术

现代 FCC 催化剂的制备工艺可分为两大类：黏合法和“原位”晶化法。采用黏合法制备催化剂的厂商都需要分别制备沸石和基质，再用黏结剂将二者黏在一起。除黏合法之外，BASF 公司采用“原位”晶化工艺制备 FCC 催化剂，沸石组分在预先成型的微球中原位生成。下面章节将简述沸石合成的方法。

4.2.1 常规沸石（REY、REHY 和 HY）

NaY 沸石由氧化硅、氧化铝和氢氧化碱的混合物在指定温度下浸渍数小时，直到结晶生成（图 4.8）来制备，典型的硅源和铝源分别为硅酸钠和铝酸钠。Y 型沸石的晶化过程在 210℉（100℃）左右通常需要 10h，合成高质量的沸石需要控制合适的晶化温度、时间和晶化溶液的 pH 值。晶化溶液经过过滤、水洗即得到 NaY 沸石。

典型的 NaY 沸石约含有 13%（质量分数）的 Na_2O，为提高 NaY 沸石的活性及热和水热稳定性，必须降低钠含量，一般可以通过 NaY 沸石与含有稀土离子和（或）氢离子的介质进行离子交换来完成。通常采用硫酸铵溶液作为氢离子的来源。

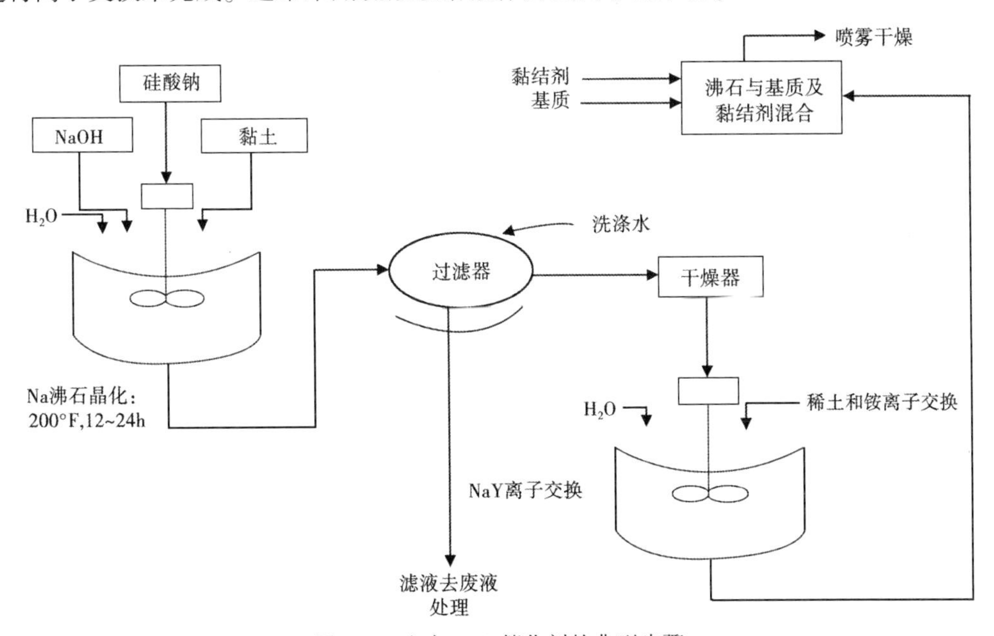

图 4.8 生产 FCC 催化剂的典型步骤

在这种情况下，有两种方法可对 NaY 沸石进行进一步处理来合成催化剂。根据特定的催化剂和催化剂供应商，NaY 沸石的进一步处理（稀土交换）可以在其与基质黏结之前或之后完成。黏结之后处理 NaY 沸石较简单，但可能会降低离子交换的效率。

4.2.2 USY 沸石

沸石骨架中的一些铝离子被硅取代可生成 USY 沸石或脱铝沸石。常规技术（图 4.9）通过采用高温蒸汽［1300~1500℉（704~816℃）］焙烧 HY 沸石来得到 USY 沸石。

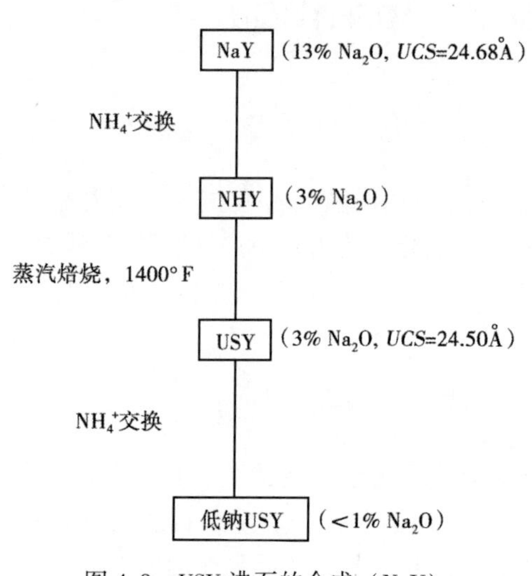

图 4.9　USY 沸石的合成（NaY）

资料来源：Filtron FCC Seminar，1984

酸浸法、化学抽提法和化学取代法近年来都成为脱铝常用的方法。与常规脱铝方法相比，这些方法的主要优点是能够脱除沸石笼结构中的非骨架铝或附着铝。晶体中大量附着铝的存在被认为对产品的选择性有负面影响，会产生大量的轻质气体和 LPG，然而这些还没有被工业生产所证实。

制备 USY 催化剂时，将沸石、黏土和黏结剂混合为浆液，如果黏结剂没有活性，也可能加入具有催化活性的氧化铝组分。然后将充分混合的浆液输送到喷雾干燥器。喷雾干燥器的作用是在热空气存在下通过雾化器蒸发掉浆液中的水分以形成微球。喷雾干燥器的类型和干燥条件决定了催化剂颗粒的大小及分布。

4.2.3 BASF 工艺

BASF 的“原位”FCC 催化剂制备技术主要是基于在高岭土微球颗粒中生成沸石。不同高岭土的水溶液通过喷雾干燥形成微球，再经过高温［1300℉（704℃）］焙烧后成为坚硬的微球颗粒。NaY 沸石是通过用氢氧化钠或硅酸钠浸渍含有偏高岭土和高铝红柱石的微球颗粒制得的，与微球同时形成的还有活性基质。晶化后的微球经过过滤和水洗，然后进行离子交换和其他处理。

4.3 新鲜催化剂的性质

新鲜催化剂每次出货时，催化剂供应商一般要向炼油厂提供包括催化剂物理和化学性质数据的检验报告。这些数据很重要，需要密切监控以保证所收到的催化剂符合协议中的指标。一些炼油厂单独随机分析新鲜催化剂样品来证实报告中的性质数据。此外，催化剂供应商所提供的新鲜催化剂性质季度报告将保证控制目标的实现。检验报告中的粒度分布（PSD）、钠含量（Na）、稀土含量（RE）和表面积（*SA*）等参数需要特别关注。

4.3.1 粒度分布（PSD）

粒度分布是表示催化剂流化性质的参数。通常情况下，0~40μm 的微粒越多，流化性能越好；然而，0~40μm 微粒的含量越高，催化剂损失也越大。

FCC 催化剂的流化性能很大程度上取决于装置的机械构造，小于 40μm 微粒所占循环催化剂藏量的百分比主要与旋风分离器的效率有关。在催化剂循环状况良好的装置中，减少小于 40μm 微粒所占的比例可能比较经济，这是因为经过几次循环后，大多数 0~40μm 的微粒会通过旋风分离器逸出装置。

催化剂生产商主要通过喷雾干燥循环控制新鲜催化剂的粒度分布，在喷雾干燥器中，催化剂浆液必须被有效雾化以达到适当的粒度分布。如图 4.10 所示，粒度分布并不是呈正态分布形，平均粒度（*APS*）实际上不是催化剂微粒的平均尺寸，而是中位数值。

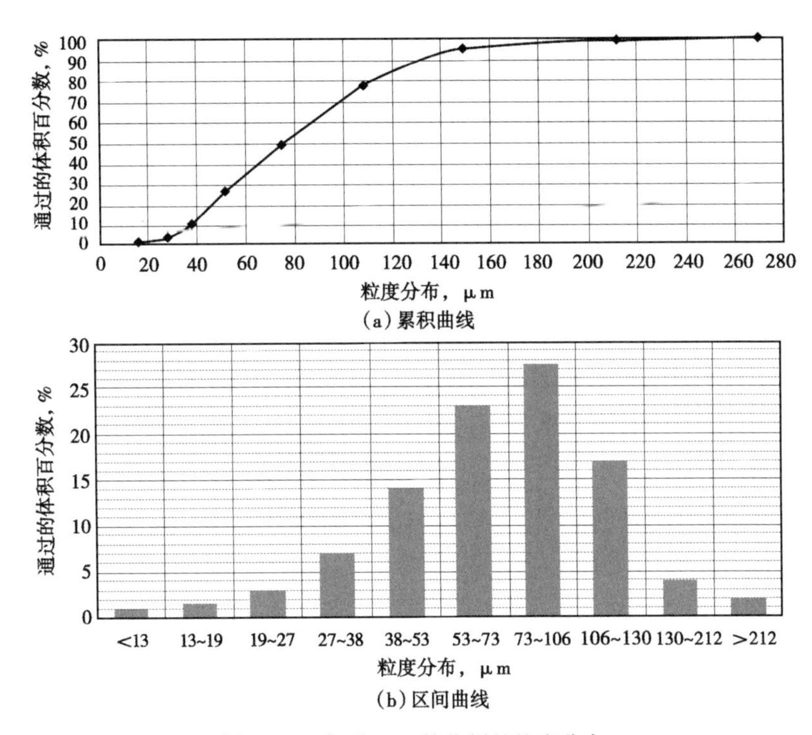

图 4.10 典型 FCC 催化剂的粒度分布

4.3.2 表面积（m^2/g）

检验报告中的表面积是沸石与基质的表面积总和。在沸石制备过程中，测定沸石的表面积是催化剂供应商用来控制催化剂质量的步骤之一。通常用催化剂吸附氮气的量来确定其表面积。值得注意的是，测定催化剂表面积有不同的方法，不同催化剂供应商所提供的报告中的表面积值也是不同的。

表面积与新鲜催化剂活性关联相当好，根据要求，催化剂供应商也提供沸石的表面积。该数据与催化剂中沸石的含量成比例，因此很有用。

4.3.3 钠含量（Na）

钠在 FCC 催化剂制备中是固有的成分，其不利影响众所周知。由于它使沸石失活，降低汽油辛烷值，因此要尽一切努力减少新鲜催化剂中钠的含量。催化剂检验报告中用质量分数表示催化剂中钠或氧化钠（Na_2O）的含量。当比较不同级别的催化剂时，用沸石中的钠含量来表示更实用。

4.3.4 稀土含量

稀土（RE）是14种镧系金属元素的通称，这些元素具有相似的化学性质，并通常从氟碳铈矿或独居石等矿石中提取得到，以氧化物混合物的形式供应。

稀土可以提高催化剂的活性（图4.11）和水热稳定性。根据炼油厂的目的不同，催化剂中稀土含量的范围变化很大。与钠含量类似，催化剂检验报告中用质量分数表示催化剂中稀土或稀土氧化物（RE_2O_3）的含量。同样，当比较不同催化剂时，也应当使用沸石中的稀土含量。

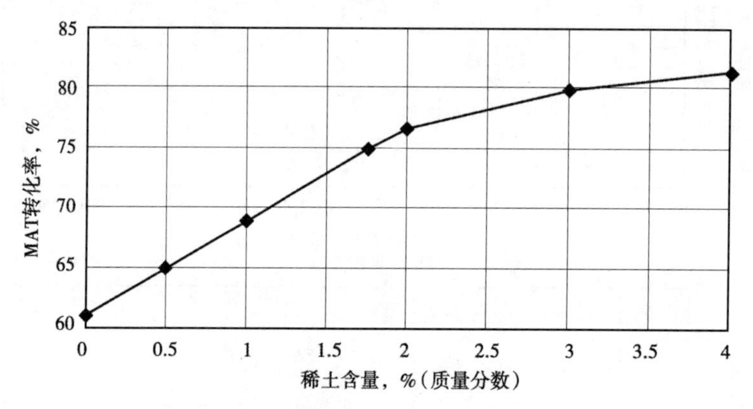

图4.11 稀土对催化剂活性的影响

MAT—微反活性评价

4.4 平衡催化剂分析

炼油厂定期向催化剂生产商提供平衡催化剂样品。作为一项针对炼油厂的服务，催化剂供应商向炼油厂提供类似于图4.12所示的样品分析数据。虽然不同供应商的平衡催化剂分析结果可能不同，但这些结果对反映催化剂的性能非常有用。

取样时间	MAT转化率 %	生焦因子 *CF*	生气因子 *GF*	表面积 *SA* m^2/g	沸石表面积 *Z* m^2/g	基质表面积 *M* m^2/g	孔体积 *PV* mL/g	表观堆密度 *ABD* g/mL	粒度分布,%			平均粒度 *APS* μm
									0~20μm	0~40μm	0~80μm	
2011.11.7	69	1.3	2.2	147	130	17	0.3	0.83	0	10	63	70
2011.11.10	69	1.2	1.9	148	130	18	0.28	0.83	0	7	61	72
2011.11.14	70	1.2	3.1	147	130	17	0.29	0.84	0	8	67	69
2011.11.21	69	1.3	2.6	148	130	18	0.29	0.83	2	9	69	68
2011.11.24	68	1.4	3.2	148	130	18	0.28	0.83	0	6	65	70
2011.11.28	69	1.3	2.6	150	132	18	0.29	0.84	0	9	67	69
2011.12.1	69	1.2	2.3	148	131	18	0.28	0.85	2	10	71	67
2011.12.5	67	1.4	2.8	148	130	18	0.29	0.85	0	7	64	71
2011.12.12	70	1.2	2.9	148	130	18	0.28	0.84	4	10	67	69

取样时间	晶胞尺寸 *UCS* Å	稀土 RE_2O_3 含量,%	元素组成，μg/g									
			Al_2O_3	C	Na	Fe	V	Ni	Cu	Sb	Sn	
2011.11.7	24.27	1.79	28.9	2300	4900	5600	406	1997	25	416	902	
2011.11.10		1.80	29.1	2300	4800	5600	4093	1948	23	446	906	
2011.11.14	24.27	1.79	29.2	1600	4600	5600	4051	1940	24	440	910	
2011.11.21		1.80	28.7	2300	4600	5600	4099	1974	24	446	932	
2011.11.24	24.25	1.79	28.7	2200	4600	5600	4017	1942	24	445	939	
2011.11.28		1.80	28.7	2000	4600	5600	3962	1910	23	420	931	
2011.12.1	24.27	1.79	28.7	2400	4800	5600	3892	1893	24	458		
2011.12.5		1.79	28.8	1500	4600	5600	393	1885	25	432	932	
2011.12.12	24.27	1.76	28.8	2400	4500	5600	3875	3875	1873	24	409	

图 4.12　典型的平衡催化剂分析数据

对平衡催化剂样品所做的性能评价可向炼油厂提供有关装置条件的有价值的信息，由于平衡催化剂的物理和化学性质可提供其所经历的运行环境的线索，因此这些数据可用来查明操作、机械和催化剂存在的潜在问题。

下面的讨论将简单描述每一项评价试验，并探讨这些数据对炼油厂的意义。平衡催化剂评价结果分为催化性质、物理性质和化学分析。

4.4.1　催化性质

活性、生焦因子和生气因子的评价试验可反映催化剂的相对催化性能。

4.4.1.1　转化率（活性）

平衡催化剂评价试验的第一步是烧掉样品上的积炭，然后将样品放入微反活性评价试验（MAT）装置（图 4.13）中，MAT 装置的核心是一个固定床反应器。一定量的标准瓦斯油原料注入热的催化剂床层中，原料转化为 430℉（221℃）以下馏分的转化率作为活性。原料性质、反应器温度、剂油比和空速是影响 MAT 结果的 4 个参数。每个催化剂供应商采用略有不同的操作参数进行微活性评价试验，如表 4.2 所示。

在工业操作中，影响催化剂活性的因素主要包括操作条件、原料质量和催化剂性质。MAT 评价催化剂的结果不受原料与工艺变化的影响。原料污染物，如钒和钠可降低催化剂的活性。平衡催化剂的活性也受到新鲜催化剂的补充速度和再生器条件的影响。

有些催化剂供应商采用由 Kayser 技术公司开发的一种加速裂化评价（ACE TECHNOLOGY™）装置来分析平衡催化剂的活性。这种方法可以将每个样品所有组分的收率都计算出来，允许炼油厂评价仅仅由于催化剂性质变化所造成的收率改变，因此具有额外的优势。

4.4.1.2　生焦因子和生气因子

生焦因子（*CF*）和生气因子（*GF*）代表在相同转化率下，与标准水蒸气老化的催化剂样品相比，平衡催化剂形成焦炭和气体的倾向。*CF* 和 *GF* 受新鲜催化剂类型和平衡催化剂上金属沉积量的影响。*CF* 和 *GF* 都可以表示催化剂上金属的脱氢活性。催化剂上无定形氧化铝的增加会导致非选择性裂化的增加，从而形成焦炭和气体。

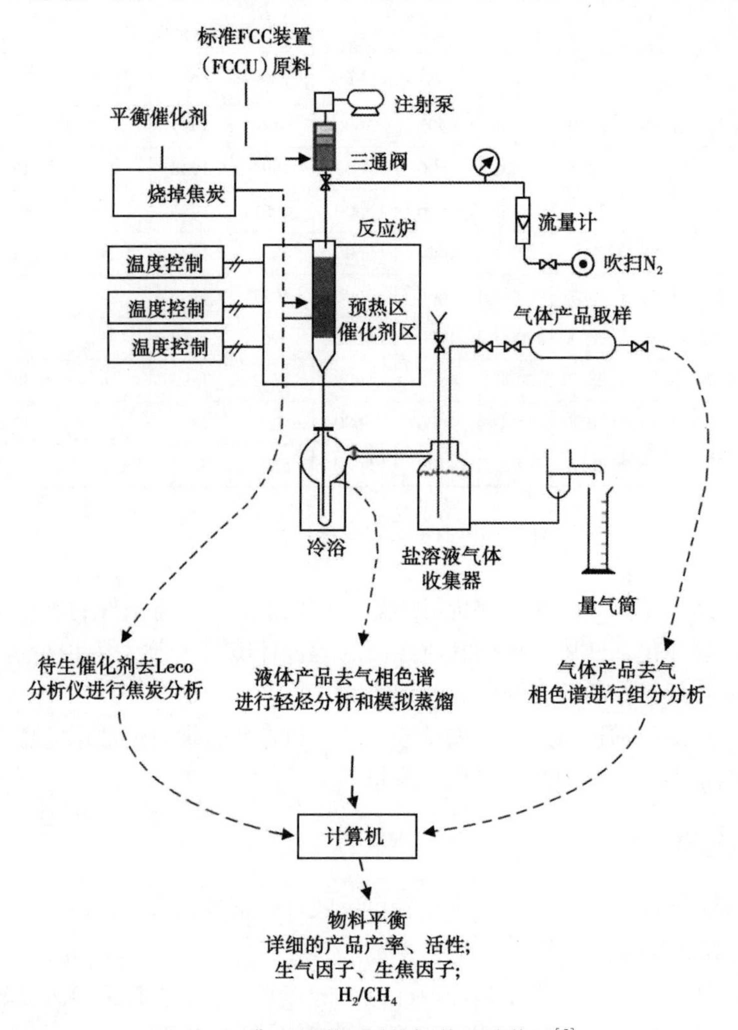

图 4.13　典型的微反活性评价试验装置[5]

表 4.2　平衡微反活性评价试验条件

试验者(美国)	温度,℉(℃)	剂油质量比	空速 *WHSV* h^{-1}	催化剂接触时间, s	原料来源	反应器类型
Albemarle①	998 (537)	3.0	NA	1	科威特减压瓦斯油	恒温
Grace Davison	980 (527)	4.0	30	30	进口含硫重瓦斯油	恒温
BASF	910 (488)	5.0	15	48	Mid-continent	恒温

微反活性评价试验所用瓦斯油的性质

性质		Albemarle②	Grace Davison③	BASF④
API 度		20.4	22.5	28.6
D1160	初馏点,℉	674	423	373
	50%馏出温度,℉	883	755	732
	90%馏出温度,℉	934	932	899

续表

<table>
<tr><th>试验者（美国）</th><th>温度，℉（℃）</th><th>剂油质量比</th><th>空速 WHSV h^{-1}</th><th>催化剂接触时间，s</th><th>原料来源</th><th>反应器类型</th></tr>
<tr><td colspan="3">康氏残炭，%（质量分数）</td><td colspan="2">0.17</td><td>0.25</td><td>0.22</td></tr>
<tr><td colspan="3">硫含量，%（质量分数）</td><td colspan="2">3.18</td><td>2.59</td><td>0.52</td></tr>
<tr><td colspan="3">总氮，μL/L</td><td colspan="2">1009</td><td>860</td><td>675</td></tr>
<tr><td rowspan="3">API 方法 2B4.1</td><td colspan="2">芳烃，%（体积分数）</td><td colspan="2">21.9</td><td>21.7</td><td>30</td></tr>
<tr><td colspan="2">环烷烃，%（体积分数）</td><td colspan="2">25.4</td><td>19.6</td><td>28</td></tr>
<tr><td colspan="2">烷烃，%（体积分数）</td><td colspan="2">52.6</td><td>58.7</td><td>42</td></tr>
</table>

①Albemarle 采用流化床试验装置。

②Albemarle Private Communication，1997 年 7 月。

③Grace Davison Catalagram，No. 79，1989。

④BASF Catalyst Report ，No. Tl-825。

4.4.2 物理性质

反映催化剂物理性质的测定试验有表面积、平均堆积密度、孔体积（*PV*）和粒度分布（*PSD*）。

4.4.2.1 表面积（*SA*）

对于新鲜催化剂而言，其对应的平衡催化剂的表面积间接反映了其活性。表面积是沸石和基质的表面积总和。催化裂化装置中的水热处理条件会破坏沸石的笼结构，因此降低了其表面积，还会造成沸石骨架脱铝。水热处理对基质表面积的影响较小，但是当小孔塌陷变成大孔时就会影响基质的表面积。

4.4.2.2 表观堆积密度（*ABD*）

堆积密度可用来解决催化剂流动方面的问题。表观堆积密度（*ABD*）太高会限制流化，而表观堆积密度太低会导致过多的催化剂损失。通常情况下，由于在装置中孔结构会发生热和水热变化，因此平衡催化剂的表观堆积密度要高于新鲜催化剂的表观堆积密度。

4.4.2.3 孔体积（*PV*）

孔体积是表示催化剂微粒中空隙数量的参数，可以为检测工业装置中所发生的催化剂失活的类型提供线索。水热失活对孔体积几乎没有影响，而热失活会减小孔体积。

4.4.2.4 孔径

催化剂的平均孔径（*APD*）可以通过平衡催化剂分析数据表，用下面公式计算得到：

$$APD = \frac{PV \times 4 \times 10000}{SA} \tag{4.3}$$

例 4.1

对于一个平衡催化剂，其 $PV=0.40\text{mL/g}$，$SA=120\text{m}^2/\text{g}$，求 *APD*？

由公式（4.3）可计算出 $APD=133\text{Å}$。

4.4.2.5 粒度分布

粒度分布是反映催化剂流化性质、旋风分离器性能和催化剂耐磨性能的重要参数。粉尘含量的降低可反映旋风分离器效率的降低。这可通过旋风分离器下游所收集的粉尘的粒径来证实。平衡催化剂中粉尘含量增加表明催化剂磨损增加，这可能由于新鲜催化剂黏结剂质量的改变、蒸汽泄露和（或）空气分配器或滑阀等内部机械问题。

4.4.3 化学性质

表征催化剂化学组成的主要成分有氧化铝、钠、重金属和再生催化剂上的碳（*CRC*）。

4.4.3.1 氧化铝（Al_2O_3）

平衡催化剂的氧化铝含量是指催化剂总量中全部氧化铝（活性的和非活性的）的质量百分数。平衡催化剂的氧化铝含量与新鲜催化剂的氧化铝含量直接相关。当催化剂级别改变时，经常采用平衡催化剂的氧化铝含量来判断装置中新催化剂的含量。

4.4.3.2 钠（Na）

平衡催化剂中的钠是由原料带入的钠和新鲜催化剂中钠的总和。一些催化剂供应商以氧化钠（Na_2O）含量来报告钠含量。钠可使催化剂酸中心失活，并引起沸石晶格结构的塌陷。如前面所讨论的，钠还可降低汽油的辛烷值。

4.4.3.3 镍（Ni）、钒（V）、铁（Fe）和铜（Cu）

当这些金属沉积在平衡催化剂上时，会增加催化剂生成焦炭和气体的趋势。它们可引起脱氢反应，从而提高氢气产量，降低汽油产率。钒还能破坏沸石活性，导致转化率降低。这些金属的有害效果还取决于再生器的温度，随着再生器温度的提高，负载金属的催化剂的失活速率增大。

这些污染物大部分来源于 FCC 原料中重的［1050℉（566℃）以上］、超高分子量馏分，平衡催化剂上这些金属的含量取决于它们在原料中的含量及催化剂的补充速率。实际上，原料中的这些金属全部沉积到了催化剂上。平衡催化剂中的大部分铁来自管道的铁锈和新鲜催化剂。

通过对装置进行金属平衡的计算，可以相当准确地得到平衡催化剂的金属含量：

$$金属_{in}-金属_{out}=金属累积 \tag{4.4}$$

这是一级微分方程，方程的解如下：

$$M_e=A+[M_0-A]\times e^{\frac{C_a\times t}{I}} \tag{4.5}$$

在稳态下，每种金属在催化剂上的含量为：

$$M_e=A=\frac{(W\times M_f)}{C_a}$$

$$=\frac{\frac{141.5}{131.5+API_{原料}}\times 350.4\times M_f}{B} \tag{4.6}$$

式中 M_e——平衡催化剂中的金属含量，μg/g；

A——$(W\times M_f)/C_a$；

W——进料速率，lb/d；

M_f——原料中金属含量，μg/g；

C_a——催化剂补充速率，lb/d；

M_0——平衡催化剂中初始金属含量，μg/g；

t——时间，d；

I——催化剂藏量，lb；

B——催化剂补充速率，lb/bbl（催化剂/原料）。

图 4.14 是上述方程的图解，可根据原料中的金属含量和催化剂的补充速率，估算平衡催化剂中的金属含量。

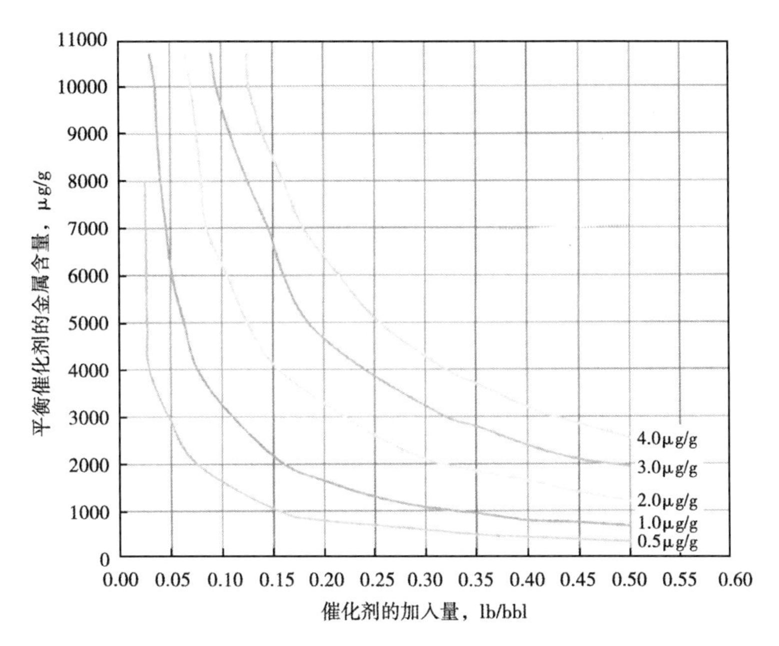

图 4.14　催化剂的金属含量与催化剂补充速率的关系（原料的 API 度为 22）

资料来源：Katalystics' Regional Technology Seminar，New Orleans，LA，December 15，1998

4.4.3.4　碳（C）

裂化过程中沉积在平衡催化剂上的碳会暂时堵塞一些催化活性中心，再生催化剂上的碳（*CRC*），更准确地说，再生催化剂上的焦炭，会降低催化剂活性，因此降低了原料转化为有价值产品的转化率（图 4.15）。

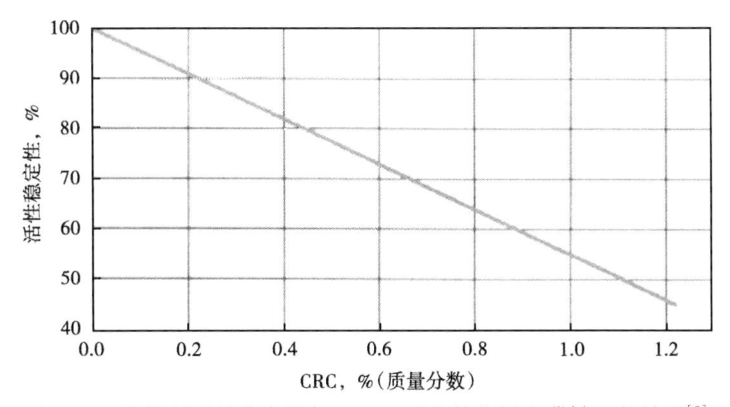

图 4.15　催化剂活性稳定性与 *CRC*（再生催化剂含碳量）的关系[8]

对于装置操作者来说，*CRC* 是一个需要定期检测的重要参数。大多数 FCC 装置通常每天都检测 *CRC*。*CRC* 可反映再生器性能，如果 *CRC* 显示出升高的信号，这可能表明再生器的空气/待生剂分配器发生故障。需要注意的是，平衡催化剂报告中的 MAT 数值是在 *CRC* 完全燃烧之后测定的。

4.5 催化剂管理

根据催化裂化装置的设计，催化剂循环藏量可容纳 30~1200t。新鲜催化剂需不断补充到装置中，以取代由于磨损造成的催化剂损失及维持催化剂活性水平。每天的补充速率一般为催化剂藏量的 1%~2%，或每桶新鲜原料 0.1~1.0lb（0.045~0.45kg）催化剂。在为了维持催化剂活性水平补充速率超过催化剂损失的情况下，需定期从装置中取出部分催化剂，以控制再生器中的催化剂料位。催化剂粉尘随再生器烟气和反应器油气离开装置。

催化剂在装置中会老化，活性和选择性降低。一个特定装置中催化剂的失活在很大程度上与装置的机械构造、操作条件、所用新鲜催化剂类型及原料的质量有关。添加新鲜催化剂的主要标准就是要达到一个最优化的平衡催化剂活性水平，平衡催化剂活性太高会增加催化剂上的焦炭量，导致再生器温度过高。过高的再生器温度会降低催化剂循环速率，往往会抵消催化剂活性的增加。

确定新鲜催化剂的添加量，常常需要兼顾催化剂费用和希望达到的活性，大多数炼油厂会监测催化剂供应商提供的平衡催化剂数据表中的 MAT 数据，以调整新鲜催化剂的添加速率。应当指出的是，MAT 数据是基于固定床反应器系统得到的结果，因此不能真正反映 FCC 装置的动力学。MAT 数值高的催化剂不一定能达到希望的产率。测定催化剂性能的另外一种方法是动力学活性，动力学活性可由下式计算：

$$\text{动力学活性} = \frac{\text{二级转化率}}{\text{焦炭产率(在原料中所占的质量分数，\%)}} \tag{4.7}$$

$$\text{二级转化率} = \frac{\text{MAT 转化率[\%(体积分数)]}}{100 - \text{MAT 转化率[(\% 体积分数)]}} \tag{4.8}$$

例如，某个催化剂的 MAT 数值为 70%（体积分数），焦炭产率为 3.0%（质量分数），它的动力学活性为 0.78。而另一个催化剂的 MAT 转化率为 68%（体积分数），焦炭产率为 2.5%（质量分数），其动力学活性为 0.85。这可以表明，由于 MAT 为 68%（体积分数）的催化剂动力学活性高，因此在工业装置中其性能可以优于 MAT 为 70%（体积分数）的催化剂。一些催化剂供应商已经开始在其提供的平衡催化剂检验报告中报告动力学活性数据。由于 MAT 试验与实际工业应用的原料质量不同，因此不同评价试验所报告的动力学活性数据可能相差很大。此外，通过 MAT 试验所计算的焦炭产率不是很准确，在计算过程中很小的变化就会明显影响动力学活性。

最广泛接受的预测平衡催化剂活性的模型是基于一级衰减反应得到的模型[9]，例 4.2 说明了下面方程的使用方法：

$$A_{(t)} = A_0 \times e^{-(S+K)t} + \frac{A_0 \times S}{S + K} \times [1 - e^{-(K+S)t}] \tag{4.9}$$

在稳态下，上式可简化为：

$$A_{(t)}=\frac{A_0\times S}{S+K} \tag{4.10}$$

式中 $A_{(t)}$——催化剂在 t 时刻的微反活性；

A_0——催化剂的初始微反活性；

t——改变催化剂或补充速率后的时间；

S——每天的部分置换率，即添加速率/藏量；

K——失活常数，$K=\ln(A_{(t)}/A_0)/(-t)$。

上述方程需假设不存在钒污染，如表 4.3 所示，钒污染会使催化剂呈指数关系失活。

表 4.3 钒中毒的影响

参数	新鲜催化剂	水热失活	1000μg/g 钒	2500μg/g 钒	3200μg/g 钒
总表面积，m^2/g	303	184	173	136	111
UCS，Å	24.56	24.25	24.24	24.22	24.20

例 4.2

利用式（4.9）和式（4.10）来预测基于一级衰减反应的平衡催化剂活性。

假定：

有一个加工量为 50000bbl/d 的催化裂化装置，其催化剂藏量为 300t，补充速率为 4.0t/d，新鲜催化剂的 MAT 数值为 80%（体积分数），平衡催化剂的 MAT 数值为 71.5%（体积分数）。

求：

（1）如果补充速率降至 3.0t/d，新的平衡催化剂的 MAT 转化率是多少？

解：

$S=\frac{4.0}{300}=0.01333\text{d}^{-1}$

$t=300/4=75\text{d}$

失活常数 $K=\frac{\ln 71.5-\ln 80}{-75.0}=0.001498\text{d}^{-1}$

新的置换率 $=\frac{3.0}{300}=0.01\text{d}^{-1}$

调整后的平衡催化剂的 MAT 转化率 $=\frac{80\times0.01}{0.01333+0.001498}=69.5\%$（体积分数）。

（2）如果新鲜催化剂的 MAT 数值由 80%（体积分数）降至 75%（体积分数），新的平衡催化剂的 MAT 转化率是多少？

解：

调整后的平衡催化剂的 MAT 转化率 $=\frac{75\times0.01333}{0.01333+0.001498}=67.4\%$（体积分数）。

当炼油厂改变 FCC 催化剂，经常有必要确定新催化剂在装置中的含量。以下基于概率函数建立的方程可用来预测置换剂的含量：

$$p = 1 - e^{-fSt} \tag{4.11}$$

式中 p——换剂含量,%;

f——保留因数，通常为0.6~0.9；

S——置换速率，即添加速率/藏量；

t——时间，d。

例 4.3

例4.2中300t藏量的装置正在更换催化剂，计划每天添加3.5t新型催化剂，假定保留因数为0.7，则运行60d后换剂含量是多少？

解：

$$\begin{aligned} p &= 1 - e^{-0.7 \times 0.0117 \times 60} \\ &= 1 - e^{-0.4914} \\ &= 1 - 0.612618 \\ &= 0.387 \ (38.7\%) \end{aligned}$$

另一种方法是利用氧化铝平衡来计算换剂含量，如例4.4所示。

例 4.4

对于同样为300t藏量的装置，假定原有催化剂和新型新鲜催化剂中氧化铝（Al_2O_3）含量分别为48%（质量分数）和38%（质量分数）。催化剂替换60d后，平衡催化剂的氧化铝含量为43%（质量分数）。确定换剂含量是多少？

解：

$$\text{换剂含量}\ p = 1 - \frac{Al_2O_3(\text{新}) - Al_2O_3(\text{平衡})}{Al_2O_3(\text{新}) - Al_2O_3(\text{旧})}$$

$$= 1 - \frac{38-43}{38-48} = 0.5 \ (50\%)$$

这种方法也可用来计算催化剂的保留因数。上述方程假定装置为稳态操作、装置藏量一定，并且催化剂补充速率和损失速率也一定。

4.6 催化剂评价

FCC工艺中一个非常重要的方面就是催化剂管理，催化剂的选择和管理以及装置如何操作，对于得到所需产品起着非常大的作用。为了实现催化裂化装置的成功操作，需要想方设法来选择恰当的催化剂。催化剂的替换是一个相对简单的过程，这使得炼油厂通常选择利润率最大的催化剂。虽然替换催化剂操作比较简单，但需要做大量的准备工作，如本节后面所讨论的。

由于可得到多种催化剂配方，因此催化剂的评价应当是一项经常进行的工作。然而，由于原料和操作条件的不断变化以及测量中的误差，评价工业装置的 FCC 催化剂的性能并不是一项简单的任务。由于这些限制，炼油厂有时对其催化裂化装置的目标和约束不加鉴别就更换催化剂。为了确保选择合适的催化剂，每个炼油厂都应当建立一种方法来鉴别“实际”目标和制约条件，以确保催化剂的选择是基于对技术和商业价值的深思熟虑而做出的。目前，市场上有很多不同的 FCC 催化剂配方。炼油厂应当对催化剂进行评价，主要为了使利润尽可能最大化和风险最小化。适合某个炼油厂的催化剂对于另一个炼油厂来说不一定是合适的。

全面的催化剂选择方法包括下列内容：

（1）利用现有的催化剂和供应商来优化装置操作。

①进行试运行；

② 将试运行结果应用于一个 FCC 动力学模型中；

③鉴别改进操作的时机；

④鉴别装置的制约因素；

⑤与供应商一起优化当前催化剂。

（2）向催化剂供应商提出技术咨询。

①提供试运行结果；

② 提供平衡催化剂样品；

③提供工艺目标；

④提出装置的局限性。

（3）从供应商处得到回复。

①得到催化剂使用建议；

② 得到催化剂备选建议；

③得到产率预测的比较。

（4）获得当前产品价格的预测：对当前及未来 4 个季度的产品价格的预测。

（5）对供应商提供的产率进行经济评价：选择催化剂进行微反活性（MAT）评价。

（6）对所选的催化剂进行 MAT 测定。

①对催化剂进行物理和化学性质分析；

②确定蒸汽老化条件；

③对首选的新鲜催化剂进行老化处理，得到相应的平衡催化剂；

④对每一个备选催化剂以相同步骤进行老化处理。

（7）对所选催化剂进行经济分析：根据 MAT 评价数据估算工业产率。

（8）要求商业建议：

①至少咨询两个供应商；

②获得参考资料；

③核对参考资料。

（9）在中试装置上测试所选的催化剂。

①用首选的平衡催化剂标定中试装置的蒸汽处理条件；

②对首选催化剂和其他的备选催化剂进行失活处理；

③至少收集每种催化剂在不同剂油比下的 2~3 组数据。

(10) 评价中试结果。
①解释中试数据;
②使用动力学模型关联热平衡数据;
③鉴别限制和约束条件。
(11) 进行催化剂选择。
①进行经济评价;
②考虑无形资产研究、质量控制、价格、稳定供应、生产地点等因素;
③做出推荐。
(12) 后选择。
①监测换剂含量的变化;
②换剂后试运行;
③证实计算机模型。
(13) 给出最终报告。
①效益分析;
②评价选择方法。

FCC 催化剂的设计具有很大的灵活性。沸石的数量和种类以及活性基质种类的变化,为炼油厂提供了大量可选择的催化剂来满足其要求。对于较小的炼油厂,应用中试装置来评价不同的催化剂可能不实用。在这种情况下,上述方法中仍然需要注重使用微反活性(MAT)数据来比较备选的催化剂。需要注意的是,要对 MAT 数据进行温度、"试验时间"和催化剂汽提影响等的正确校正。

在评价 FCC 催化剂时,还必须特别注意催化剂的物理性质(如粒度分布和磨损指数)以及催化剂的长期定价。

4.7 小结

20 世纪 60 年代初期,沸石引入到 FCC 催化剂中是催化裂化领域中最重要的进展之一。沸石大大改善了催化剂的选择性,导致高的汽油产率以及间接地允许炼油厂可在装置中处理更多的原料。

在过去 4 年里,由于稀土(镧和铈的氧化物)价格超过 2000%的暴涨,催化剂生产商开始开发新型催化剂配方,用较低的稀土含量达到相似的效果。

对于加工"劣质"原料的催化裂化装置而言,其挑战在于选择一种可承受原料中较高杂质含量以及再生器中水热失活条件的沸石配方。对于加工经过深度加氢处理原料的 FCC 装置,选择催化剂时应考虑其在具有极好的物理性能的同时所具有的最大活性。

目前市场上有很多不同的催化剂配方,炼油厂涉及催化裂化装置操作的有关人员具有对催化剂技术的基本了解是非常重要的。这些知识在诸如故障的正确诊断和排除,以及定制一个能够满足炼油厂需要的催化剂等领域是非常有用的。

参考文献

[1] Davison Div., W. R. Grace & Co., Grace Davison Catalagram, No. 72, 1985.
[2] D. W. Breck, Zeolite Molecular Sieves: Structure, Chemistry, and Use, Wiley Interscience, New York,

1974.
[3] L. A. Pine, P. J. Maher, W. A. Wacher, Prediction of cracking catalyst behavior by a zeolite unit cell size model, J. Catal. 85 (1984) 466-476.
[4] Davison Octane Handbook.
[5] L. L. Upson, What FCC catalyst tests show. Hydrocarbon Process. 60 (11) (1981) 253-258.
[6] Engelhard Corporation, Increasing motor octane by catalytic means. Part 2, The Catalyst Report, EC6100P, Presented at NPRA Meeting, March 1989, AM-89-50.
[7] C. M. Hayward, W. S. Winkler, FCC: matrix/zeolite, Hydrocarbon Process, 69 (2) (1990) 55-56.
[8] Engelhard Corporation, The chemistry of FCC coke formation, The Catalyst Report, 7 (2).
[9] J. R. Gaughan, Effect of catalyst retention of inventory replacement, Oil Gas J. 81 (52) (1983) 141-145.

第5章　催化剂和原料添加剂

许多FCC装置使用化合物添加剂来增强催化裂化装置的性能。这些添加剂（催化剂和原料添加剂）的主要作用是改变FCC产品收率及减少再生器污染物的排放量。一个自动化的多组分催化剂（添加剂）系统的合理设计，可优化炼油厂装置性能，在某些情况下可促使装置符合环保要求。

本章讨论的添加剂如下：

（1）CO助燃剂；

（2）SO_2还原添加剂；

（3）NO_x还原剂；

（4）ZSM-5添加剂；

（5）金属钝化剂；

（6）渣油转化剂。

5.1　CO助燃剂

大多数FCC装置都使用CO助燃剂以促进CO在再生器中燃烧生成CO_2。添加CO助燃剂可以加速再生器密相中CO的燃烧和最小化稀相及整个旋风分离器中由于二次燃烧所引起的温度偏高。CO助燃剂提高了焦炭燃烧的均匀性，尤其是在再生器中的待生催化剂与燃烧空气之间的接触分布不均匀的情况下。

再生器在完全或部分燃烧的操作模式下，通常都能实现CO助燃剂的优点。当前，最有效的CO助燃剂是以铂作为活性成分，其中铂含量为300~800μg/g，一般分散于载体上。遗憾的是，铂基CO助燃剂有时会增加再生器烟气中NO_x的含量。因此，作为法令允许的一部分，美国很多炼油厂添加非铂基CO助燃剂。

CO助燃剂添加的数量和频率随FCC装置的不同而改变，在很大程度上通常由装置控制台操作人员的舒适区来决定。一些FCC装置，每天向再生器中加入2~3次CO助剂，通常加入比例为3~5 lb（1.36~2.27kg）/t（CO助燃剂/新鲜催化剂）；另一些FCC装置，只有当再生器稀相和（或）烟气温度超过炼油厂设置的极限时才添加CO助燃剂。添加CO助燃剂常常会增加烟气中的氧含量，使得装置可以提高进料速率和（或）转化率。在装置开工期间和火炬油注入之前，使用CO助燃剂可以提高催化剂再生操作的稳定性。然而，并非每套催化裂化装置都能证明助燃操作的合理性。例如，当FCC装置在低氧浓度和部分燃烧模式下操作时，添加CO助燃剂会增加再生催化剂上的含碳量（*CRC*）。这是因为CO燃烧反应与碳燃烧反应会争夺有效氧。当催化剂再生是在完全燃烧模式时，CO燃烧生成CO_2也将增加NO_x的排放量。这主要是由于诸如氨气和氰化物气体等中间体会氧化生成一氧化氮（NO）。当再生器在部分燃烧模式下操作时，使用铂基CO助燃剂对NO_x的产生可能没有任何影响，在有些情况下甚至会降低CO锅炉中NO_x的排放量。

5.2 SO_x 添加剂

进入再生器的待生催化剂上的焦炭中含有硫化合物。在再生器中，焦炭中的硫转化成 SO_2 和 SO_3。SO_2 和 SO_3 的混合物通常被统称为 SO_x，在大多数 FCC 装置的再生器中，SO_x 中超过 95%的是 SO_2，其余为 SO_3。再生器中的 SO_x 随烟气一起最终被排入大气。有些因素会影响再生器烟气中的 SO_x 浓度，包括焦炭产率、原料中噻吩硫含量、再生器操作条件以及 FCC 催化剂的配方等。

在美国，不同 FCC 装置的 SO_2 排放标准也不同。一些 FCC 装置的排放标准是根据再生器烟气中 SO_2 含量和（或）烟囱排放的烟气量来制定的，另一些 FCC 装置的排放标准是根据每 1000bbl 进料中的 SO_2 含量来制定的，还有一些 FCC 装置的排放标准并没有什么根据。目前的趋势是限制 SO_2 含量小于 25×10^{-6}（氧含量为 0.0%时）。

三种常见的降低 SO_x 的方法是烟气洗涤、进料脱硫和 SO_x 添加剂。采用 SO_x 添加剂通常是最经济的选择，是一些炼油厂所采用的方法。

SO_x 添加剂是一种微球粉末，使用时直接加到再生器中。SO_x 添加剂中的三个主要活性成分是氧化镁、氧化铈和氧化钒。氧化铈和较少量的氧化钒可以促进再生器中 SO_2 氧化成 SO_3。氧化镁可以与 SO_3 在再生器中化学键合。这种稳定的硫酸盐物种由循环催化剂带入提升管中，被氢或水还原或“再生”为 H_2S 和金属氧化物。氧化钒有助于这个反应。表 5.1 给出了 SO_2 被一种 SO_x 添加剂还原的假设的化学反应过程。FCC 装置在使用 SO_2 还原添加剂时可采用较大范围的使用剂量，但是，通常其最大添加量应低于新鲜催化剂添加速率的 12%。当分析循环催化剂性能时，应该意识到催化剂中的部分钒和镁不是来自 FCC 原料，并且催化剂中的一些稀土含量是源自添加剂中的铈。

表 5.1 SO_2 催化还原机理

A. 在再生器中	B. 在提升管和汽提段中
焦炭中硫（S）$+O_2 \longrightarrow SO_2+SO_3$	$MgSO_4+4H_2 \longrightarrow MgS+4H_2O$
$SO_2+O_2 \longrightarrow SO_3$	$MgSO_4+4H_2 \longrightarrow MgO+H_2S+3H_2O$
$MgO+SO_3 \longrightarrow MgSO_4$	$MgS+H_2O \longrightarrow MgO+H_2S$

为了达到 SO_x 添加剂的最高效率，以下几点很重要：

（1）存在过量氧以促进 SO_2 转化为 SO_3 的反应；

（2）再生器中的空气和催化剂分布均匀；

（3）添加剂中有足够量的氧化镁、氧化铈和氧化钒；

（4）再生器温度较低，较低的温度可促使反应 $SO_2+O_2 \longrightarrow SO_3$ 进行；

（5）添加剂与 FCC 催化剂的物理性质兼容，易于在提升管和汽提段中再生；

（6）汽提段的操作效率尽可能高，汽提段的效率对于硫酸盐的释放和 H_2S 的形成是非常重要的。

因为按完全燃烧模式操作的大多数再生器通常在 1%~3%的过量氧含量下操作，在完全燃烧装置中 SO_x 添加剂的捕获效率通常高于部分燃烧装置的效率。

5.3 NO_x 添加剂

氮氧化物包括一氧化氮（NO）、二氧化氮（NO_2）和氧化二氮（N_2O）。$NO+NO_2$ 的总含量通常用 NO_x 来表示。作为提升管中裂化反应的一部分，FCC 原料中近 55%的有机氮沉积在待生催化剂上。在典型的完全燃烧模式的再生器中，焦炭燃烧使进入再生器中约 7%的有机氮变成 NO_x（主要是 NO）。再生器烟气中的这部分 NO 约占焦炭氮的 15%（质量分数）。在“传统的”部分燃烧模式的再生器中，NO_x 在再生器烟气中实质上不存在（$<15\times10^{-6}$）。反之，存在的是 NO_x 的前体，如 NH_3 和 HCN。

FCC 催化剂及添加剂的供应商提供各种 NO_x 还原催化剂添加剂来降低完全燃烧模式下再生器中 NO_x 的排放量。其中一些添加剂采用铜、锌和（或）稀土金属基的催化剂来减少再生器中的 NO_x。这些添加剂应用的效果也有所不同，铜基添加剂可提高吸收塔尾气中的氢气产率。

5.4 ZSM-5 添加剂

ZSM-5 沸石是 Mobil 石油公司的专利，它是一种不同于 Y 沸石孔结构的择形沸石。ZSM-5 沸石的孔尺寸比 Y 沸石要小（前者为 5.1～5.6Å，后者为 8～9Å）。此外，ZSM-5 沸石孔的排列也不同于 Y 沸石，如图 5.1 所示。ZSM-5 沸石的择形性使得汽油馏分中长链的、低辛烷值的正构烷烃及某些烯烃优先裂化。

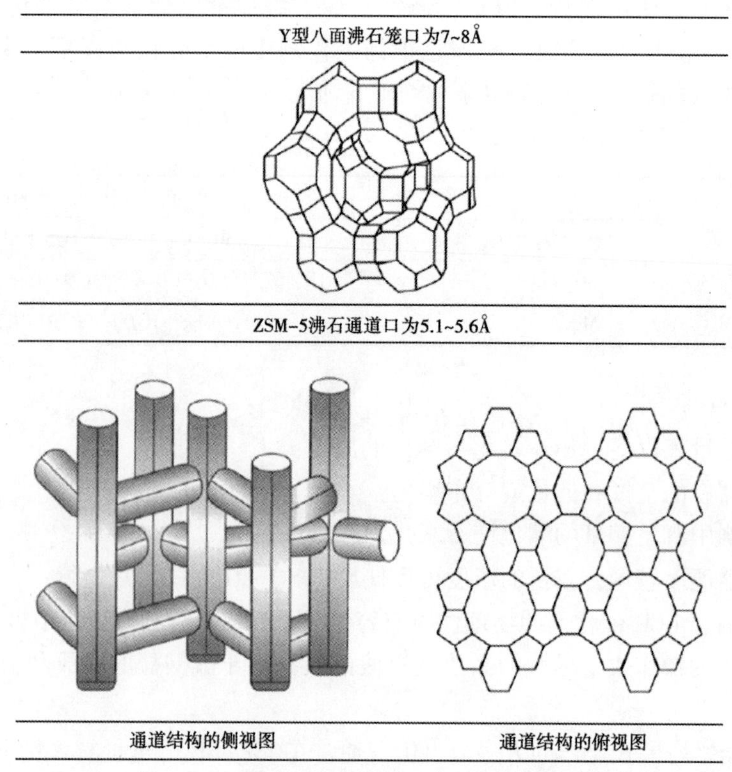

图 5.1　Y 型八面沸石与 ZSM-5 沸石的对比[1]

ZSM-5 添加剂添加到装置中，能提高汽油的辛烷值，增加轻质烯烃的产率。这是因为 ZSM-5 可促进汽油中 C_7 ~ C_{10} 的低辛烷值组分裂化生成轻质烯烃（C_3、C_4、C_5），同时使低辛烷值的直链烯烃异构化生成高辛烷值的支链烯烃。ZSM-5 通过裂化 C_7 以上的烯烃来抑制烷烃的氢化。使用 ZSM-5 添加剂还可以提高汽油中的芳烃含量[2]。

ZSM-5 沸石的效率取决于一些参数，对于加工高烷烃含量的原料且具有较低的基础辛烷值的催化裂化装置，使用 ZSM-5 沸石将获得最大的效益。对于环烷烃进料或在高转化条件下操作的装置，ZSM-5 沸石对改善汽油的辛烷值则收效甚微。

使用 ZSM-5 沸石时，在 FCC 汽油的体积和 LPG 产率之间几乎有一个均衡的折中。FCC 汽油的研究法辛烷值每增加一个单位，则汽油的体积将减少 1.0% ~ 1.5%，同时相应增加 LPG 的产率。这也取决于原料的质量、操作参数和基础辛烷值。

是否添加 ZSM-5 沸石取决于装置的生产目标和约束因素。ZSM-5 沸石的应用将增加富气压缩机、FCC 气体分馏装置和其他下游装置的负荷。大多数炼油厂根据其对辛烷值的要求和装置的限制，季节性地添加 ZSM-5 沸石。

要想使辛烷值明显增加，ZSM-5 添加剂的含量应大于催化剂总量的 1%。要提高研究法辛烷值（*RON*）1 个单位，通常需要使催化剂总量中含有 2% ~ 5%的 ZSM-5 添加剂。应当注意的是，添加的百分数是 ZSM-5 沸石的含量，而不是所有添加剂的含量，因为不同供应商提供的 ZSM-5 添加剂的活性和磨损速率是不同的。新一代 ZSM-5 添加剂的活性是早期 ZSM-5添加剂的近两倍。

总之，ZSM-5 沸石为炼油厂提高汽油辛烷值和增加轻质烯烃提供了灵活性。随着新配方汽油（RFG）的推广，ZSM-5 沸石在作为生产甲基叔丁基醚（MTBE）的原料——异丁烯的生产过程中将起到很重要的作用。

5.5 金属钝化剂

如第 3 章中所讨论的，镍、钒、铁和钠通常是 FCC 原料中存在的金属化合物。这些金属沉积在催化剂上，会使催化剂活性中心中毒。为了减少金属对催化剂活性的影响，炼油厂可采取以下方法：

（1）增加新鲜催化剂的补充速率；

（2）使用外来的平衡催化剂；

（3）使用金属钝化剂；

（4）在 FCC 催化剂中加入金属捕获剂；

（5）使用脱金属技术从催化剂中脱除金属；

（6）MagnaCat 分离方法（脱金属技术）可以除去弃掉金属含量较高的“旧催化剂”颗粒。

一般的金属钝化作用，特别是锑，在下面部分将要讨论。

近年来，一些对镍和钒的化学钝化方法已被授予专利权，有些锡基化合物在钝化钒方面获得了有限的工业应用。虽然锡被一些炼油厂用于钝化钒，但是还没有被证实，也没有向锑那样被广泛接受。对于镍，锑基化合物用于减少镍中毒的不利影响是最有效的。应当注意的是，虽然现有的锑基技术是减少镍中毒有害影响的最有效方法，但是锑不稳定且被认为是有害的，在这种情况下，铋基钝化剂可能是一个更好的选择。

锑基钝化是1976年由菲利普石油公司推出的，用于钝化FCC原料中的镍化合物。锑通常借助轻循环油（LCO）等作为携带剂被注入新鲜原料中。如果装置中有原料预热器，则锑应当被注入预热器的下游，以避免锑溶液在加热管中受热分解。

锑钝化的作用通常是立即见效的，通过与镍形成合金，由镍引起的脱氢反应常常被减少40%~60%，这已经被干气和氢气产率的急剧下降所证实。

当平衡催化剂中的镍含量大于500μg/g时，镍钝化是具有经济吸引力的。锑溶液应当按照原料中镍的含量按比例加入，通常最佳剂量对应的平衡催化剂上锑与镍的比为0.3~0.5。在没有循环油浆进入提升管的情况下，催化剂上锑的保留效率为75%~85%。如果油浆循环，则催化剂上锑的保留效率通常大于90%。未沉积在循环催化剂上的锑最终出现在澄清油（DO）以及再生器的催化剂粉末中。通常一个较好的做法是：为了确保戴着防毒面具检修时，暴露于含锑催化剂粉尘的程度降低到最小，在装置计划停车前约一个月应停止锑的注入。

5.6 渣油裂化添加剂

在炼油厂其中一个主要目标是最大化LCO产量而不需要生产太多油浆的情况下，一个值得评估的方法是使用使渣油升级的催化剂添加剂。这些添加剂采用专一的氧化铝催化剂，可以选择性地预裂化大的原料分子。

5.7 小结

总之，通过自动化及可靠的装载系统，催化剂添加剂的使用使得炼油厂不仅提高了FCC装置的性能，而且满足了环保要求。FCC装置的工程师及管理者必须密切关注催化剂添加剂的使用率与这些添加剂的定价，如果这些添加剂的使用率未被密切监测，那么FCC装置的利润率会受到很大影响。

参考文献

[1] R. J. Madon, J. Spielman, Increasing gasoline octane and light olefin yields with ZSM-5, Catal. Rep. 5 (9) (1990).

[2] C. Liu, Effects of ZSM-5 on the aromatization performance in cracking catalyst, J. Mol. Catal. 215 (2004) 195-199.

第6章 催化裂化的化学反应

当瓦斯油大分子在1200~1400℉（650~760℃）的条件下，与FCC催化剂相接触时，可发生一系列复杂的反应（表6.1）。反应产物的分布取决于很多因素，包括催化剂酸中心的性质和强度。虽然FCC中的大多数裂化反应是催化裂化反应，但是也发生热裂化反应。提升管中非理想的混合及反应器中裂化产物的不完全分离等因素都可引起热裂化反应的发生。

表6.1 FCC装置中发生的主要反应

反应类型	反应式
1. 裂化： 烷烃裂化生成烯烃和更小分子的烷烃 烯烃裂化生成更小分子的烯烃 芳烃侧链断链 环烷烃裂化生成烯烃和更小分子的环状化合物	$C_{10}H_{22} \longrightarrow C_4H_{10} + C_6H_{12}$ $C_9H_{18} \longrightarrow C_4H_8 + C_5H_{10}$ $Ar\text{-}C_{10}H_{21} \longrightarrow Ar\text{-}C_5H_9 + C_5H_{12}$ $Cyclo\text{-}C_{10}H_{20} \longrightarrow C_6H_{12} + C_4H_8$
2. 异构化： 双键转移 正构烯烃生成异构烯烃 正构烷烃生成异构烷烃 环己烷生成环戊烷	$C_4H_8 \longrightarrow trans\text{-}2\text{-}C_4H_8$ $n\text{-}C_5H_{10} \longrightarrow iso\text{-}C_5H_{10}$ $n\text{-}C_4H_{10} \longrightarrow iso\text{-}C_4H_{10}$ $C_6H_{12} \longrightarrow C_5H_9CH_3$
3. 氢转移 环烷烃芳构化	环烷烃+烯烃⟶芳烃+烷烃 $C_6H_{12} + 3C_5H_{10} \longrightarrow C_6H_6 + 3C_5H_{12}$
4. 烷基转移	$C_6H_4(CH_3)_2 + C_6H_6 \longrightarrow 2C_6H_5CH_3$
5. 烯烃环化生成环烷烃	$C_7H_{14} \longrightarrow CH_3\text{-}cyclo\text{-}C_6H_{11}$
6. 脱氢	$n\text{-}C_8H_{18} \longrightarrow C_8H_{16} + H_2$
7. 脱烷基	$iso\text{-}C_3H_7\text{-}C_6H_5 \longrightarrow C_6H_6 + C_3H_6$
8. 缩合	$Ar\text{-}CH{=}CH_2 + R_1CH{=}CHR_2 \longrightarrow Ar\text{-}Ar + 2H$

本章的目的包括：

（1）提供裂化（热裂化和催化裂化）化学的一般性讨论；

（2）突出催化剂的作用，尤其是沸石的影响；

（3）解释裂化反应对装置热平衡的影响。

烃分子的热裂化或催化裂化是指碳碳键的断裂，但催化裂化和热裂化通过不同的路线进行反应，清楚地理解其过程所涉及的不同机理对于下述装置操作是有益的，例如：

（1）对于特定的操作要选择合适的催化剂；

（2）装置操作故障的排除；

（3）开发新型催化剂配方。

本章讨论的主题如下：

（1）热裂化；

（2）催化裂化；

（3）热力学。

6.1 热裂化

催化裂化过程出现之前，热裂化是将低值原料转换成轻质产品的主要加工过程。炼油厂现在仍然使用热加工过程，例如用于裂化渣油的延迟焦化和减黏裂化过程。

热裂化是一个温度和时间作用的过程，当烃分子在无催化剂存在的条件下，暴露于800~1200℉（425~650℃）的高温时热裂化反应就会发生。

热裂化化学反应的第一步是自由基的形成，它们是由碳碳键的断裂而形成的。自由基是带有一个不成对电子而不带电荷的分子。裂化产生两个不带电荷而共用一对电子的基团。式（6.1）表示一个烷烃分子热裂化形成自由基的过程：

$$R_1-\underset{H}{\overset{H}{\underset{|}{\overset{|}{C}}}}-\underset{H}{\overset{H}{\underset{|}{\overset{|}{C}}}}-R_2 \rightarrow R_1-\underset{H}{\overset{H}{\underset{|}{\overset{|}{C}}}}^{\bullet}-{}^{\bullet}\underset{H}{\overset{H}{\underset{|}{\overset{|}{C}}}}-R_2 \tag{6.1}$$

自由基极为活泼且寿命短，它们可以经历 α 位断裂、β 位断裂和聚合过程（α 位断裂是与自由基相邻的碳键的断裂，β 位断裂是从自由基数第二个碳键的断裂）。

β 位断裂产生一分子烯烃（乙烯）和一个失去两个碳原子的伯碳自由基[1]：

$$R-CH_2-CH_2-{}^{\cdot}C-H_2 \longrightarrow R-{}^{\cdot}C-H_2+H_2C=CH_2 \tag{6.2}$$

这个新生成的伯碳自由基进一步发生 β—位断裂产生更多的乙烯。

α 位断裂反应并不是热力学有利的反应过程，但它可以发生。α 位断裂产生一个甲基自由基，甲基自由基能从一个中性的烃分子中夺取一个氢原子，生成甲烷和一个仲碳或叔碳自由基：

$$\begin{gathered} H_3C^{\cdot}+R-CH_2-CH_2-CH_2-CH_2-CH_2-CH_2-CH_3 \\ \longrightarrow CH_4+R-CH_2-CH_2-CH_2-CH_2-{}^{\cdot}CH-CH_2-CH_3 \end{gathered} \tag{6.3}$$

这个自由基能发生 β 位断裂，生成 α-烯烃和一个伯碳自由基：

$$\begin{gathered} R-CH_2-CH_2-CH_2-CH_2-{}^{\cdot}CH-CH_2-CH_3 \\ \longrightarrow R-CH_2-CH_2-{}^{\cdot}CH_2+H_2C=CH-CH_2-CH_3 \end{gathered} \tag{6.4}$$

$R-{}^{\cdot}CH_2$ 自由基类似于甲基自由基，也能从另一个烷烃分子中夺取一个氢原子生成一个仲碳自由基和一个更小分子的烷烃：

$$\begin{gathered} R_1-{}^{\cdot}CH_2+R-CH_2-CH_2-CH_2-CH_2-CH_2-CH_2-CH_3 \\ \longrightarrow R-CH_3+R-CH_2-CH_2-CH_2-CH_2-CH_2-{}^{\cdot}CH-CH_3 \end{gathered} \tag{6.5}$$

$R-{}^{\cdot}CH_2$ 比 $H_3{}^{\cdot}C$ 更稳定，因此，$R-{}^{\cdot}CH_2$ 夺取氢原子的速率比甲基自由基低。

反应的结果形成了富含 C_1、C_2 和大量 α-烯烃的产品。自由基很少发生异构化。

在 FCC 中，热裂化的缺陷之一是中间反应所形成的烯烃绝大部分发生聚合或缩合直接生成焦炭。

热裂化产品的分布不同于催化裂化，如表 6.2 所示。表 6.2 中两种裂化的不同产品分布证实了热裂化和催化裂化是通过不同的机理进行反应的。

表 6.2 热裂化与催化裂化产品的比较

烃的类型	热裂化	催化裂化
正构烷烃	C_2 是主要产品，有许多 C_1 和 C_3 及 C_4～C_{16} 的烯烃；极少的异构化产品	C_3～C_6 是主要产品，C_4 以上的正构烯烃较少；异构化产品较多
烯烃	双键转移的速度慢，骨架异构化很少；对叔基烯烃氢转移较少且为非选择性的；脂肪族化合物在 932℉（500℃）条件下，仅生成少量的芳烃	双键转移的速度快，骨架异构化很多；对叔基烯烃氢转移较多且为选择性的；脂肪族化合物在 932℉（500℃）条件下，生成大量芳烃
环烷烃	比烷烃裂化的速度慢	如果结构相当，裂化速度与烷烃相当
烷基芳烃	侧链裂化	脱烷基

资料来源：Venuto[2]。

6.2 催化裂化

催化裂化反应可分成两大类：

（1）瓦斯油分子的一次裂化；

（2）裂化产物的二次重排和再裂化。

在讨论反应机理前，回顾一下 FCC 催化剂的发展过程及考察催化剂的裂化性质是必要的。在第 4 章中已对 FCC 催化剂进行了深入讨论。

6.2.1 FCC 催化剂的发展历程

第一个工业 FCC 催化剂是酸处理的天然白土。后来，含有 10%～15% 氧化铝的合成硅铝材料取代了天然白土催化剂。合成硅铝催化剂比较稳定，而且能生产出优良的产品。

20 世纪 50 年代中期，含 25%氧化铝的铝硅催化剂因其具有较高的稳定性而投入使用。这些合成催化剂是无定形的，其结构由无规排列的 SiO_2 和 Al_2O_3 以四面体连接而成。通过催化剂改性（例如 Mgo-SiO_2 和 Al_2O_3-ZrO-SiO_2），可使产率和选择性有一些小的改进。

20 世纪 60 年代早期，FCC 催化剂的突破是使用 X 型和 Y 型沸石，这些沸石的添加大幅提高了催化剂的活性和选择性。含有沸石的催化剂与无定形硅铝催化剂的产品分布不同（表 6.3）。此外，沸石的活性是无定形硅铝催化剂的 1000 倍以上。高的活性来源于沸石活性中心的更高的强度和结构。

沸石是具有规则孔结构的结晶硅铝酸盐，其基本结构单元是氧化硅和氧化铝四面体，每一个四面体是由位于四面体中心的硅或铝原子及位于四面体角上的氧原子组成。由于硅和铝分别处于正四价和正三价的氧化态，因此每一个负一价的净电荷必须通过一个阳离子来平衡以维持电中性。

取代钠离子的阳离子决定了催化剂的活性和选择性。沸石是在碱性环境下合成的，例如利用氢氧化钠生产的NaY沸石，这些NaY沸石的稳定性较差，不过钠很容易被交换。钠与阳离子进行离子交换，例如与氢或稀土离子进行交换能提高酸性和稳定性。应用最广泛的稀土化合物是镧（La^{3+}）和铈（Ce^{3+}）。

催化剂的酸中心类型既有B（Bronsted）酸又有L（Lewis）酸，催化剂可具有强的或弱的B酸中心，或者强的或弱的L酸中心。B酸是能够提供质子的物质，盐酸和硫酸是典型的B酸；L酸是能够接受一对电子的物质。L酸本身可以不含氢但仍是酸，氯化铝是典型的L酸，氯化铝溶解在水中可以和羟基反应使溶液的pH值降低。

催化剂的酸性质取决于一些参数，包括制备方法、脱水温度、硅铝比以及B酸与L酸酸中心的比。

表6.3 含蜡瓦斯油在工业平衡沸石催化剂与无定形催化剂上FCC产品结构的对比

产率［80%（体积分数）转化率］	无定形（高铝）	沸石（XZ-25）	差值
氢,%（质量分数）	0.08	0.04	-0.04
C_1+C_2,%（质量分数）	3.8	2.1	-1.7
丙烯,%（体积分数）	16.1	11.8	-4.3
丙烷,%（体积分数）	1.5	1.3	-0.02
总C_3,%（体积分数）	17.6	13.1	-4.5
丁烯,%（体积分数）	12.2	7.8	-4.4
异丁烷,%（体积分数）	7.9	7.2	-0.7
正丁烷,%（体积分数）	0.7	0.4	-0.3
总C_4,%（体积分数）	20.8	15.4	-5.4
C_5~390℉［ASTM汽油90%点］,%（体积分数）	55.5	62.0	+6.5
轻燃料油,%（体积分数）	4.2	6.1	+1.9
重燃料油,%（体积分数）	15.8	13.9	-1.9
焦炭,%（质量分数）	5.6	4.1	-1.5
汽油辛烷值	94	89.8	-4.2

6.2.2 催化裂化反应机理

当原料接触再生催化剂时，原料汽化，生成一种带有正电荷的原子，被称为碳正离子（carbocation）。碳正离子是带有一个正电荷的碳离子的通用术语，碳正离子可能是正碳离子（carbonium）或碳烯离子（carbenium）。

一个正碳离子（CH_5^+），是在一个烷烃分子中增加一个氢离子（H^+）而形成的。它是通过来自催化剂B酸中心的质子的直接进攻来完成的，结果形成一个带有正电荷且具有5个化学键的分子：

$$R—CH_2—CH_2—CH_2—CH_3+H^+（质子进攻）\longrightarrow R—C^+H—CH_2—CH_2—CH_3+H_2 \quad (6.6)$$

正碳离子所带的电荷不稳定，催化剂的酸强度不足以形成很多的正碳离子。几乎所有的催化裂化化学都是正碳离子化学。

一个碳烯离子（$R—CH_2^+$）是一个正电荷加到一个烯烃分子中或从一个烷烃分子中移走一个氢和两个电子而形成的：

$$R—CH═CH—CH_2—CH_2—CH_3+H^+ \text{（B 酸中心的质子）}$$
$$\longrightarrow R—C+H—CH_2—CH_2—CH_2—CH_3 \quad (6.7)$$

$$R—CH_2—CH_2—CH_2—CH_3 \text{（除去 L 酸中心的 } H^- \text{）}$$
$$\longrightarrow R—C+H—CH_2—CH_2—CH_3 \quad (6.8)$$

催化剂上的 B 酸和 L 酸的酸中心都可产生碳烯离子，B 酸中心为烯烃分子提供一个质子，L 酸中心从一个烷烃分子中移走一对电子。在工业装置中，烯烃来源于原料或热裂化反应的产物。

碳正离子的稳定性取决于连在正电荷上的烷基的性质，碳烯离子的相对稳定性顺序如下所示[2]，其中叔正碳离子最稳定：

叔正碳离子（R—C—C^+—C）（C^+上连有C）>仲正碳离子（C—C^+—C）>伯正碳离子（R—C—C^+）>乙基正碳离子（C—C^+）>甲基正碳离子（C^+）

催化裂化过程的优点之一是伯碳正离子和仲正碳离子易于重排生成叔正碳离子（一个碳原子与其他三个碳键相连）。正如后面所讨论的，由于叔正碳离子的稳定性高，因此由催化裂化生成的支链烃含量较高。

碳烯离子一旦形成，能发生许多不同的反应。催化剂酸性中心的性质和强度影响这些反应发生的程度，碳烯离子引发的三个主要反应是：

（1）碳碳键的断裂；

（2）异构化；

（3）氢转移。

6.2.2.1 裂化反应

裂化或β位断裂是离子裂化的重要特征，β位断裂是从带正电荷碳原子数第二个碳的C—C键的断裂。因为打开这个键比打开相邻C—C键（α键）所需要的能量低，所以β位断裂首先发生。此外，短链烃比长链烃难反应。裂化反应的速率随着链长度的变短而下降，短链烃不可能形成稳定的碳烯离子。

β位断裂第一步反应的产物是一个烯烃分子和一个新的碳烯离子，然后新生成的碳烯离子继续发生一系列的链反应：

$$R—C^+H—CH_2—CH_2—CH_2—CH_3$$
$$\longrightarrow CH_3—CH═CH_2+C^+H_2—CH_2—CH_2R \quad (6.9)$$

小的碳烯离子（C_4 或 C_5）能将正电荷转移给大的分子，使大分子裂化。裂化不能消除正电荷，直到两个离子碰撞才能消除电荷。小的碳烯离子更稳定且不能裂化，直到将它们的电荷转移给大的分子，它们一直以碳烯离子的形式存在。

由于β位断裂是单分子反应而且裂化反应是吸热反应，因此裂化速率在高温下有利，且不是平衡限制的反应。

6.2.2.2 异构化反应

与热裂化反应不同，在催化裂化反应中，经常发生异构化反应。催化裂化和热裂化的键断裂都是β位断裂，然而，在催化裂化中，碳正离子趋于重排形成叔正碳离子，叔正碳离子比仲正碳离子和伯正碳离子更稳定，它们裂化生成带有支链的分子（在热裂化中，自由基生成正构或直链化合物)：

$$CH_3—CH_2—C^+H—CH_2—CH_2R \longrightarrow CH_3—\underset{\displaystyle H}{\underset{|}{C^+}}—\underset{\displaystyle CH_3}{\underset{|}{CH}}—CH_2R \text{ 或 } C^+H_2—\underset{\displaystyle CH_3}{\underset{|}{CH}}—CH_2—CH_2R \tag{6.10}$$

异构化具有以下一些优点：

(1) 汽油馏分的辛烷值较高。汽油馏分中异构烷烃的辛烷值比正构烷烃高。

(2) C_3/C_4 馏分是生产高价值的化学品和氧化物的原料。异丁烯和异戊烯用来生产甲基叔丁基醚（MTBE）和叔戊基甲基醚（TAME）。MTBE 和 TAME 调入汽油中可以减少汽车尾气排放量。

(3) 柴油燃料的浊点低。轻循环油馏分中的异构烷烃能改善其浊点。

6.2.2.3 氢转移反应

氢转移更确切地可称为氢化物转移，它是一种双分子反应，反应物之一是烯烃。例如，两个烯烃分子进行的反应及一个烯烃分子与一个环烷烃分子进行的反应。

在两个烯烃分子进行的反应中，两个烯烃分子必须被吸附在相邻的活性中心上，其中一个烯烃分子生成一分子烷烃，另一个烯烃分子生成一分子环烯烃，就像氢从一个分子转移到另一个分子中一样。环烯烃是通过一个烯烃分子将氢迁移给另一个烯烃分子生成一分子烷烃和一分子环烯烃而产生的。然后，环烯烃将重排生成一分子芳烃。因为芳烃非常稳定，因此使链反应终止。烯烃的氢转移反应使烯烃转换生成了烷烃和芳烃：

$$\begin{gathered}4C_nH_{2n} \longrightarrow 3C_nH_{2n+2} + C_nH_{2n-6} \\ \text{烯烃} \longrightarrow \text{烷烃} + \text{芳烃}\end{gathered} \tag{6.11}$$

在环烷烃与烯烃的反应中，环烷烃化合物是氢的供体，环烷烃与烯烃反应生成烷烃和芳烃：

$$\begin{gathered}3C_nH_{2n} + C_mH_{2m} \longrightarrow 3C_nH_{2n+2} + C_mH_{2m-6} \\ \text{烯烃} + \text{环烷烃} \longrightarrow \text{烷烃} + \text{芳烃}\end{gathered} \tag{6.12}$$

稀土交换的沸石可加快氢转移反应的进行。简单来说，稀土可在催化剂骨架中 2~3 个酸中心之间形成桥，这样，稀土对这些酸中心起到了保护作用。因为氢转移反应需要邻近的酸性中心，用稀土桥接这些酸性中心可促进氢转移反应的发生。

氢转移反应通常能增加汽油的产率和稳定性，由于氢转移反应几乎不生成烯烃，所以降低了汽油的反应活性。

在汽油中烯烃是二次反应的活性组分。因此，氢转移反应可间接减少汽油的“过度裂化”。

氢转移反应的一些缺点如下：

(1) 汽油辛烷值低；

(2) LPG 中轻烯烃低；

(3) 汽油和 LCO 中芳烃高；

(4) 汽油轻馏分中烯烃含量低。

6.2.2.4 其他反应

裂化、异构化和氢转移反应是催化裂化的主要反应。其他反应在装置操作中也具有重要作用，其中两个突出的反应是脱氢和焦化。

（1）脱氢反应。

在理想条件下（即“清洁”原料及无金属的催化剂），催化裂化不产生明显量的分子氢，因此，除非催化剂被金属（如镍和钒）污染，脱氢反应才会发生。

（2）焦化反应。

催化裂化过程产生的一种残渣叫作焦炭，焦炭形成的化学过程复杂而且未被完全了解。与氢转移反应类似，催化焦炭是双分子反应，它通过碳烯离子或自由基进行反应。理论上讲，焦炭的产率随着氢转移反应速率的增加而增加。假定[3]反应产生的不饱和化合物和多环芳烃是形成焦炭的主要化合物，不饱和化合物，如烯烃、二烯烃和多环烯烃都是非常活泼的，能够聚合形成焦炭。

对于给定的催化剂和原料，催化焦炭的产率是转化率的直接函数，然而，最适宜的提升管温度可使焦炭产率最小。对于典型的催化裂化反应器，这个最适宜的温度大约是 950℉（510℃）。通常认为 850℉ 和 1050℉（454℃ 和 566℃）是提升管操作的两个极限温度。在 850℉（454℃）的低温条件下，由于碳烯离子不能脱附，所以形成大量的焦炭。在 1050℉（566℃）下，主要由于烯烃聚合而形成了大量的焦炭。生焦最少的温度是在这个范围内。

6.3 热力学

如前所述，催化裂化涉及一系列同时发生的反应，其中有些反应是吸热反应，有些反应是放热反应。每个反应都有一个与之相关联的反应热（表 6.4）。反应的总热量是指反应的净热量或结合热。虽然有一些放热反应，但是净反应仍是吸热的。

表 6.4 催化裂化理想反应的重要热力学数据

反应类型	特定反应	$\log K_E$（平衡常数）			反应热 Btu/mole
		850℉	950℉	980℉	950℉
裂化	$n\text{-}C_{10}H_{22} \longrightarrow n\text{-}C_7H_{16} + C_3H_6$	2.04	2.46	—	32050
	$1\text{-}C_8H_{16} \longrightarrow 2C_4H_8$	1.68	2.10	2.23	33663
氢转移	$4C_6H_{12} \longrightarrow 3C_6H_{14} + C_6H_6$	12.44	11.09	—	109681
	$\text{cyclo-}C_6H_{12} + 3\ 1\text{-}C_5H_{10} \longrightarrow 3n\text{-}C_5H_{12} + C_6H_6$	11.22	10.35	—	73249
异构化	$1\text{-}C_4H_8 \longrightarrow trans\text{-}2\text{-}C_4H_8$	0.32	0.25	0.09	-4874
	$n\text{-}C_6H_{10} \longrightarrow iso\text{-}C_4H_{10}$	-0.20	-0.23	-0.36	-3420
	$o\text{-}C_6H_4(CH_3)_2 \longrightarrow m\text{-}C_6H_4(CH_3)_2$	0.33	0.30	—	1310
	$\text{cyclo-}C_6H_{12} \longrightarrow CH_3\text{-cyclo-}C_5H_9$	1.00	1.09	1.10	6264
烷基转移	$C_6H_6 + m\text{-}C_6H_4(CH_3)_2 \longrightarrow 2C_6H_5CH_3$	0.65	0.65	0.65	-221
环化	$1\text{-}C_7H_{14} \longrightarrow CH_3\text{—cyclo-}C_6H_{11}$	2.11	1.54	—	-37980
脱烷基	$Iso\text{-}C_3H_7\text{-}C_6H_5 \longrightarrow C_6H_6 + C_3H_6$	0.41	0.88	1.05	40602
脱氢	$n\text{-}C_6H_{14} \longrightarrow 1\text{-}C_6H_{12} + H_2$	-2.21	-1.52	—	56008
聚合	$3C_2H_4 \longrightarrow 1\text{-}C_6H_{12}$	—	—	-1.2	—
烷烃烷基化	$1\text{-}C_4H_8 + iso\text{-}C_4H_{10} \longrightarrow iso\text{-}C_8H_{18}$	—	—	3.3	—

资料来源：Venuto[2]。

催化剂再生可提供足够的热量，使原料加热到提升管出口温度，使燃烧空气加热到烟道气温度，并提供反应所需要的吸热及补偿损失到大气的热量。这个能量来源于反应所产生的焦炭的燃烧。

很明显，这些反应的类型和数量对装置的热平衡有影响。例如，具有较少氢转移特性的催化剂使得反应过程更吸热，因此，需要较高的催化剂循环量，可能还需要较高的焦炭产率来维持热平衡。

6.4 小结

虽然催化裂化反应主要是催化，但也发生一些非选择性热裂化反应，这两种过程通过不同的化学反应过程进行。产品分布清晰地证实了这两个反应的发生，但催化裂化反应仍是主要的。

20 世纪 60 年代早期，沸石引入 FCC 催化剂中后，极大地改善了催化裂化产品的性能，催化剂的酸中心、酸中心的性质及强度对反应化学产生了主要影响。

催化裂化反应过程主要是通过正碳离子中间体进行的。三个占主导地位的反应是裂化、异构化和氢转移反应，最终，反应发生的类型和程度将影响装置的热平衡。

参考文献

[1] B. C. Gates, J. R. Katzer, G. G. Schuit, Chemistry of Catalytic Processes, McGraw-Hill, New York, 1979.

[2] P. B. Venuto, E. T. Habib, Fluid Catalytic Cracking with Zeolite Catalysts, Marcel Dekker, Inc., New York, 1979.

[3] G. Koermer, M. Deeba, The chemistry of FCC coke formation, Catal. Rep., Engelhard Corporation, 7 (2) (1991).

第 7 章　装置的监控

监控催化裂化装置性能的正确方法是对装置进行周期性的物料平衡和热平衡测算。经常进行这些测试，就能收集、判断和评估装置的操作数据。另外，对优化装置操作所进行的有意义的技术服务应当以定期测试运行为基础。

理解催化裂化装置的操作也需要对装置的热平衡知识有深入的了解。原料性质、操作条件、催化剂或机械构造的任何变化都将影响热平衡。热平衡在预测和评估影响 FCC 产品的数量和质量的变化方面是一个重要的工具。

最后，在装置可生产产品之前，必须平稳地循环催化剂。因此，还必须相当熟悉压力平衡的动力学。

本章主要讨论的内容如下：

（1）物料平衡；

（2）热平衡；

（3）压力平衡。

在物料平衡和热平衡部分，主要讨论以下内容：

（1）进行测试运行的两种方法；

（2）完成成功测试运行的一些实际步骤；

（3）进行物料平衡和热平衡测算，包含每个步骤的方法；

（4）实际案例研究。

在压力平衡部分，将讨论在消除装置瓶颈中压力平衡的意义。

本章将介绍进行热平衡和物料平衡测算的整个过程。

7.1　物料平衡

每周都应当进行完整的数据收集，由于装置中的变化是连续的，因此定期的测算可以区分原料、催化剂和操作条件的不同影响。精确地评估一个催化裂化装置的操作需要可靠的工厂数据，合理的物料平衡范围应当在 98%～102%之间。

在进行任何物料平衡计算的过程中，第一步是确认进料和出料，通常可通过围绕进料和出料画一个封闭线来完成，这种封闭线的两个例子如图 7.1 所示。

进行物料平衡测算的主要目标之一是确定离开反应器的产品组成，进入主分馏塔的反应器流出的气相物流含有烃、蒸汽和惰性气体。以重量计，在反应器顶部物流中的烃等于新鲜进料加上循环物料中的烃，再减去转化成焦炭的那部分进料中的烃。反应器的气相中蒸汽的主要来源是：提升管的提升蒸汽、进料喷嘴的雾化蒸汽、反应器顶部蒸汽和汽提蒸汽。有些 FCC 装置专门在进料注入系统注入水以作为从再生器回收热量的一部分。取决于反应器压力的大小及催化剂的循环速率，约有 25%～50%的汽提蒸汽被待生催化剂夹带到再生器中，这部分蒸汽应被扣除。

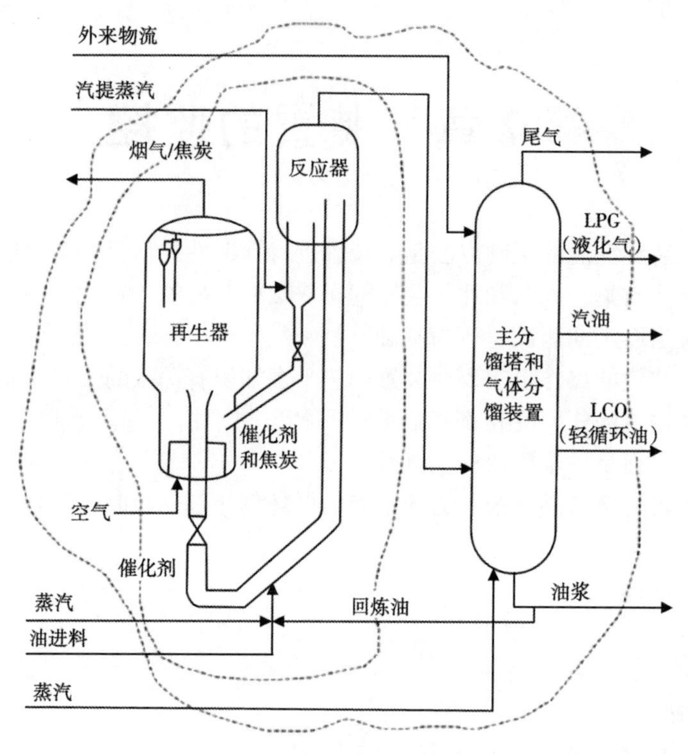

图 7.1　FCC 装置的进/出物流

惰性气体，例如氮气、一氧化碳和二氧化碳，被再生催化剂带入提升管。这些惰性气体的量与催化剂的循环速率成正比。这些惰性气体流经 FCC 的气体分馏装置，并随二级吸收塔的干气离开装置。在进行物料平衡计算时，这些惰性气体的流速应该被扣除。此外，由于吸收塔的尾气样品通常在胺处理后采集，因此，必须调整经过处理的气体的色谱分析条件以分析 H_2S 和 CO_2 的量。取决于原料的性质及操作条件，原料中的硫大约有 30%~50%转化成了 H_2S 而成为 FCC 裂化进料的一部分。

FCC 产品的产率通常以不含惰性气体为基础，以占新鲜原料的体积分数和质量分数表示。在严格的物料平衡中，汽油、轻循环油（LCO）和油浆的产率以及装置的转化率是基于固定的干点。通常汽油的干点是实沸点（TBP）430℉（221℃），LCO 的干点是（TBP）670℉（354℃）。采用固定的干点使反应产率免受蒸馏系统性能的影响。

转化率的定义为：原料被转化成汽油和其他轻质产品（包括焦炭）的体积或质量百分数。然而，转化率典型的计算方法是：新鲜原料减去比汽油重的液体产品的体积或质量，再除以新鲜进料的体积或质量，可表示如下：

$$\text{转化率}\% = \frac{\text{新鲜进料} - (\text{LCO 产品} + \text{HCO 产品} + \text{油浆产品})}{\text{新鲜进料}} \times 100 \tag{7.1}$$

根据季节的需求，汽油的干点可以在 360~450℉（182~232℃）变化，将汽油的干点切低会增加 LCO 的产率，并出现低的转化率。因此，必须区分表观转化率和真实转化率。表观转化率是在汽油、LCO 和油浆蒸馏调整之前计算的，真实转化率是在汽油、LCO 和油浆产品的切割点调整之后计算的。

7.1.1 试验方法

进行提升管的物料平衡计算需要反应器流出物的组成。有两种方法可获得这个组成，这两种方法都要求计算焦炭产率。

第一种方法是绘制一个封闭线，反应器的流出物作为进料，产品物流作为出料，进入主分馏塔和（或）FCC 气体分馏装置系统的任何外部物流都必须包括在封闭线内。反应器的产率及产品组成通过减去来自主分馏塔和气体分馏装置的外部物流产品来确定。这是大多数炼油厂所采用的方法。

第二种方法包括对反应器流出物直接取样（图 7.2）。在这种方法中，反应器流出物样品被收集在有铝涂层的聚酯样品袋中，以便进行分离和分析。对反应器流出物进行采样的优点及缺点如下。

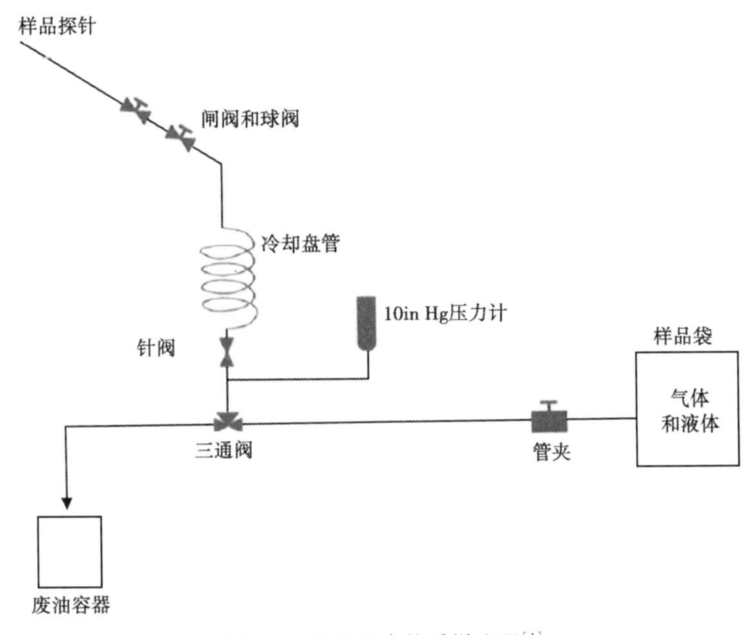

图 7.2 反应混合物采样流程[1]

反应混合物采样的优点：

（1）允许收集不同条件的数据而不需要等待回收系统达到平衡；

（2）不用考虑干点的校正，因为流出物的样品是在所需要的实沸点（TBP）十点下切割的；

（3）不用考虑得到 100%（质量）的物料平衡。

反应混合物采样的缺点：

（1）取样时可能有泄漏；

（2）气体体积和液体质量的测量值可能不准确；

（3）需要合格的人员来操作试验；

（4）需要单独的实验室进行分析；

（5）可能需要特殊的程序和高的费用。

7.1.2 进行试验的推荐程序

成功的试验操作需要对目的有清楚的定义、认真的计划和对结果的适当解释。下面的步骤可作为指导，确保试验操作顺利、成功。

7.1.2.1 试验准备

（1）给相关部门发送一个备忘录，包括操作、实验室、维护及油品调动等部门。沟通目的、持续时间和试验运行的范围，包括样品和需要分析的项目清单（表 7.1）。

（2）通知给 FCC 输送原料的装置人员，在试验期间 FCC 原料的组成应保持相对稳定。

（3）计量计和空气流量计应该调零和校正。

（4）应该检查取样阀，特别是那些不经常用的取样阀。

（5）用于采集气体、液化石油气（LPG）和汽油产品的样品压力采样器应该吹扫干净，做好标记，准备好。

表 7.1 FCC 物流典型的实验室分析项目

FCC 原料性质	
API 度	苯胺点，°F
全馏程，模拟蒸馏（SIMDIS）	硫含量，%（质量分数）
氮（碱性氮和总氮）	黏度（100°F 和 210°F），cp
折光指数（20℃和 67℃）	康氏残炭或兰氏残炭
	金属含量

产品性质								
产品	API 度	硫	辛烷值 *RON/MON*	雷德蒸气压 *RVP*	氮	灰分	SIMDIS	沥青质
汽油	×	×	×	×	×		×	
LCO	×	×			×		×	
油浆	×	×			×	×	×	×

烟气分析	
O_2，%（摩尔分数）	CO_2，%（摩尔分数）
CO，10^{-6}或%（摩尔分数）	NO_x，10^{-6}
	SO_2，10^{-6}

气相色谱分析	
FCC 二级吸收塔尾气（胺处理前）	汽油
LPG（处理前）	外部物流

7.1.2.2 收集数据

（1）一个试验操作的持续时间通常是 12~24h。

（2）应当指定操作参数，并且应该书面说明装置运行受到的限制（例如鼓风机、富气压缩机等）。

（3）采样之前，采样阀必须充分地排放；可靠的烟气分析很重要；应该额外采集一个样品。实验室应该保留没有用过的样品直到所有的分析结果得到证实。

（4）吸收塔尾气和 C_3/C_4 样品必须在胺处理上游采集（如果可能）以确保得到恰当的 H_2S 含量。

（5）相关的操作数据都必须收集，类似于表 7.2 的表格可用于收集数据。

表 7.2 操作数据

项目		数据
原料和产品流率	新鲜原料流率，bbl/d（m^3/h）	50000（331）
	焦化富气（标准状态），ft^3/d（m^3/h）	3000000（3540）
	FCC 干气（标准状态），ft^3/d（m^3/h）	16000000（18878）
	LPG 产品，bbl/d（m^3/h）	11565（77）
	汽油产品，bbl/d（m^3/h）	30000（199）
	LCO，bbl/d（m^3/h）	10000（66）
	油浆产品，bbl/d（m^3/h）	3000（20）
其他相关物流的流率	分散蒸汽，lb/h（kg/h）	9000（4082）
	反应器汽提蒸汽，lb/h（kg/h）	13000（5897）
	反应器顶部蒸汽，lb/h（kg/h）	1200（544）
	去再生器主风（标准状态）ft^3/min（m^3/h）	90000（152912）
温度，℉（℃）	原料预热（提升管入口）	594（312）
	反应器	972（522）
	主风机出口	374（190）
	再生器密相	1309（709）
	再生器稀相	1320（716）
	再生器烟气	1330（721）
	环境温度	80（27）
压力，psi（kPa）	再生器	34（234）
	反应器	33（227）
烟气分析，%（摩尔分数）	O_2	1.5
	CO_2	15.4
	CO	0.0
	SO_2	0.05
	N_2+Ar	83.05
其他数据	相对湿度	80%

7.1.2.3 物料平衡计算

（1）孔板流量计的系数应该校正为实际操作参数下的系数，对于液体物流流量计应该对 API 度、温度和黏度进行校正。对于气体物流流率应该对操作温度、压力和相对分子质量进行校正。

（2）每一种物流的色谱值必须归一化至 100%，干气的气相色谱分析必须包括精确的硫化氢分析（H_2S）。

（3）焦炭产率应该用空气流率和烟气组成进行计算。

（4）每种物流的流率应该转换为重量单位。

（5）惰性气体和外来物流的量应该从 FCC 气体分馏装置的产品中减去。

（6）应该报告包括误差的粗物料平衡。然后，进料和产品应该归一化至 100%，误差分布将与流率成正比，或对已知的不准确的表的计量进行调整。

（7）汽油、LCO 和油浆的流率应调整到标准切割点的流率。

（8）第 3 章讨论过的原料特性的相互关系可以用于确定新鲜进料的组成。

7.1.3 结果分析

（1）应该报告所希望的产品的产率和质量，并且与装置的目标值进行比较。

（2）这次试验运行的结果应该与以前试验运行的结果相比较；应当强调产品产率和（或）操作参数的任何显著变化。

（3）最后一步是对装置的操作进行简单的经济评估并且提出改进装置操作的短期和长期建议。

下面的实例研究一步一步地演示了进行一个全面的物料平衡和热平衡测试的方法。

7.1.4 实例研究

为了评估一个50000bbl/d（331m^3/h）FCC装置的性能进行了试验。装置的原料是来自减压蒸馏装置的瓦斯油，没有进行物流循环的操作；而从延迟焦化来的富气被送到气体回收部分。FCC装置的产品是燃料气、LPG（脱丁烷塔顶）、汽油、LCO和油浆。表7.2、表7.3和表7.4给出了物流的流率、操作数据和实验室分析结果。流量计的系数已校正到真实的操作条件。

表7.3 原料和产品的性质

项目		原料	汽油	LCO	油浆
API度		25.2	58.5	21.5	2.4
硫,%（质量分数）		0.5			
苯胺点,℉（℃）		208（97.8℃）			
折光指数（67℃）		1.4854			
黏度，SSU	150℉（65.5℃）	109			
	210℉（98.9℃）	54			
Watson特性因数K		11.89			
馏程		D7169,℉	D7096[①],℉	D2887,℉	D7169,℉
0%（质量分数）		366	46	279	401
5%（质量分数）		560	81	414	628
10%（质量分数）		615	88	445	676
30%（质量分数）		694	144	509	755
50%（质量分数）		773	201	563	808
70%（质量分数）		856	280	625	888
90%（质量分数）		958	393	702	940
95%（质量分数）		994	427	736	988
99.5%（质量分数）		1041	475	736	1110
干点		1139	493	822	1328

①D7096报告的值为体积分数。

表7.4 FCC气体分馏装置各物流的组成

成分	FCC干气	LPG	FCC汽油	焦化富气
H_2	15.5%			8.0%
CH_4	35.8%			47.2%
C_2	17.1%			14.9%
$C_2^=$	11.0%			2.5%

成分	FCC 干气	LPG	FCC 汽油	焦化富气
C_3	1.6%	17.9%		8.4%
$C_3^=$	4.7%	31.3%		4.4%
i-C_4	0.7%	16.1%	0.1%	0.9%
n-C_4	0.2%	10.9%	0.4%	3.2%
C_4 烯烃	1.3%	23.8%	0.1%	3.4%
i-C_5	0.4%		8.7%	2.6%
n-C_5	0.1%		2.8%	1.5%
C_5 烯烃	0.0%		7.3%	1.0%
C_{6+}	0.5%		80.6%	
H_2S	2.1%			2.0%
N_2	7.2%			
CO_2	1.3%			0.0%
CO	0.5%			
合计	100.0%	100.0%	100.0%	100.0%
相对密度	0.78	0.55		0.94

物料平衡计算如下：

（1）识别用于整个物料平衡方程中的进料和出料物流；

（2）计算焦炭产率；

（3）将流率转化为质量单位，例如 lb/h；

（4）数据归一化，以获得 100%的物料平衡；

（5）确定组分产率；

（6）将汽油、LCO 和油浆产率调整为标准切割点的产率。

7.1.4.1 在整个物料平衡中的进出物流

如图 7.1 中的外圈封闭线所示，进入的烃物流是新鲜的原料和焦化富气，出来的物流是 FCC 干气（减去惰性气体）、LPG、汽油、LCO、油浆和焦炭。

7.1.4.2 焦炭产率的计算

如第 1 章所述，一部分进料在提升管/反应器中转化成焦炭，这些焦炭被待生催化剂带进再生器，焦炭燃烧生成 H_2O、CO、CO_2、SO_2 和痕量的 NO_x。为了确定焦炭的产率，需要知道进入再生器的干空气量和再生器烟气的分析结果，烟气的精确分析是必不可少的。焦炭中氢的含量与进入再生器的待生催化剂上所携带的烃蒸气的量有关，并能反映反应器—汽提段性能的好坏。例 7.1 给出了一步一步计算焦炭产率的方法。

例 7.1

确定装置的焦炭产率

已知：

湿空气：90000ft^3/min

相对湿度：80%

环境温度：80°F（26.7℃）

用图 7.3 可以得到干空气的百分数与环境温度及相对湿度的关系，对于这个例子，干空气的百分数是 97.2%或是：

$$干空气 = 0.972 \times \frac{90000ft^3}{min} \times \frac{1mol}{379.5ft^3} \times \frac{60min}{1h} = 13834mol/h$$

烟气流率（干基）采用氮气和氩气作为参比元素，可从干空气的流率计算得到。

$$烟气流率（干基）= \frac{(13834mol/h \times 0.79)}{0.8305} = 13160mol/h$$

0.79 和 0.8305 分别是在常压干空气和烟气中（来自分析数据）（氮气+氩气）的含量。

干烟气物流中每种成分的流率是：

O_2（出）= 0.015×13160mol/h = 197mol/h

CO_2（出）= 0.154×13160mol/h = 2027mol/h

SO_2（出）= 0.00052×13160mol/h = 6.8mol/h

（N2+Ar）（出）= 0.8305×13160mol/h = 10929mol/h

可使用氧平衡来计算由焦炭燃烧所生成的水：

O_2（出）= 197+2027 = 2224mol/h

O_2（进）= 0.2095×13834mol/h = 2898mol/h

O_2（用于氢的燃烧）= 2898−2228 = 670mol/h

因为每摩尔氧气能生成两摩尔水，所以水的量是：

H_2O（生成的水）= 670×2 = 1340mol/h

焦炭的成分是碳、氢和硫，它们的流率计算如下：

碳（C）= 2027mol/h×12.01lb/mol = 24344lb/h

氢（H）= 1340mol/h×2.02lb/mol = 2707lb/h

硫（S）= 6.6mol/h×32.06lb/mol = 212lb/h

焦炭 = 24344+2707+212 = 27263lb/h

$$焦炭中氢含量 = \frac{2707lb/h}{27263lb/h} \times 100\% = 9.9\%$$

（焦炭中的氢含量表明了通过汽提段被待生催化剂携带的烃蒸气的量。）

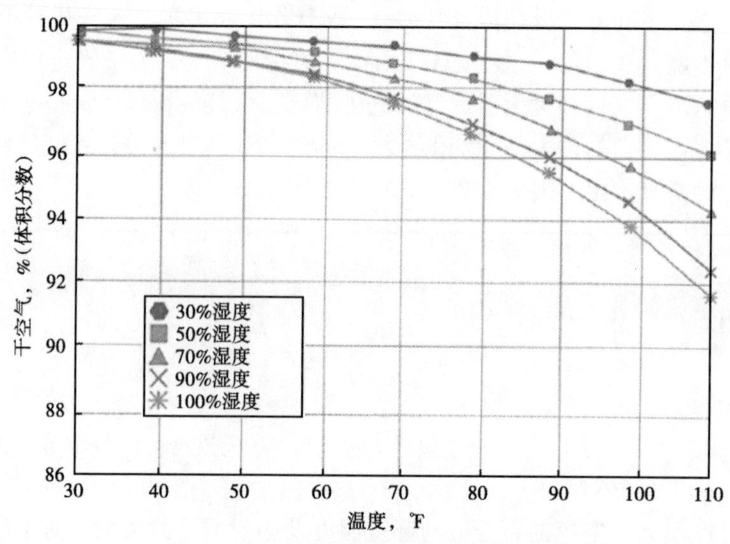

图 7.3　干空气与相对湿度和温度的关系

7.1.4.3 转换成质量单位

下一步是将整个物料平衡方程式中的每个物流的流率转换成质量单位，例如lb/h。实例7.2给出了气体和液体物流的转换。

实例7.2

进出物流转换为质量单位（lb/h）：

$$新鲜原料=\frac{50000\text{bbl}}{\text{d}}\times\frac{1\text{d}}{24\text{h}}\times\frac{141.5}{(131.5+25.2)}\times\frac{350.16\text{lb}}{\text{bbl}}=658964\text{lb/h}$$

$$焦化富气=\frac{3000000\text{ft}^3}{\text{d}}\times\frac{1\text{d}}{24\text{h}}\times\frac{1\text{mol}}{379.5\text{ft}^3}\times\frac{27.26\text{lb}}{1\text{mol}}=9156.8\text{lb/h}$$

$$\text{FCC}\ 干气=\frac{16000000\text{ft}^3}{\text{d}}\times\frac{1\text{d}}{24\text{h}}\times\frac{1\text{mol}}{379.5\text{ft}^3}\times\frac{22.26\text{lb}}{1\text{mol}}=39586\text{lb/h}$$

FCC 干气中惰性气体的量为：

$$\text{N2}=\frac{16000000\text{ft}^3}{\text{d}}\times\frac{1\text{d}}{24\text{h}}\times0.072\times\frac{1\text{mol}}{379.5\text{ft}^3}\times\frac{28.01\text{lb}}{1\text{mol}}=3543\text{lb/h}$$

$$\text{CO}_2=\frac{16000000\text{ft}^3}{\text{d}}\times0.018\times\frac{1\text{d}}{24\text{h}}\times\frac{1\text{mol}}{379.5\text{ft}^3}\times\frac{44.01\text{lb}}{1\text{mol}}=1392\text{lb/h}$$

除去惰性气体的 FCC 干气=39586-(35432+1392)= 34651lb/h

$$\text{LPG}=\frac{11565\text{bbl}}{\text{d}}\times\frac{1\text{d}}{24\text{h}}\times\frac{141.5}{(131.5+123.5)}\times\frac{350.16\text{lb}}{\text{bbl}}=93652\text{lb/h}$$

$$汽油=\frac{30000\text{bbl}}{\text{d}}\times\frac{1\text{d}}{24\text{h}}\times\frac{141.5}{(131.5+58.5)}\times\frac{350.16\text{lb}}{\text{bbl}}=325974\text{lb/h}$$

$$\text{LCO}=\frac{10000\text{bbl}}{\text{d}}\times\frac{1\text{d}}{24\text{h}}\times\frac{141.5}{(131.5+21.5)}\times\frac{350.16\text{lb}}{\text{bbl}}=134934\text{lb/h}$$

$$油浆=\frac{3000\text{bbl}}{\text{d}}\times\frac{1\text{d}}{24\text{h}}\times\frac{141.5}{(131.5+2.4)}\times\frac{350.16\text{lb}}{\text{bbl}}=46124\text{lb/h}$$

表7.5给出了“初步的”总物料平衡。

总物料平衡中的一些重要发现如下：

（1）总物料平衡得到极好的99.25%的结果，超过工业平均水平。

（2）焦炭产率为4.14%（质量分数），低于工业平均水平，主要是由于：①高于工业平均水平的原料预热温度；②低于工业平均水平的反应器温度；③待生催化剂所携带的高于平均水平的烃蒸气量。

表7.5 “初步的”总物料平衡（质量）

项目	lb/h	bbl/d	%（质量分数）	%（体积分数）	API 度
吸收塔富气	39586		6.01		
LPG（C_3+C_4）	93652	11600	14.22	23.20	123.5
汽油	325971	30000	49.48	60.00	58.50
LCO	134934	10000	20.48	20.00	21.50

续表

项目	lb/h	bbl/d	%（质量分数）	%（体积分数）	API 度
油浆	46254	3000	7.02	6.00	2.40
焦炭	27283		4.14		
合计	667681	54600	101.35	109.20	
惰性气体	4934				
外部物流	8979	1507			
FCC 总烃	653767	53093	99.25	106.20	
表观转化率			72.50	74.00	
新鲜原料流率	658738	50000	100.00	100.00	25.2
物料平衡结果			99.25		

7.1.4.4 组分的产率

反应产率通过组分的物料平衡来确定。汽油馏分中 C_5 以上组分的量通过从气体分馏装置中的产品总量中减去 C_4 和更轻的组分来计算。实例 7.3 给出了组分产率的计算步骤。

在这个实例分析中，物料平衡的结果为 99.25%，表明产品总量比新鲜原料的流率低 0.75%，为了得到 100%的结果，需要将产品流率（除了焦炭产率）按其流率比例向上校正。已经归一化但未校正切割点的结果小结见表 7.6。

表 7.6 归一化的 FCC 物料平衡（质量）小结

物流	%（质量分数）	%（体积分数）	API 度	lb/h	bbl/d
H_2S	0.16			1054	
H_2	0.08			527	
C_1	1.16			7641	
$C_2^=$	0.79			5204	
C_2	1.16			7641	
总 H_2—C_2	3.19			21014	
$C_3^=$	4.66	8.08	140.09	30697	4040
C_3	2.35	4.19	147.65	15480	2095
i-C_4	2.47	3.96	119.92	16271	1980
n-C_4	1.74	2.69	110.79	11462	1345
$C_4^=$	3.90	5.77	100.32	25691	2885
总 C_3+C_4	15.12	24.69	124.33	99601	12345
汽油（C_{5+}）	49.70	60.26	58.5	327370	30129
LCO	20.61	20.12	21.5	135779	10062
油浆	7.08	6.06	2.4	46637	3025
焦炭	4.14			27283	
合计	100.00	111.13		658738	55515
转化率	72.31	73.82			

实例 7.3

各个组分的计算

$$H_2S=\frac{0.021\times16\times10^6 ft^3/d\times34.08}{379.5\times24}-\frac{0.02\times3\times10^6 ft^3/d\times34.08}{379.5\times24}=1033lb/h$$

$$H_2=\frac{0.155\times16\times10^6 ft^3/d\times2.02}{379.5\times24}-\frac{0.08\times3\times10^6 ft^3/d\times2.02}{379.5\times24}=497lb/h$$

$$CH_4=\frac{0.358\times16\times10^6 ft^3/d\times16.04}{379.5\times24}-\frac{0.472\times3.0\times10^6 ft^3/d\times16.04}{379.5\times24}=7594lb/h$$

$$C_2=\frac{0.171\times16\times10^6 ft^3/d\times30.07}{379.5\times24}-\frac{0.149\times3\times10^6 ft^3/d\times30.07}{379.5\times24}=7557lb/h$$

$$C_2=\frac{0.11\times16\times10^6 ft^3/d\times28.05}{379.5\times24}-\frac{0.025\times3\times10^6 ft^3/d\times28.05}{379.5\times24}=5189lb/h$$

$$C_3=\frac{0.016\times16\times10^6 ft^3/d\times44.1}{379.5\times24}-\frac{0.179\times11600bbl/d\times177.5}{24}$$

$$-\frac{0.084\times3\times10^6 ft^3/d\times44.1}{379.5\times24}=15376lb/h$$

$$C_3=\frac{0.047\times16\times10^6 ft^3/d\times42.02}{379.5\times24}-\frac{0.313\times11600bbl/d\times182.4}{24}$$

$$-\frac{0.044\times3\times10^6 ft^3/d\times42.02}{379.5\times24}=30464lb/h$$

$$n-C_4=\frac{0.002\times16\times10^6 ft^3/d\times58.12}{379.5\times24}-\frac{0.109\times11600bbl/d\times204.5}{24}$$

$$-\frac{0.004\times30000bbl/d\times204.5}{24}-\frac{0.032\times3\times10^6 ft^3/d\times58.12}{379.5\times24}=11387lb/h$$

$$i-C_4=\frac{0.007\times16\times10^6 ft^3/d\times58.12}{379.5\times24}-\frac{0.161\times11600bbl/d\times197.1}{24}$$

$$-\frac{0.001\times30000\times197.1}{24}-\frac{0.009\times3\times10^6 ft^3/d\times58.1}{379.5\times24}=16124lb/h$$

$$C_4=\frac{0.013\times16\times10^6 ft^3/d\times56.1}{379.5\times24}-\frac{0.238\times11600bbl/d\times213.7}{24}$$

$$-\frac{0.001\times30000\times213.7}{24}-\frac{0.034\times3\times10^6 ft^3/d\times56.1}{379.5\times24}-25508lb/h$$

$$C_5=\frac{0.005\times16\times10^6 ft^3/d\times72.1}{379.5\times24}-\frac{0.0\times11600bbl/d\times219.8}{24}$$

$$-\frac{0.188\times30000\times219.8}{24}-\frac{0.041\times3\times10^6 ft^3/d\times72.1}{379.5\times24}=52026lb/h$$

$C_{6+}=272541lb/h$

7.1.4.5 汽油和 LCO 切割点的校正

正如本章之前所讨论的那样，汽油、LCO 和油浆的产率通常要以固定的沸程为基础进行校正，最常用的校正基础为汽油干点 430℉（221℃），LCO 干点 670℉（354℃）的切割点。

切割点的校正包括以下几个方面：

（1）将“粗”汽油产品中所有 430℉以上的馏分加入到“粗”LCO 产品中，再从 LCO 产品中减去 430℉以下的馏分。

（2）将“粗”油浆产品中所有 670℉以下的馏分加入到“粗”LCO 产品中，再从油浆产品中减去 670℉以下的馏分。

（3）将“粗”LCO 产品中所有 430℉以下的馏分加入到“粗”汽油产品中，再减去汽油产品中 430℉以上的馏分。

（4）将“粗”LCO 产品中所有 670℉以上的馏分加入到“粗”油浆产品中，再从油浆产品中减去 670℉以下的馏分。

由于 TBP（实沸点）蒸馏不是常规分析，因此通常使用已公开的关联式计算得到。早期的计算 TBP 蒸馏的方法是基于 ASTM D86 馏程数据，不过现在很少有炼油厂使用 D86 方法了。代替它而被广泛使用的是采用模拟和基于气相色谱蒸馏技术的试验方法。最常用的方法如下：

（1）ASTM D7169 用于 FCC 原料和油浆产品。

（2）ASTM D2887 用于 LCO 和 HCO 产品。

（3）ASTM D7096 或 D3710 用于汽油产品。

由于汽油包含“已知”组分，因此其馏程以体积分数形式报告，并且通常使用实沸点（TBP）数据。然而，对于其他的 SIMDIS（模拟蒸馏）而言，所报告的分析数据为质量分数。

与 D86 和（或）D1160 方法相比，模拟蒸馏法具有以下优点[1]：

（1）可重复性优于物理蒸馏技术。

（2）D86 和 D1160 方法没有理论分离阶段，因此很难获得与实沸点（TBP）有意义的关联。

（3）试验操作安全。

模拟蒸馏方法的主要缺点在于它是基于当量烷烃的沸点，由于芳烃化合物比非芳烃化合物更早馏出，使得样品具有较高的芳烃含量（例如 LCO、HCO 和油浆）。所以，模拟蒸馏会给出错误的沸点。在 400℉（204℃）以上温度，高含量芳烃化合物的存在将使沸点在整个沸点曲线上迁移约 50℉（28℃）。

附录 10 给出了将 ASTM D86 及 SIMDIS 数据转换为 TBP 数据的关联式。

表 7.7 给出了将 LCO 产品及油浆产品的 SIMDIS 数据转换为 TBP 数据的步骤，表 7.8 给出了归一化的校正切割点后的 FCC 物料平衡（重量）结果。

表 7.7　LCO 产品及油浆产品的模拟蒸馏数据与 TBP 数据的转换

LCO 产品（D2887 模拟蒸馏与 TBP）							
%（质量分数）	温度，℉		C	D	ΔSD，℉	ΔTBP，℉	TBP
0	276	100%～95%	0.0217	1.9733	80	124①	276
5	428	95%～90%	0.9748	0.8723	32	20	453
10	447	90%～70%	0.3153	1.2938	77	87	464
30	511	70%～50%	0.1986	1.3975	53	51	518

续表

%（质量分数）	温度,℉		*C*	*D*	ΔSD,℉	ΔTBP,℉	TBP
50	565	50%~30%	0.0534	1.6988	54	47	565
70	618	30%~10%	0.0119	2.0253	64	54	616
90	695	10%~5%	0.1578	1.4296	19	11	703
95	727						723
99.5	807						847
油浆产品（D7169 模拟蒸馏与 TBP）							
%（质量分数）	温度,℉		*C*	*D*	ΔSD,℉	ΔTBP,℉	TBP
0	380	100%~95%	0.0217	1.9733	249	1162	380
5	611	95%~90%	0.9748	0.8723	117	62	621
10	660	90%~70%	0.3153	1.2938	111	140	662
30	741	70%~50%	0.1986	1.3975	58	58	749
50	793	50%~30%	0.0534	1.6988	52	44	793
70	851	30%~10%	0.0119	2.0253	81	87	851
90	962	10%~5%	0.1578	1.4296	49	41	990
95	1079						1053
99.5	1328						2215

注：(1) C 和 D 为常数；SD—模拟蒸馏（SIMDIS）。

(2) 字体加粗部分表示这个关联式假定模拟蒸馏的 50%值等同于 50%TBP 值。

①这些数值有点不切实际，表明这些关联式存在的缺点。

表 7.8　归一化的校正切割点后的 FCC 物料平衡小结

	%（质量分数）	%（体积分数）	API 度	lb/h	bbl/d
H_2S	0.16			1054	
H_2	0.08			527	
C_1	1.16			7641	
C_2	0.79			5204	
C_2	1.16			7641	
总 H_2—C_2	3.19			21014	
C_3	4.66	8.08	140.09	30697	4040
C_3	2.35	4.19	147.65	15480	2095
i-C_4	2.47	3.96	119.92	16271	1980
n-C_4	1.74	2.69	110.79	11462	1345
C_4	3.90	5.77	100.32	25691	2885
总 C_3+C_4	15.12	24.69	124.33	99601	12345
汽油（C_5→430℉TBP）	48.54	59.06	59.15	319752	29530
LCO（430→670℉TBP）	18.42	18.41	25.08	121340	9205
油浆（670℉以上 TBP）	10.43	8.88	1.89	68706	4440
焦炭	4.14			27283	
合计	100.00	111.04		658738	55515
转化率（430℉+TBP）	71.15	72.71			

7.1.5 物料平衡和热平衡数据分析

从表 7.8 中可以发现以下主要结果：

（1）C_2 及更轻产品的产率为 3.2%，高于工业平均水平；

（2）C_3/C_4 产品的产率为 24.7%（体积分数），低于工业平均水平；

（3）汽油的产率为 59.1%（体积分数），在工业平均水平范围内；

（4）油浆的产率为 8.9%（体积分数），高于工业平均水平；

（5）“真实”转化率为 72.7%（体积分数），低于工业平均水平。

7.2 热平衡

催化裂化装置是拒绝焦炭的工艺装置，它通过自我的连续调节来保持热平衡，这意味着反应器和再生器的热流必须相等（图 7.4），简单地说，装置产生和燃烧足够的焦炭以提供以下能量：

（1）气化新鲜进料及任何循环物流；

（2）提高新鲜进料、回炼油和雾化蒸汽的温度，使其从预热状态达到反应器温度；

（3）提供裂化所需吸收的热量；

（4）提高燃烧用主风的温度，使其由鼓风机出口温度提高到再生器稀相温度；

（5）补充从反应器和再生器散失到周围环境中的热量损失；

（6）为换热器提供热量，例如汽提蒸汽和催化剂冷却。

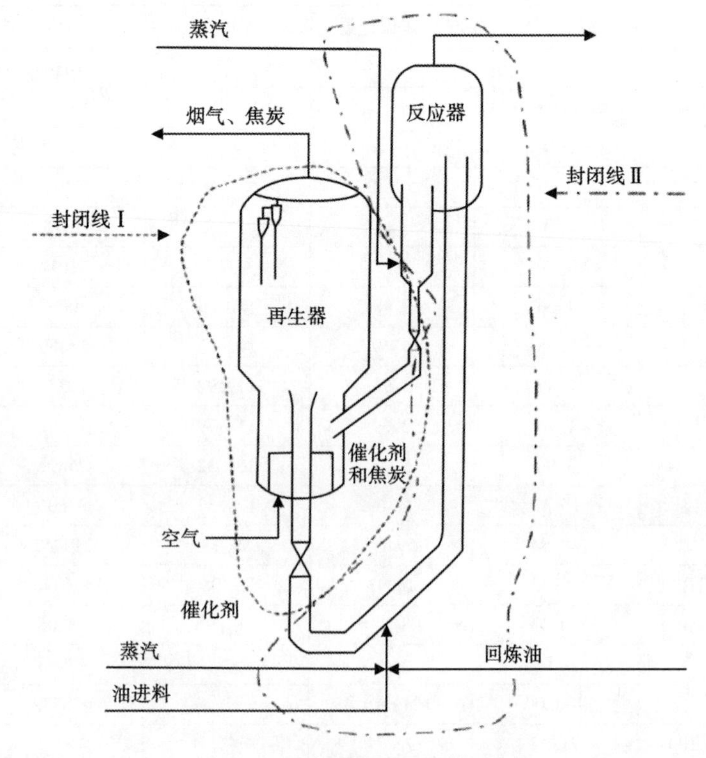

图 7.4 反应器—再生器热平衡

热平衡计算可以围绕反应器或汽提段—再生器进行，也可以围绕反应器—再生器进行一个总的热平衡计算。汽提段—再生器的热平衡可用于计算催化剂的循环速率和剂油比。

7.2.1 汽提段—再生器的热平衡

如果达不到待生催化剂可靠的温度，汽提段就需要包含到如图 7.4 所示的热平衡封闭线（II）中。再生器中焦炭的燃烧应满足下列热量需要：

（1）为将空气从主风机出口温度提高到再生器稀相温度提供热量；

（2）为焦炭从待生催化剂上脱附提供热量；

（3）为将汽提蒸汽的温度提高到反应器的温度提供热量；

（4）为将催化剂上的焦炭从反应器的温度提高到再生器的密相温度提供热量；

（5）为将焦炭燃烧产物从再生器密相温度提高到烟气温度提供热量；

（6）为补偿再生器的热损失提供热量；

（7）为待生催化剂从反应器温度提高到再生器密相温度提供热量。

用实例研究中的操作数据，例 7.4 给出围绕汽提段—再生器热平衡的计算结果，这个结果用于确定催化剂的循环速率和“Δ 焦炭”。“Δ 焦炭”是指待生催化剂上的焦炭含量与再生过的催化剂上焦炭含量的差值。

例 7.4

汽提段—再生器热平衡计算

I. 再生器中产生的热量：

$C \rightarrow CO_2$：24344lb/h×14087Btu/lb = 342.9×10^6Btu/h

$H_2 \rightarrow H_2O$：2707lb/h×51571Btu/lb = 139.6×10^6Btu/h

$S \rightarrow SO_2$：212lb/h×3983Btu/lb = 0.84×10^6Btu/h

再生器中释放的总热量：

（342.9+139.6+0.84）×10^6 = 483.3×10^6Btu/h

II. 将空气从主风机出口温度提高到再生器烟气温度所需要的热量，由图 7.5 可知，空气在 374℉和 1330℉（190℃和 721℃）的焓分别是 80Btu/lb 和 350Btu/lb。因此，所需的热量为：

434657lb/h×（350−80）Btu/lb = 117.4×10^6Btu/h

III. 从待生催化剂上脱附焦炭需要的热量：

焦炭脱附热 = 27263lb/h×1450Btu/lb = 39.5×10^6Btu/h

IV. 加热汽提蒸汽所需的热量：

50psi 饱和蒸汽的焓 = 1179Btu/lb

50psi 饱和蒸汽在 972℉的焓 = 1519Btu/lb

焓的变化 = 13000lb/h×（1519−1179）Btu/lb = 4.4×10^6Btu/h

V. 加热待生催化剂上的焦炭所需的热量为：

27263lb/h×0.4Btu/（lb·℉）×（1309−972）℉ = 3.7×10^6Btu/h

VI. 散失到周围环境的热损失：

假设从汽提段—再生器的热损失（由于辐射和对流）是总燃烧热的 4%，即

0.04×483.3×10^6Btu/h = 19.3×10^6Btu/h

VII. 剩余必须进入催化剂的热量：

（483. 3−117. 4−39. 5−4. 4−3. 7−19. 3）$\times 10^6 = 299.0 \times 10^6$Btu/h

VIII. 催化剂循环量的计算：

$$催化剂循环量=\frac{299.1\times10^6\text{Btu/h}}{0.285\text{Btu/(°F·lb)}\times(1309-969)\text{°F}}$$

$$=3.087\times10^6\text{lb/h}=25.7\text{（短）t/min}$$

其中：0. 285 是催化剂的热容（图 7. 6）。

剂油比$=3.087\times10^6/658914=4.68$（译者注：此处数值有误，已改正）

$$\Delta 焦炭=\frac{焦炭产率}{剂油比}=\frac{4.14}{4.68}=0.88\%\text{（质量分数）}$$

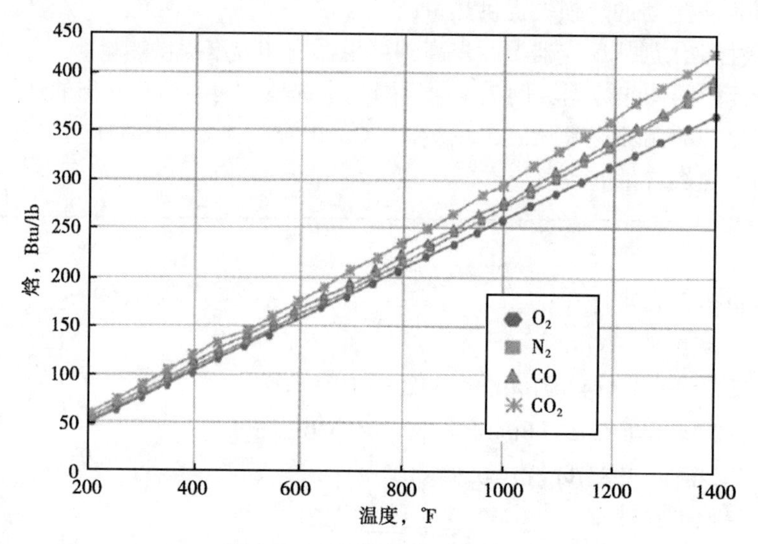

图 7. 5　FCC 烟气各组分的焓

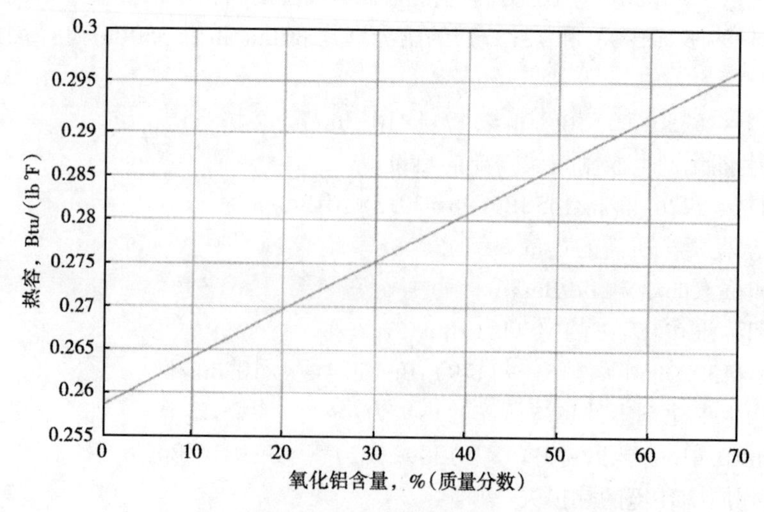

图 7. 6　FCC 催化剂的氧化铝含量对催化剂热容的影响

7.2.2 反应器的热平衡

热再生催化剂供给液体进料（及任何回炼物料）汽化所需的全部热量，提供裂化反应所需吸收的全部热量，并把分散蒸汽和惰性气体的温度提高到反应器温度（表 7.9）。

表 7.9 热量进出表

带进热量	带出热量
新鲜进料	反应油气
回炼物料	烟气
空气	热量损失
蒸汽	

围绕反应器的热平衡计算见实例 7.5。如例 7.5 所示，未知量为反应热。反应热由热平衡净热值除以进料的质量流率算出。这种测定反应热的方法对于装置监测是可以接受的。但在设计新的 FCC 装置时，计算反应热需要有关联式。需要由反应热来确定其他操作参数，如预热温度。取决于转化率水平、催化剂类型和进料品质，反应热会在 120~220Btu/lb 范围内变化。

在 FCC 装置中，反应热是很有用的工具。首先它是热平衡准确度的一个间接指标。其次，定期监测反应热的变化趋势可以洞察提升管内发生的反应及进料和催化剂变化的影响。

实例 7.5

反应器的热平衡

I. 进入反应器的热量

1. 再生催化剂带入的热量：

3.087×10^6lb/h×0.285Btu/（lb·℉）×1309℉ = 1151.5×10^6Btu/h

2. 新鲜进料带入的热量：

当进料温度 594℉，*API* = 25.2°，特性因数 *K* = 11.85 时，液态进料焓为 400Btu/lb（图 7.7），则进料带入的热量 = 658914lb/h×400Btu/lb = 263.6×10^6Btu/h（译者注：此处数值有误，已改正）

3. 雾化蒸汽带入的热量：

从蒸汽表查得：150lb 饱和蒸汽的焓 = 1176Btu/lb，因此，蒸汽带入的热量 = 10000lb/h×1176Btu/lb = 11.8×10^6Btu/h

4. 吸附热：

焦炭在催化剂上的吸附是放热过程；假定这个吸附热与焦炭在再生器中的脱附热相同，即 35.3×10^6Btu/h

则带入的总热量 =（1182.4+266.9+11.8+35.3）$\times10^6$ = 1462.2×10^6Btu/h

II. 带出反应器的热量

1. 待生催化剂带出的热量 = 3.087×10^6lb/h×0.285Btu/（lb·℉）×972℉ = 855.2×10^6Btu/h（译者注：此处数值及计算有误，已改正）

2. 气化进料需要的热量：

从图 7.8 查得，反应油气的焓 = 755Btu/lb，因此，被气化产物带出的热量 = 658814lb/h

$\times$778Btu/lb = 512.6$\times10^6$Btu/h（译者注：此处计算有误，已改正）

3. 蒸汽带出的热量：

972℉蒸汽的焓 = 1519Btu/lb，因此，蒸汽带出的热量 = 10000lb/h$\times$1519Btu/lb = 15.2$\times10^6$Btu/h

4. 环境热损失：

假定辐射与对流的热损失为再生催化剂所带热量的 2%，即 0.02$\times$299.1$\times10^6$ = 6.0$\times10^6$Btu/h

III. 反应热计算：

带出总热量=带入总热量

带出总热量=855.2$\times10^6$+512.6$\times10^6$+15.2$\times10^6$+6.0$\times10^6$+总反应热 = 1389$\times10^6$Btu/h+总反应热（译者注：此处数值及计算有误，已改正）

带入总热量 = 1462.2$\times10^6$Btu/h

反应总吸热量 = 73.2$\times10^6$Btu/h 或 111.1Btu/lb 进料（译者注：此处计算有误，已改正）

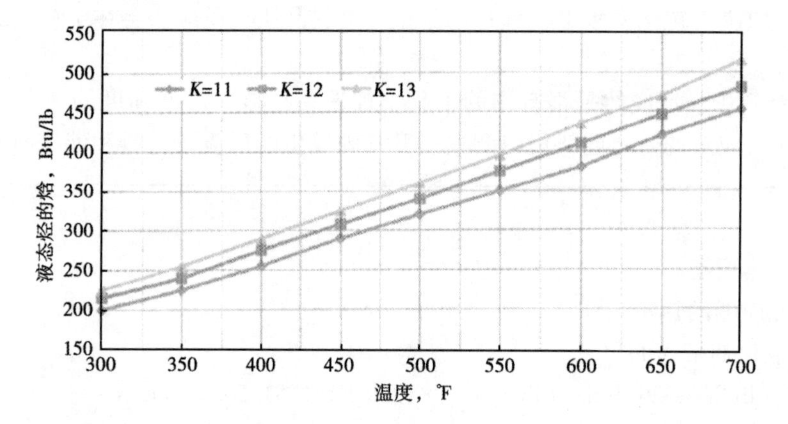

图 7.7　不同 Watson 特性因数 K 液态烃的焓（基于 API = 25°）

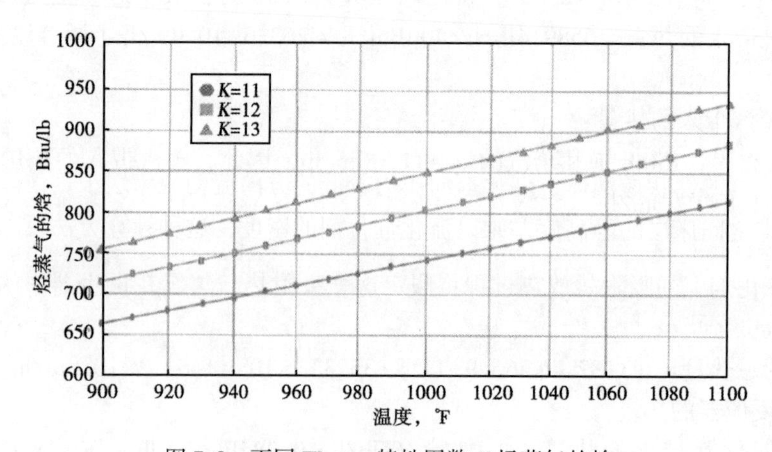

图 7.8　不同 Watson 特性因数 K 烃蒸气的焓

7.2.3 结果分析

完成了物料平衡和热平衡计算之后，需出具报告。首先把这些数据列出，然后讨论影响产品质量和造成反常结果的因素，并提出重要发现和改进装置操作的建议。

在前面的例子中，用第3章进料特性的关联式来确定进料的组成。结果表明，这种进料的主要组分是烷烃（即烷烃61.6%、环烷烃19.9%、芳烃18.5%），烷烃进料通常产生大量低辛烷值汽油。这证实了试验中所观察到的相对较高的FCC汽油产率和低辛烷值的情况，这类信息应该包括在报告中。当然，其他因素的影响，例如催化剂和操作参数，也会影响产率构成，也要讨论。

焦炭计算表明，氢含量为9.9%（质量分数）。如第1章所述，应尽一切努力使进入再生器的焦炭中的氢含量最少。汽提效果好的催化剂的氢含量为5%～6%（质量分数）。焦炭中氢含量为9.9%（质量分数），表明要么汽提段操作不好，要么烟气分析有误。

7.3 压力平衡

压力平衡与反应器/再生器系统中催化剂循环的水力学有关。研究压力平衡从反应器—再生器系统的单表压调查开始，总的目的如下：

（1）确保催化剂循环稳定；

（2）最大化催化剂循环量；

（3）最大化滑阀压降；

（4）最小化主风机和富气压缩机（WGC）的负荷。

为了充分利用一个装置，清楚地认识压力平衡是极端重要的。为了增加处理能力，可以从提高催化剂的循环量入手，或从改变反应器—再生器之间的压差以降低富气压缩机（WGC）或空气主风机的负荷入手。必须知道如何操纵压力平衡来识别装置“真正”的制约因素。

装置工程师使用反应器—再生器系统图，必须能够落实压力平衡，并能确定压力平衡是否合理。需要计算和估计压力、密度、立管中的蓄压等，改善压力平衡的潜力是巨大的。

7.3.1 流态化基本原理

流化催化剂的性状像液体，催化剂向压力较低的方向流动。床层中任何两点之间的压力差等于这两点之间床层的静高度差乘以流化催化剂的密度，这种计算方法仅限于催化剂是流化的。

只有当压力是通过催化剂颗粒传递，而不是通过容器壁传递时，FCC催化剂才能够像液体一样流动。当催化剂进行循环时，催化剂必须保持流化状态。

为了说明上述基本原理的应用，下面用实际案例分析讨论催化剂循环系统中各主要组成部分的作用。附录8给出了FCC中常用的流态化术语及其定义，以供参考。

7.3.2 反应器—再生器系统的主要组成部分

反应器—再生器系统中产生或消耗压力的主要部分如下：

（1）再生器催化剂料斗；

（2）再生催化剂立管；

（3）再生催化剂滑阀（或塞阀）；

（4）提升管；

（5）反应器—汽提段；

（6）待生催化剂立管；

（7）待生催化剂滑阀（或塞阀）。

7.3.2.1　再生器催化剂料斗

有些 FCC 装置，再生催化剂先流经一个料斗然后进入立管。料斗一般设在再生器内部，再生催化剂进入立管前，该料斗可以提供足够的停留时间使再生催化剂脱气，这样使得进入立管的催化剂具有最大的流动密度。催化剂流动密度越高，立管中的蓄压就越大。有些 FCC 装置的设计，再生催化剂料斗设在再生器外部，通过调节松动风来控制进入立管的催化剂的密度。

7.3.2.2　再生器催化剂立管

立管的高度提供催化剂从再生器输送到反应器的推动力。立管入口与滑阀之间的高度差就是该蓄压的来源。例如，如果高度差为 30ft（9.2m），催化剂的流动密度为 $40lb/ft^3$（$641kg/m^3$），则蓄压为：

$$\Delta p = 30ft \times \frac{40lb}{ft^3} \times \frac{1ft^2}{144in^2} = 8.3psi\ (57kPa) \tag{7.2}$$

获得最大蓄压的关键是保持整个立管长度方向的催化剂处于流化状态。较长的立管需要外部松动气，这个松动气用于携带的烟气沿立管下移时被压缩的补充。松动气应当沿立管长度均匀注入。较短的立管常常有足够的烟气被再生催化剂携带下移使催化剂保持流化状态，而不必补充松动气。松动气过大会导致催化剂流动不稳定，必须避免。

除了适当的松动气以外，流动的催化剂必须含有足够的 0～40μm 细粉以及最少量的 150μm 颗粒以避免脱流化。

7.3.2.3　再生器催化剂滑阀

设置再生催化剂滑阀有 3 个目的：调节再生催化剂进入提升管的流量；维持立管的压头；防止催化剂倒流入再生器。综合这些控制和防护作用，催化剂流过滑阀的压降通常是 1～8psi（7～55kPa）。

7.3.2.4　提升管

热的再生催化剂沿提升管向上输送，然后进入反应器—汽提段。携带催化剂与油气混合物的驱动力来自提升管底部较高的压力和催化剂/油气混合物的低密度。再生器中流化的催化剂（约 $40lb/ft^3$ 或 $640kg/m^3$）和提升管中裂化的烃蒸气与催化剂混合物（约 $1lb/ft^3$ 或 $16kg/m^3$）之间的大密度差使得催化剂从再生催化剂滑阀循环至反应器壳体内。在压力平衡中，这一输送催化剂过程产生的压力降范围为 5～9psi（35～62kPa）。该压力降是由催化剂从滑阀下游到进料喷嘴的静压头、提升管中催化剂的静压头、流体摩擦和提升管及其末端设备中催化剂/油气的加速度损失而产生的。现有的提升管因操作变化，例如催化剂循环量高，或油气速度低，会影响反应混合物的密度，增加压降，从而影响滑阀的压差和操作开度。

7.3.2.5 反应器—汽提段

反应器—汽提段中催化剂床层的重要性有以下 3 个原因：

（1）为待生催化剂在进入再生器前提供足够的停留时间，以便汽提携带的烃蒸气；

（2）为待生催化剂流入再生器提供足够的静压头；

（3）提供足够的背压，防止高温烟气倒流进入反应器系统。

假定汽提段床层料位高 20ft（6m），催化剂密度为 $40lb/ft^3$（$640kg/m^3$），则静压头为：

$$20ft \times \frac{40lbs/ft^3}{144in^2/ft^2} = 5.5psi\ (0.4bar) \qquad (7.3)$$

7.3.2.6 待生催化剂立管

待生催化剂从汽提段底部流入待生催化剂立管。有时，待生催化剂在汽提段锥体内会部分脱流化。为此，通常在待生催化剂进入立管前通入“干”蒸汽（通过分配器）使待生催化剂流化。汽提段锥体内流化状态的损失会引起密相催化剂沿锥体壁的堆积。这种催化剂堆积会制约催化剂流入立管，引起流动不稳定，降低立管中的蓄压。

与再生催化剂立管一样，待生催化剂立管可能也需要补充松动气以获得最佳的流动特性。通常用“干”蒸汽作为松动气介质。

7.3.2.7 待生催化剂滑阀或塞阀

待生催化剂滑阀位于立管底部，用于控制汽提段催化剂床层料位高度，调节待生催化剂进入再生器的流量。与再生催化剂滑阀相同，只要催化剂流化，汽提段催化剂料位就会产生压力。

在一些早期的 FCC 装置中，用 50%~100%的主风将待生催化剂输送到再生器中。为防止催化剂下沉，提升管中待生催化剂所需的空气载气的最小流速通常为 30ft/s（9.1m/s）。

7.3.3 实例研究

对一座 50000bbl/d（$331m^3/h$）的催化裂化装置的反应器—再生器循环系统进行了调查（见实例 7.6，图 7.9 给出了初步结果的图示），结果如下：

反应器器顶压力 = 19.0psi（1.3bar）；

反应器催化剂稀相床层高度 = 25.0ft（7.6m）；

反应器—汽提段催化剂床层高度 = 18.0ft（5.5m）；

反应器—汽提段催化剂密度 = $40lb/ft^3$（$640kg/m^3$）；

待生催化剂立管高度 = 14.4ft（4.4m）；

待生催化剂滑阀上方压力 = 26.1psi（1.8bar）；

待生催化剂滑阀 Δp（滑阀开度为 55%）= 4.0psi（0.3bar）；

再生器稀相催化剂高度 = 27.0ft（8.2m）；

再生器密相催化剂床层高度 = 15.0ft（4.6m）；

再生器密相催化剂密度 = $30lb/ft^3$（$480kg/m^3$）；

再生催化剂立管高度 = 30.0ft（9.1m）；

再生催化剂滑阀上方压力 = 30.5psi（2.1bar）；

再生催化剂滑阀 Δp（滑阀开度为 30%）= 5.5psi（0.4bar）；

反应器—再生器压降 Δp = 3.0psi（0.2bar）。

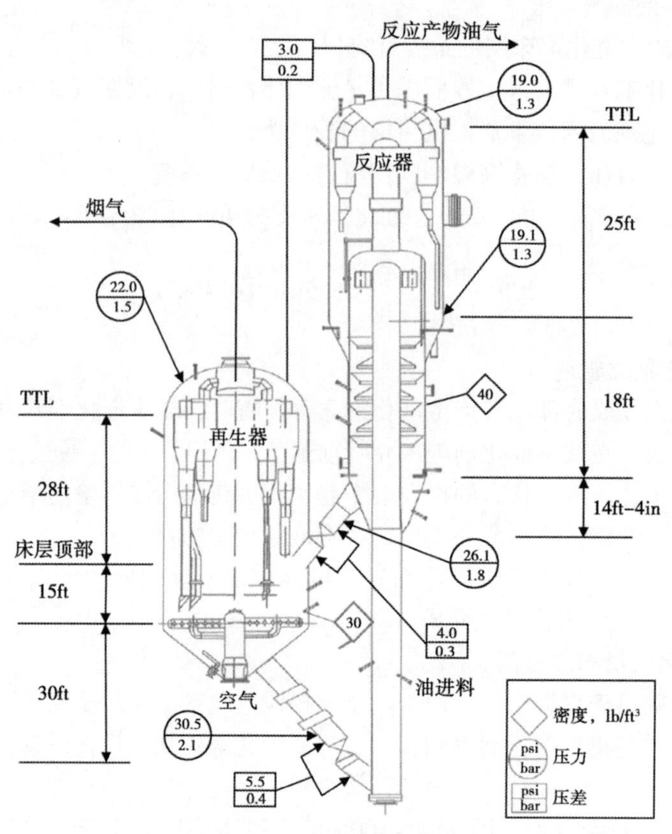

图 7.9　压力平衡的初步调查结果

TTL—顶部切线

实例 7.6

反应器—再生器循环系统调查：

1. 从反应器稀相压力作为工作基点开始，对应 25ft（7.6m）稀相催化剂微粒的压头为：

（25ft）×（0.6lb/ft^3）×（1ft^2/144in^2）= 0.1psi（0.007bar）（译者注：此处计算有误，已改正）

2. 因此，汽提段床层顶部压力为：

19.0 + 0.1 = 19.1psi（1.3bar）

3. 汽提段的静压头为：

（18ft）×（40lb/ft^3）×（1ft^2/144in^2）= 5.0psi（0.3bar）（译者注：此处有误，已改正）

4. 待生催化剂立管上方压力为：

19.1 + 5.0 = 24.1psi（1.7bar）

5. 待生催化剂立管蓄压为：

26.1 - 24.1 = 2psi（0.1bar）

6. 待生催化剂滑阀下方压力为：

26.1 - 4.0 = 22.1psi（1.5bar）

7. 对应 28ft（8.5m）再生器中稀相催化剂微粒的压头为：

$(28ft) \times (0.5lb/ft^3) \times (1ft^2/144in^2) = 0.1psi$ (0.007bar)

8. 再生器器顶压力为：

22.1－0.1＝22.0psi（1.5bar）

9. 再生器的静压头为：

$(15ft) \times (30lb/ft^3) \times (1ft^2/144in^2) = 3.1psi$ (0.2bar)

10. 再生催化剂立管上方压力为：

22.1＋3.1＝25.2psi（1.7bar）

11. 再生催化剂立管蓄压为：

30.5－25.2＝5.3psi（0.4bar）

12. 再生催化剂滑阀下方压力为：

30.5－5.5＝25psi（1.7bar）

13. Y形段部分及提升管的压降为：

25－19＝6psi（0.4bar）

14. 待生催化剂立管中催化剂的密度为：

$(2.0lb/in^2) \times (144in^2/ft^2) / (14.4ft) = 20lb/ft^3 = 320kg/m^3$

15. 再生催化剂立管中催化剂的密度为：

$(5.3lb/in^2) \times (144in^2/ft^2) / (30ft) = 25.4lb/ft^3 = 407kg/m^3$

图7.10给出了图7.9所示的压力平衡调查结果。

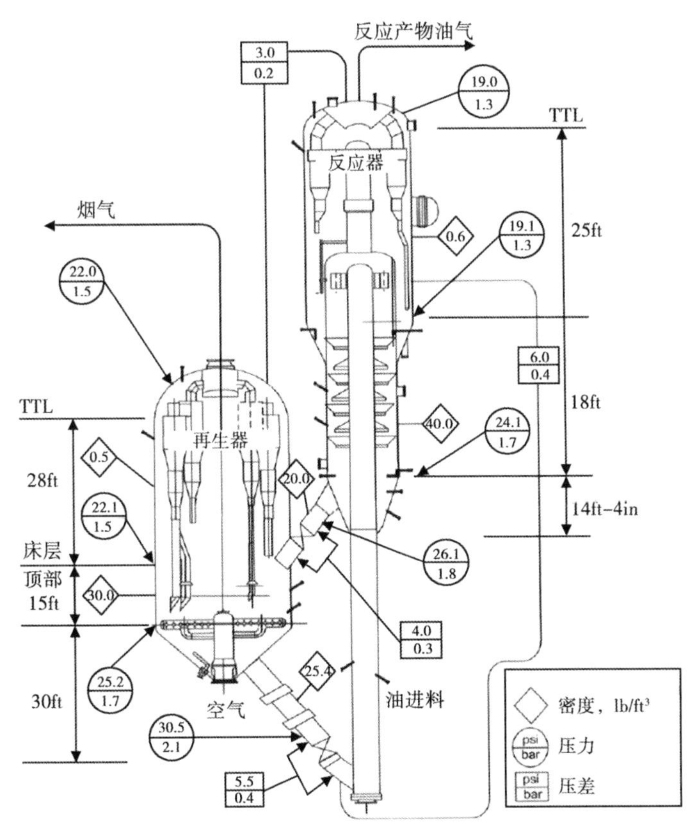

图7.10 压力平衡调查的立管催化剂密度计算值结果

7.3.4 结果分析

压力平衡调查结果表明，既不是待生催化剂立管也不是再生催化剂立管会产生“最佳”的压头。这已分别被 20lb/ft^3（320kg/m^3）和 25.4lb/ft^3（407kg/m^3）的低催化剂密度所证实。如后面第 12 章所示，有几个因素会引起低压，包括立管下方或上方的松动气。在流化很好的立管中，所希望的催化剂密度范围为 35~45lb/ft^3（561~721kg/m^3）。

在待生催化剂立管中，如果催化剂的密度为 40lb/ft^3（640kg/m^3），而不是 20lb/ft^3（320kg/m^3），蓄压将是 4.0psi 而不是 2.0psi。这额外的 2psi（13.8kPa）可用于循环更多的催化剂或者降低反应器的压力。

在再生催化剂立管中，40lb/ft^3（640kg/m^3）的催化剂密度与 25.4lb/ft^3（407kg/m^3）的催化剂密度相比可多产生 3psi（20.7kPa）压头，同样可以增加催化剂循环量或降低再生器的压力（得到更多的燃烧空气）。

7.4 小结

评价催化裂化装置性能唯一恰当的方法是进行物料平衡和热平衡测算。一次平衡报告说明装置的现状，一系列每日或每周的平衡报告说明装置运行的趋势。热平衡和物料平衡可以用来评价装置过去的变化或预测装置未来变化的结果。物料平衡和热平衡是确定操作参数影响的基础。

物料平衡试验运行为日常监测提供了一个标准而一致的方法。通过它可以准确分析产率和装置性能的发展趋势。反应器流出物可以直接从反应器顶部油气管线采样或通过装置试验运行来测定。

热平衡测算提供了一个对装置操作进行深入分析的工具，热平衡调查可以确定催化剂的循环速率、Δ 焦炭量和反应热。本章所述的步骤很容易开发并编成电子表格，以便在常规基础上进行平衡计算。

压力平衡提供了对催化剂循环水力学的深入了解。进行压力平衡调查可以帮助装置工程师识别“夹点”。也可以平衡两个常见的制约因素：主风机和富气压缩机（WGC）。

参考文献

[1] C. R. Hsieh, A. R. English, Two sampling techniques accurately evaluate fluid-cat-cracking products, Oil Gas J. 84 (25) (1986) 38-43.

第8章 产品与效益分析

前面几章讲述了催化裂化装置的操作。但是，FCC 装置的目的是使炼油厂获得最大的盈利能力。所有原油都含有重馏分油和燃料油组分，但是这些产品已经没有市场了。催化裂化装置提供了附加的使这些组分的产量最小化的转化能力，从而使炼油厂得以生存。

FCC 装置提高了炼油厂的经济效益，使其成为一个可行的实体。多年来，没有催化裂化装置的炼油厂都已经关闭，因为它们已经变得无利可图。

认识 FCC 装置的经济性与认识热平衡和压力平衡同样重要。FCC 的经济动态每日、每季都在变化，市场情况和原油的可用性/品质对 FCC 装置的操作条件及得到的产品具有巨大的影响。1990 年，清洁空气修订法案（CAAA）对汽油和柴油产品的质量标准以及来自再生器烟气物流污染物的排放施加了更严格的限制。FCC 是成品汽油和柴油的主要贡献者，受这些新法规的影响很大。

本章将讨论影响 FCC 产品产率和质量的因素。FCC 效益分析部分将描述可用于最大化 FCC 性能及炼油厂利润率的几种方案。

8.1 FCC 产品

催化裂化装置把价值低的瓦斯油原料转化为更有价值的产品。虽然最近的趋势是最大化柴油的产量，但大多数 FCC 装置的主要目的是最大限度把瓦斯油转化为汽油和 LPG（液化气）。催化裂化装置生产的典型产品有：

（1）干气（氢气、甲烷、乙烷、乙烯）；

（2）液化气（LPG）（丙烷、丙烯、异丁烷、正丁烷、丁烯）；

（3）汽油；

（4）轻循环油（LCO）；

（5）重循环油（HCO）（个别 FCC 装置）；

（6）澄清油或油浆；

（7）燃烧焦炭。

8.1.1 干气

干气是指 FCC 装置中产生的 C_2 及更轻的气体。通常离开二次吸收塔的含有 H_2S、惰性气体及 C_{3+}组分的燃料气物流也称作“干气”。干气经过胺处理，除去 H_2S 和其他酸性气体后，常常会混入炼油厂的燃料气系统。取决于干气中氢的体积分数，一些炼油厂用深冷、变压吸附或者膜分离等方法从干气中回收氢。这些回收的氢主要用于加氢精制过程。

干气是 FCC 装置的不良副产物；干气产率过高，会增加富气压缩机（WGC）的负荷，限制装置的进料速率和（或）苛刻度。干气的产率与进料品质、热裂化反应、进料中的金属含量以及提升管后部非选择性催化裂化反应的量等有关。促使干气产量增加的主要因素如下：

（1）催化剂上金属（镍、铜、钒等）含量的增加；

（2）反应器或再生器温度的增加；

（3）烃蒸气在反应器中停留时间的增加；

（4）进料喷嘴性能的降低（对于相同的装置转化率）；

（5）进料芳香性的增加。

在检查二次吸收塔干气的色谱分析结果时，必须特别关注 C_{3+} 组分的含量以及惰性气体（N_2、CO_2、CO、O_2）的量。

8.1.2 液化气

脱丁烷塔或稳定塔塔顶物流是 C_3 和 C_4 的混合物，通常称为液化石油气（LPG）。它富含丙烯和丁烯，这些轻烯烃在生产新配方汽油（RFG）中具有重要作用。取决于炼油厂的配置，催化裂化生产的 LPG 可用于以下领域：

（1）作为化学品出售：LPG 分成 C_3 和 C_4 馏分，C_3 馏分作为炼厂级或化工级丙烯出售，C_4 烯烃用于聚合或烷基化。

（2）直接调和：C_4 馏分混入炼厂商品汽油，以调节蒸气压及提高辛烷值。但是，新的汽油法规要求降低蒸气压，因此大量 C_4 馏分转作他用。

（3）烷基化：烯烃与异丁烷反应，生成需要较高的汽油调和料。烷基化油是很具吸引力的汽油调和组分，因为它不含芳烃或硫，蒸气压低，干点低，研究法辛烷值和马达法辛烷值均较高。

LPG 的产率和烯烃度可以通过下述方法提高：

（1）采用氢转移反应活性最小的催化剂。

（2）提高装置的转化率。

（3）缩短停留时间，尤其要缩短产物油气进入主分馏塔之前在反应器壳体内的停留时间。

（4）催化剂中加入 ZSM-5 沸石添加剂。

含有低氢转移速率沸石的 FCC 催化剂可减少产物烯烃在提升管中的再饱和。如第 6 章所述，在提升管中的一次裂化产物是富烯烃的，这些烯烃大多数在汽油的沸点范围，其余在 LPG 和轻循环油（LCO）的沸点范围。

LPG 中的烯烃不会进一步裂化，但会由于氢转移而被饱和。汽油和轻循环油（LCO）沸点范围的烯烃会再裂化，生成汽油馏程的烯烃和 LPG 烯烃。汽油和轻循环油（LCO）馏程的烯烃也会环化生成环烷烃。环烷烃可以通过与 LPG 及汽油中的烯烃进行氢转移反应生成芳烃和烷烃。因此，能抑制氢转移反应的催化剂可提高 LPG 的烯烃度。

按下述条件操作，可以提高转化率：

（1）提高反应器温度：提高反应器温度超过汽油产率的峰值，会导致汽油和轻循环油（LCO）馏分过度裂化，LPG 的产率和烯烃度会增加。

（2）提高进料/催化剂混合区的温度：将部分进料或石脑油注入提升管中部（图 8.1），可以提高转化率和 LPG 产率。将进料分股注入提升管，会导致高的混合区温度，产生更多的 LPG 和烯烃。这种方法对于反应器温度受到材质限制已经达到最高温度时，是特别有用的。

（3）提高剂油比：剂油比可以通过几种方法来提高，包括降低 FCC 进料预热温度、优化汽提蒸汽和分散蒸汽的速率，以及使用生焦较少的催化剂。

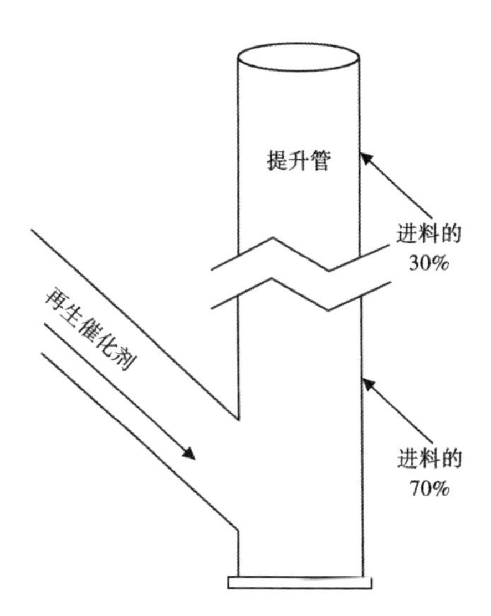

图 8.1　典型的分股进料示意图

缩短催化剂/烃类在提升管中的停留时间，并且消除提升管后裂化，可以减少“已经产生的”烯烃的被饱和，同时允许炼厂提高反应苛刻度。这些做法既增加了烯烃产率，又能在富气压缩机（WGC）的制约范围内操作。消除提升管后停留时间（反应器的旋风分离器与提升管直接相连），或降低稀相温度，实质上都消除了不需要的热裂化和非选择性裂化，但会减少干气和双烯烃的产率。

催化剂中添加 ZSM-5 沸石是使炼厂能够提高轻烯烃生产的另一种方法，许多 FCC 装置使用 ZSM-5 含量典型范围为 0.5%~3.0%（质量分数）的催化剂来提高汽油辛烷值和增加轻烯烃产率。作为汽油中低辛烷值组分裂化的一部分，ZSM-5 也生产 C_3、C_4 和 C_5 烯烃（图 8.2）。ZSM-5 催化剂添加剂对石蜡烃进料效果最明显。

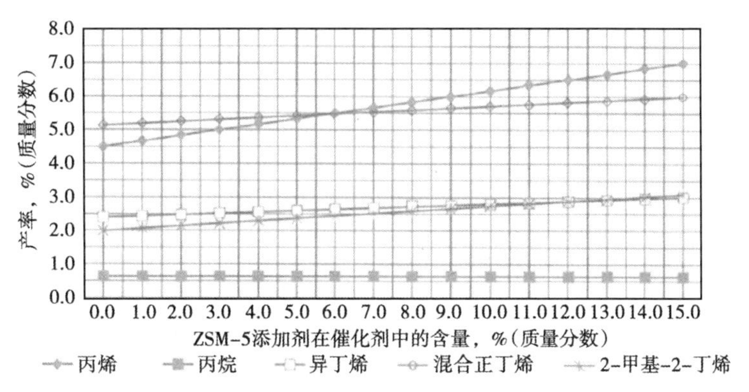

图 8.2　ZSM-5 含量对轻产品产率的影响[1]

8.1.3　汽油

传统地，汽油一直是催化裂化装置最有价值的产品。FCC 汽油约占美国商品汽油总量的 35%（体积分数）。历史上，FCC 装置曾经为了最大量生产最高辛烷值汽油而运行。

8.1.3.1　汽油产率

对于给定的进料，可以用下述方法提高汽油产率：

（1）降低进料预热温度，以提高剂油比；

（2）增加新鲜催化剂加入量或提高新鲜催化剂活性，以提高催化剂活性；

（3）减少主分馏塔塔顶循环回流率和（或）塔顶回流率，以提高汽油干点；

（4）提高反应器温度（如果提高反应温度未造成已经产生的汽油过度裂化）；

（5）减少再生催化剂上的积炭。

8.1.3.2　汽油质量

影响 FCC 汽油质量的关键要素有：辛烷值、苯含量、硫含量。

(1) 辛烷值。

辛烷值是燃料混合物抗爆震性能的定量测定。特定样品的辛烷值是相对于辛烷值为零的正庚烷和辛烷值为 100 的异辛烷的标准混合物测定的。产生与样品相同的爆震强度的标准混合物的异辛烷百分数即为样品的辛烷值。

通常采用两种辛烷值模拟发动机的性能：研究法辛烷值（*RON*）模拟在低苛刻度条件（600r/min，环境气温 120℉，即 49℃）下汽油的性能；马达法辛烷值（*MON*）反映的是在高苛刻度条件（900r/min，环境气温 300℉，即 149℃）下汽油的性能。在加油站，也有报道用道路辛烷值来表示抗爆震性能，即 *RON* 和 *MON* 的平均值。

影响汽油辛烷值的因素有：

①操作条件。

a. 反应器温度：一般情况下，反应器温度每升高 18℉（10℃），*RON* 可提高 1.0，*MON* 可提高 0.4。但是，*MON* 的贡献来自重组分的芳烃含量。因此，在高苛刻度条件下，反应器温度每提高 18℉，*MON* 的提高幅度可能大于 0.4。

b. 汽油干点：汽油干点对辛烷值的影响取决于进料质量和操作苛刻度。在低苛刻度下，降低链烷烃进料所产汽油的干点可能对辛烷值没有影响；但是降低产自环烷烃或芳烃进料的汽油的干点，则会降低辛烷值。

c. 汽油雷德蒸气压（*RVP*）：汽油的 *RVP* 受所加入的 C_4 馏分控制，C_4 馏分可提高辛烷值。通常情况下，*RVP* 每增加 1.5psi（10.3kPa），*RON* 和 *MON* 分别可提高 0.3 和 0.2 个单位。

②进料质量。

a. API 度：进料 API 度越高，进料中的链烷烃含量越高，汽油的辛烷值越低（图 8.3）。

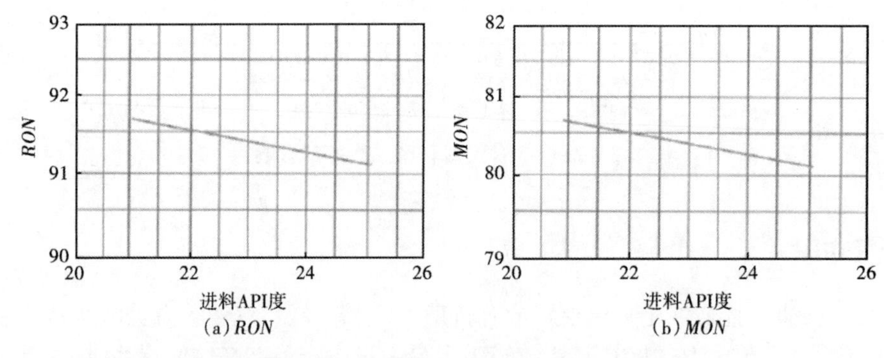

图 8.3　汽油辛烷值（*MON* 和 *RON*）与进料 API 度的关系[2]

b. 特性因数 *K*：特性因数 *K* 越高，汽油的辛烷值越低。

c. 苯胺点：高苯胺点的进料，芳烃含量低，链烷烃含量高。苯胺点越高，汽油的辛烷值越低。

d. 钠：钠会降低装置的转化率，并降低汽油的辛烷值（图 8.4）。

③催化剂。

a. 稀土：增加沸石中稀土氧化物（REO）含量，会降低汽油的辛烷值（图 8.5）。

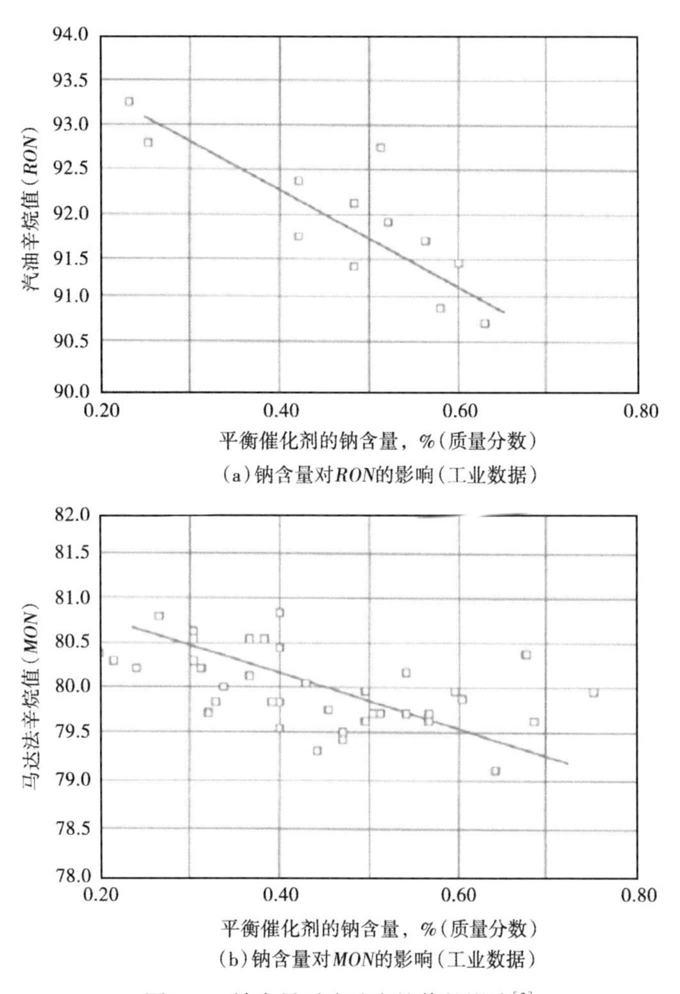

(a)钠含量对*RON*的影响（工业数据）

(b)钠含量对*MON*的影响（工业数据）

图 8.4　钠含量对汽油辛烷值的影响[3]

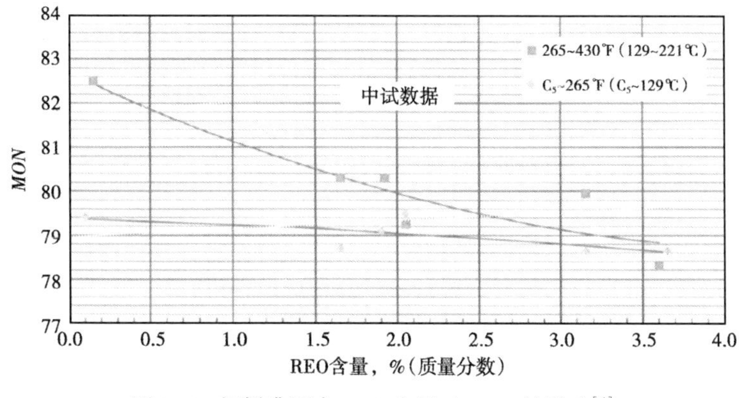

图 8.5　新鲜沸石中 REO 含量对 *MON* 的影响[4]

b. 晶胞尺寸：减小晶胞尺寸，可以提高汽油的辛烷值（图 8.6）。

c. 基质活性：提高催化剂基质活性，可提高汽油的辛烷值。

d. 再生催化剂积炭量：再生催化剂上积炭量增加，催化剂活性降低，但汽油的辛烷值会提高。

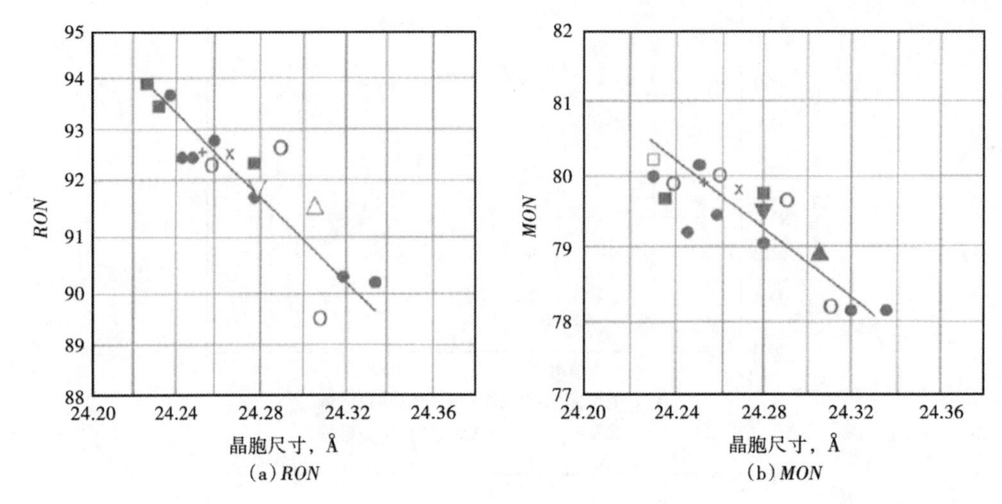

图 8.6 晶胞尺寸对研究法辛烷值（*RON*）和马达法辛烷值（*MON*）的影响[5]

（2）苯含量。

商品汽油中的苯大多数来自重整油。来自重整装置、作为高辛烷值调和组分的重整油约占商品汽油的 30%（体积分数）。取决于重整装置的进料和操作苛刻度，重整油的苯含量为 3%~5%（体积分数）。

FCC 汽油含苯 0.5%~1.3%（体积分数），由于 FCC 汽油约占商品汽油的 35%（体积分数），因此了解影响 FCC 汽油苯含量的因素非常重要。在下述情况下 FCC 汽油的苯含量将降低：

①缩短在提升管和反应器稀相的接触时间；

②降低剂油比和降低反应器温度；

③采用氢转移活性低的催化剂。

（3）硫含量。

商品汽油中的硫主要来自 FCC 汽油。FCC 汽油中的硫含量主要受 FCC 进料硫含量的影响（图 8.7）。FCC 进料经加氢处理可以降低其硫含量，从而降低汽油中的硫含量（图

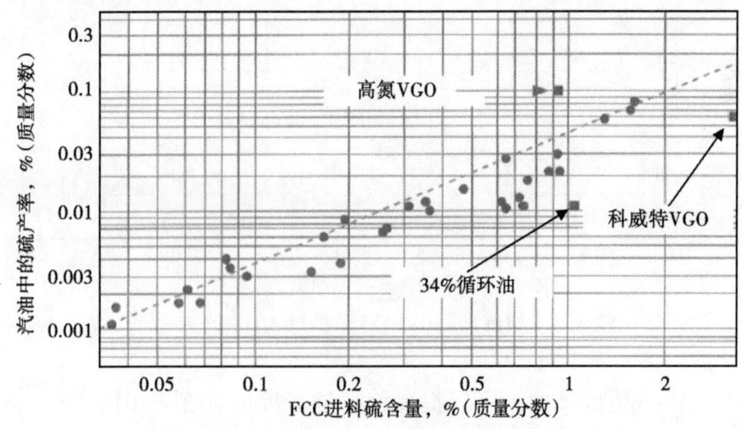

图 8.7 FCC 汽油硫产率与进料硫含量的关系[6]

VGO—减压瓦斯油

8.8)。其他能降低汽油硫含量的方法有：

①降低汽油干点（图 8.9）；

②降低反应器温度（图 8.10）；

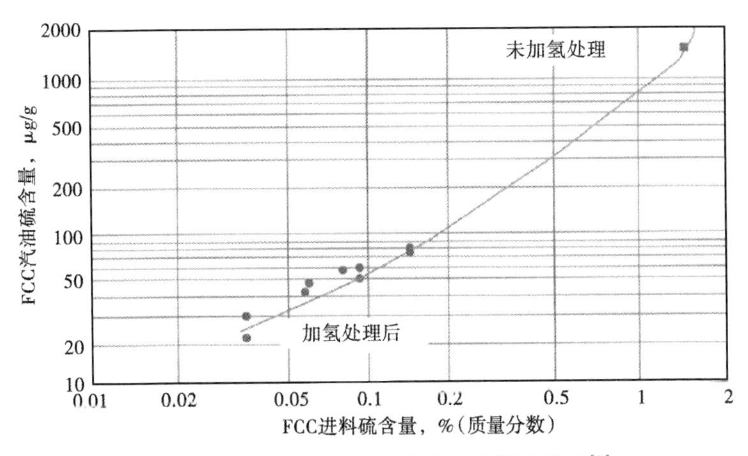

图 8.8　加氢处理对 FCC 汽油硫含量的影响[6]

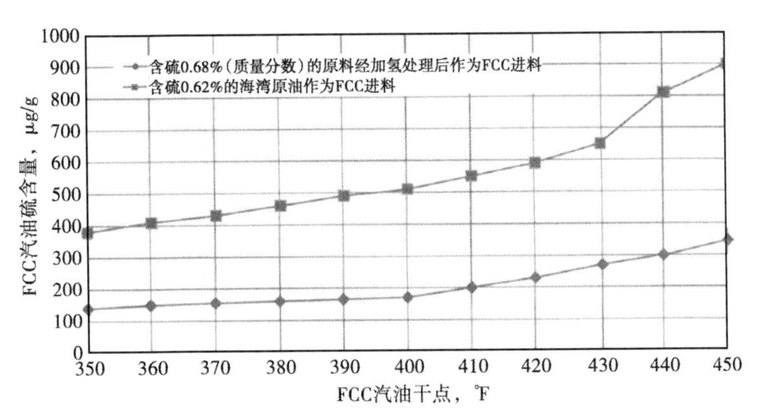

图 8.9　FCC 汽油硫含量随汽油干点的变化[6]

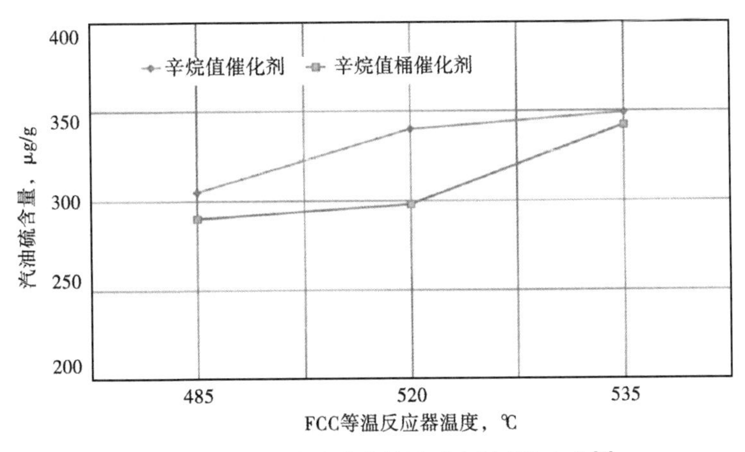

图 8.10　FCC 汽油硫含量随反应温度的变化[6]

③提高催化剂基质活性；

④提高催化剂活性和氢转移性能；

⑤提高剂油比（图 8.11）；

⑥提高主分馏塔塔顶回流率，代替塔顶循环回流以控制塔顶温度。

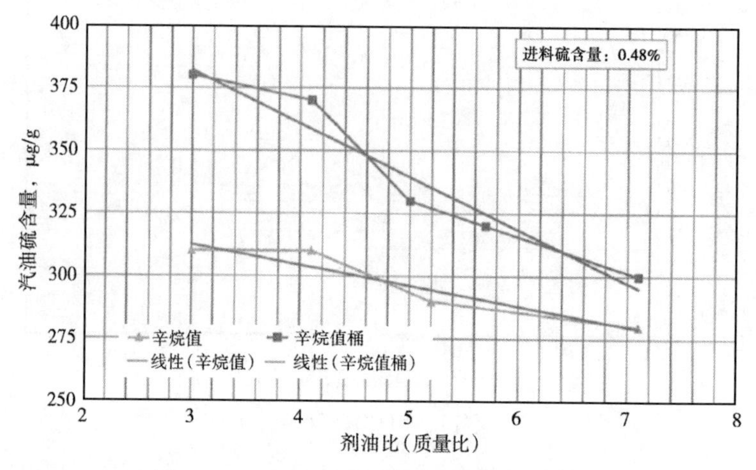

图 8.11　FCC 汽油硫含量随剂油比的变化[6]

8.1.4　轻循环油（LCO）

对汽油生产的重视有时掩盖了 FCC 其他产品的重要性，尤其是 LCO。LCO 广泛用作取暖油和柴油燃料的调和料，全球对柴油的需求预计在增长。LCO 在冬季尤其重要，那时 LCO 价格可能高于汽油。在这种情况下，许多炼油厂调整 FCC 操作，牺牲汽油而增产 LCO。

8.1.4.1　LCO 产率

LCO 产率约为 FCC 进料的 20%（体积分数）或 3×10^6bbl/d。炼油厂有多种方案增产 LCO。由于常常希望保持最高裂化苛刻度，同时最大量生产 LCO，因此最简单的方法是降低汽油干点以增产 LCO。通常采用增加主分馏塔塔顶循环回流或塔顶回流率的方法，降低塔顶温度，从而降低汽油干点。

LCO 的 ASTM D86 典型馏程为 430～670℉（221～354℃）。降低汽油干点是将汽油馏分中的重组分切到 LCO 中，这样仅仅影响表观转化率而不引起其他产品流率的变化。降低汽油干点通常可提高辛烷值，因为低辛烷值组分主要在汽油重组分中。

增产 LCO 的较好方法是通过上游装置进行良好的分馏。除去 FCC 进料中低于 650℉（343℃）的馏分需要良好的汽提。把进料中的轻组分分馏出来，炼厂柴油总产率可以提高（表 8.1）。

一些催化裂化最大量增产 LCO 的途径为：

（1）降低反应器温度；

（2）降低剂油比；

（3）降低沸石催化剂活性的同时提高基质活性；

（4）提高 HCO 循环量；

（5）采用渣油升级催化剂添加剂。

表 8.1 FCC 进料分馏对馏出物总产率的影响

项　　目	FCC 进料	
	"粗"瓦斯油	"经过分馏的"瓦斯油
初馏点,℉（℃）	435（224）	660（349）
终馏点,℉（℃）	1080（582）	1080（582）
435~660℉（224~349℃）馏分含量,%（质量分数）	8	0
FCC 转化率,%（质量分数）	75.9	75.9
LCO 产率,%（质量分数）	15.4	14.0
FCC LCO 潜在产率,%（质量分数）	15.4	（0.92×14.0）= 12.9
炼厂馏出物总潜在产率,%（质量分数）	15.4	（12.9 + 8.0）= 20.9

资料来源：Engelhard[7]。

8.1.4.2 LCO 质量

美国环境保护局（EPA）授权将车用商品柴油限制为所允许的最高硫含量为 15μg/g 的超低含硫柴油（ULSD）。同时必须满足最小十六烷值为 40 和最高芳烃含量为 35%的要求。到 2012 年，所有越野车用户，包括铁路机车，必须符合 ULSD 规范。在欧盟，最小十六烷值为 51。

十六烷值像辛烷值一样，是燃料点火性能的一个数值指标。但是两种数值的作用相反。汽油发动机是火花点燃式的，燃料的一个重要品质是在压缩冲程时要防止过早点火。柴油发动机是压燃式的，当它被压缩的时候，必须点火。不巧的是，能提高辛烷值的组分却会降低它的十六烷值。例如，正构烷烃的辛烷值低，但却有很高的十六烷值。芳烃的辛烷值高，但十六烷值很低。上述关于提高 LCO 产率和质量的调节方法都会降低汽油的产率和质量。为了得到所需要的十六烷值，炼油厂可能需要使用十六烷值改进剂，例如基于 2-乙基硝酸盐（2-EHN）的十六烷值改进剂。

十六烷值的测定在实验室单缸发动机（ASTM D613）上进行，但十六烷指数（CI）更常用。十六烷指数是计算值，并与十六烷值充分关联。有两种方法（ASTM D976 和 ASTM D4737）可以确定十六烷指数，D4737 是在 D976 基础上改进的方法，两者的区别在于：D976 使用的两个变量是比重和馏程的中沸点；而 D4737 使用的是另外两个变量，即馏程的 10%和 90%。大多数炼油厂采用 ASTM 公式（方法 D976-80），使用 50%沸点和 API 度计算十六烷指数（见例 8.1）。

典型 LCO 的芳烃含量高［50%~75%（质量分数）］，十六烷指数低（20~30）。十六烷值和硫含量决定 LCO 可以调入商品柴油或取暖油的量。

LCO 中的芳烃多数［30%~50%（质量分数）］是二环和三环芳烃。加氢处理 LCO 可以提高它的十六烷值。提高的程度取决于加氢处理操作的苛刻度。中等苛刻度［500~800psi/（3500~5500kPa）］可以使部分二环、三环芳烃加氢，十六烷值可提高 1~5。苛刻的加氢处理条件［>1500psi/（10300kPa）］，十六烷值能够提高至 40 以上。

其他能够提高十六烷值的方法如下：

（1）切割 FCC 汽油馏分；

（2）降低装置转化率；

（3）使用提高十六烷值的催化剂；

（4）加工烷烃进料。

例 8.1

十六烷指数公式

ASTM D976 方法

$CI_{976}=65.01\ (\lg T_{50})^2+[0.192\ (°API)\ \times\lg T_{50}]\ +0.16\ (°API)^2-0.0001809\ (T_{50})^2-420.34$

或：

$CI_{976}=454.74-1641.416D+774D^2-0.554B_{50}+97.803\ (\lg B_{50})^2$

式中 T_{50}——中沸点温度，℉（ASTM D86）；

°API——API 度（60℉）；

D——通过 ASTM D1298 试验方法得到的 15℃时的密度，g/mL；

B_{50}——中沸点，℃（ASTM D86）。

例如：

$T_{50}=550$℉；°API =19.0。

$CI_{976}=65.01\ (\lg550)^2+[0.192\ (19)\ (\lg550)]\ +0.16\ (19)^2 0.0001809\ (550)^2-420.34$

$=65.01\ (2.74)^2+[0.192\ (19)\ (2.74)]\ +0.16\ (361)\ -0.0001809\ (302500)\ -420.34$

$=488.2+10.0+5.8-54.7-420.34$

$=28.9$

ASTM D4737 方法

$CI_{4737}=45.2+0.0892T_{10N}+(0.131+0.901B)\ T_{50N}+(0.0523+0.420B)\ T_{90}$
$+0.00049\ (T_{10N}^2-T_{90N}^2)\ +107B+60B^2$

式中 D——通过 ASTM D1298 试验方法得到的 15℃时的密度，g/mL；

B——$(e^{(-3.5)(D-0.85)})\ -1$；

T_{10}——10%馏出温度，℃（D86）；

T_{10N}——$T_{10}-215$；

T_{50}——50%馏出温度，℃（D86）；

T_{50N}——$T_{50}-260$；

T_{90}——90%馏出温度，℃（D86）；

T_{90N}——$T_{90}-310$。

8.1.5 重循环油（HCO）和澄清油（DO）

重循环油（HCO）是主分馏塔的侧线物流，其沸点在 LCO 和澄清油（DO）产品之间。HCO 常常用作循环回流物流给新鲜进料和（或）脱丁烷塔再沸器供热。如果作为产品抽出，则 HCO 常常被送至加氢裂化装置加工，或者与澄清油调和。

DO 是催化裂化装置最重的产物。DO 也称为油浆、塔底油及 FCC 渣油。取决于炼油厂的位置和市场需求，DO 典型的用途是调入 6 号燃料油，或作为炭黑原料（CBFS）出售，甚至循环裂化掉。

DO 是价格最低的产物，所以要减少它的产生。DO 产率主要取决于进料质量和转化率水平。环烷烃和芳烃进料的澄清油产率比烷烃进料的高。如果转化率在 70%~75%，提高剂油比或使用具有活性基质的催化剂，可以降低澄清油的产率。提高转化率可以降低澄清油产率。如果转化率在 80%以上，几乎没有办法降低 DO 产率。其他可以减少 DO 产品的控制参数包括高的新鲜催化剂活性、有效的进料雾化及提升管中足够的停留时间。

澄清油的性质差别很大，主要取决于进料质量和操作条件。

将 DO 作为炭黑原料出售通常比作为沥青稀释油出售能够得到更高的利润。为了满足 CBFS 的规格要求，DO 的 *BMCI* 值最小应为 120，并且灰分含量要低（表 8.2）。芳香度、硫含量和灰分含量是 CBFS 的 3 项最重要的性能指标。

表 8.2　炭黑原料的典型规格

性质	规格
API 度	≤3.0
沥青质含量,%（质量分数）	≤5.0
黏度，SUS（210℉/98.9℃）	≤80
硫含量,%（质量分数）	≤4.0
灰分,%（质量分数）	≤0.05
钠，μg/g	≤15
钾，μg/g	≤2
闪点,℉	≥200（93.3℃）
BMCI	≥120

$$BMCI = (87552/T) + [473.7 \times (141.5/131.6 + \text{API 度})] - 456.8$$

式中　T——中沸点,°R。

例如：

$$T = 710℉(376.7℃) = 710℉ + 460 = 1170°R;$$

API 度 = 1.0；

BMCI = 123.9。

BMCI 是 *API* 度和中沸点温度的函数。为了使 *BMCI* 达到 120，DO 的 *API* 度不能超过 2.0。*API* 度是芳香度的粗略指标，*API* 度越低，芳香度越高。

DO 产品的灰分含量受反应器旋风分离器的性能和催化剂物理性质的影响。为了满足 CBFS 的灰分含量的要求［≤0.05%（质量分数）］，DO 产品可能需要过滤以除去催化剂粉末。

8.1.6　焦炭

常规瓦斯油 FCC 装置，新鲜进料中约有 5%（质量分数）作为焦炭沉积在催化剂上。焦炭的形成是 FCC 操作的一个必要副产物；超过 90%在再生器中焦炭燃烧所释放的热量要供给进料裂化所需的热量及加热进入再生器的燃烧和载气用空气。

焦炭的结构和成焦化学很难确定。但是 FCC 中的焦炭至少有以下 4 种来源：

（1）催化炭，是 FCC 进料裂化为轻质产品的副产物。它的产率是转化率、催化剂类型和烃/催化剂在反应器中停留时间的函数。

（2）污染炭，是由于镍、钒等金属的催化活性，以及有机氮引起的催化剂失活所产生的炭。

（3）进料残炭，是非渣油进料的小部分，它直接沉积在催化剂上。这种焦炭来自进料中很重的馏分，它的产率由康氏残炭或兰氏残炭试验预测。

（4）催化剂循环炭，是来自反应器—汽提段的一种“富氢”炭。受催化剂的汽提效率和催化剂的孔径分布影响由被带进再生器的烃类所产生的炭。

推荐一种计算焦炭产率的公式[8]：

$$\text{焦炭产率} = g(Z_1, \cdots, Z_N) \times (C/O)^n \times (WHSV)^{n-1} \times [e^{(\Delta EC/RT_{RX})}] \quad (8.1)$$

式中 $g(Z_1, \cdots, Z_N)$——进料质量、烃分压、催化剂类型、*CRC* 等的函数；

n——0.65；

C/O——剂油比；

WHSV——重时空速，每小时进料的总质量除以反应区催化剂的质量，h^{-1}；

ΔE_C——活化能，约 2500Btu/（lb·mol）[5828J/（g·mol）]；

R——气体常数，1.987 Btu/（lb·mol·°R）[8.314 J/（g·mol·°K）]；

TRX——反应器温度，°R。

对于给定的催化裂化装置，焦炭产率实质上是不变的，且主要取决于主风机的容量和（或）可补充的氧气。FCC 能产生足够的焦炭以满足热平衡。但是一个较重要的术语是“炭差”，炭差是待生催化剂和再生催化剂上焦炭量的差值。炭差的定义为：

$$\text{炭差} = \frac{\text{焦炭产率}}{\text{剂油比}} \quad (8.2)$$

给定反应器温度和 CO_2/CO 比值恒定时，炭差控制着再生器温度。

减少炭差将降低再生器温度。很多效益是与较低的再生器温度相联系的，较低的再生器温度会造成较高的剂油比，能够改善产品选择性和（或）提供加工重质原料的灵活性。

一些因素会影响炭差，包括 FCC 原料质量、原料/催化剂注入系统的设计、提升管设计、操作条件和催化剂类型等。

（1）原料质量：FCC 原料质量影响进入再生器的催化剂上焦炭的浓度。例如，含有较高金属和有机氮浓度的重质原料，与不含杂质的轻质原料相比，将增加炭差。

（2）原料/催化剂注入系统：一个设计较好的原料喷嘴注入系统，能使液相原料快速、均匀气化，这样，由于最小化非催化炭沉积以及减少了重质物质在催化剂上沉积，可降低炭差。

（3）提升管设计：一个设计合理的提升管，能减少已经结焦的催化剂与新鲜原料的返混（返混会引起不希望的二次反应），将有助于降低炭差。

（4）剂油比：剂油比增加，可以把一些能生焦的原料组分扩散到更多的催化剂颗粒上，降低了每粒催化剂上的焦炭浓度，进而降低炭差。

（5）反应器温度：由于提高反应器温度对裂化反应比对氢转移反应有利，也能降低炭差。氢转移反应比裂化反应产生更多的焦炭。

（6）催化剂活性：提高催化剂活性会增加炭差。催化剂活性增加，则增加了相邻活性中心的数量，会增加氢转移反应发生的概率。氢转移反应是双分子反应，需要相邻的活性中心。

8.2 FCC的经济效益

催化裂化装置操作的宗旨由炼油厂的经济效益所主宰。炼油厂的经济效益分为内部效益和外部效益。

内部效益很大程度上取决于原油价格和FCC装置的产率。原油费用可能超过由催化裂化产率所带来的收益。靠直觉来操作装置的炼油厂，可能会尽可能提高处理量，但这样可能不是最赚钱的方法。

外部效益通常是炼油厂被迫接受的因素。炼油厂希望其操作不受外部效益的支配，然而，它们不得不满足诸如再生器烟气排放达标和（或）超低硫柴油（ULSD）生产等监管要求。

为了最大化FCC装置的利润，必须克服装置的机械状况和操作条件的制约因素。总的来说，增加进料所增加的利润比提高转化率所增加的利润要多。炼油厂一般的目标历来是最大化汽油产率，同时维持能达到调和油要求的最低辛烷值。然而，随着中间馏分产品需求预期的增长，炼油厂的产品重心可能从汽油转移到柴油，同时得到最大量的升级渣油。

由于新建装置的高成本以及FCC对炼油厂利润的重要性，应当改进现有装置，使它们的性能得到最大限度地发挥，这些性能指标包括：

（1）改善产品选择性；

（2）提高操作灵活性；

（3）提高装置处理能力；

（4）提高装置的可靠性；

（5）降低操作成本；

（6）满足产品规格要求；

（7）减少排放。

产品选择性，简单地说就是多产液体产品，少产“不利的”焦炭和干气。取决于装置的操作目标和制约因素，下面是一些可直接改善产品选择性的措施：

（1）原料的注入：改进原料注入系统能优化原料的雾化和分布，使其快速混合及完全气化。改进原料注入系统可以减少积炭，降低干气产率，提高汽油产率。

（2）提升管末端的设计：好的提升管末端设备，例如封闭旋风分离器，可以使油气和催化剂在反应器沉降器中的停留时间最短。这样可以减少不必要的热裂化和反应产物的非选择性催化再裂化，降低干气产率，继而改善转化率和汽油辛烷值以及加工多种原料的灵活性。

（3）反应油气急冷：LCO、石脑油或其他急冷物流可以用于急冷反应油气，以使热裂化反应最小。

（4）反应器汽提段：汽提段操作和设备的变化可以改善它的性能，使被送入再生器的“软焦”量最少。其主要优点是降低炭差和多产液体产品。

（5）空气分布和待生催化剂分布：改进空气分布器和待生催化剂分布器，使空气和待生催化剂均匀分布到再生器中，从而减少催化剂上的焦炭，减少尾燃，降低NO_x排放，减少催化剂烧结。其优点是催化剂更“干净”，活性更高，导致液体产品更多，焦炭和干气更少。

提高操作灵活性的实例如下：

（1）加工渣油或“外购”原料：有时加工补充原料或者其他组分，例如常压渣油、减压渣油和润滑油抽出油，是提高高价值产品产率，通过购买廉价原料降低原料成本的一种方法。

（2）ZSM-5 添加剂：季节性或定期使用含 ZSM-5 沸石的催化剂，可以使 FCC 汽油中低辛烷值链烷烃馏分从中间裂化，结果是以牺牲 FCC 汽油产率为代价，增产丙烯、丁烯和提高辛烷值。

（3）催化剂冷却器：安装催化剂冷却器是控制及改变再生器取热的一种方法，因而可以加工质量差的原料，并可提高产品的选择性。

（4）分段进料：分段进料是把原料的一部分注入提升管的不同部位。这是增产轻质烯烃、提高汽油辛烷值的另一种方法。

提高 FCC 装置加工能力的实例——富氧再生。

富氧再生：催化裂化装置的加工能力，或者受主风机能力的限制，或者受再生器线速的限制，当有好的空气/催化剂分布以及过剩氧还没有把 CO 烧成 CO_2 时，使用再生空气富氧操作就能够提高装置加工能力，或提高转化率。

近年来，许多装置已进行了机械改进，以延长运转周期和最小化停工检修时的维修工作量。实例如下：

（1）膨胀节：用 800H 或 625 合金钢制造波纹管的改进已能减少连多硫酸引起应力腐蚀开裂造成的破坏。此外，在波纹管与套管间的环形空间放置纤维填料，代替水蒸气清洗，能减少波纹管开裂。使用双层波纹管也能提高它的可靠性。

（2）滑阀或塞阀：耐火衬里应变铸件和导向杆的改进已经能使应力开裂和应力腐蚀最小化。

（3）空气分布器：冶金技术、外支管耐火衬里和设计良好的空气喷嘴的改进，加上缩小支管的长径比 L/D，已能降低热应力，尤其在装置开工和操作条件紊乱时。

（4）旋风分离器：改进耐火材料固定支座系统及其材质，改进吊挂支撑系统，加大长径比 L/D，提高固定支座系统的焊接量，能改善旋风分离器的性能。

8.3 小结

为了提高 FCC 装置的盈利能力，需要尽可能克服诸多制约因素来进行装置操作。此外，有选择地改进装置的构件，可提高装置的可靠性、灵活性、产品的选择性，并可减少排放。

参考文献

[1] T. A. Reid, The effect of ZSM-5 in FCC catalyst, Presented at World Conference on Refinery Processing and Reformulated Gasolines. San Antonio, TX, March 23-25. 1993.

[2] Engelhard Corporation, Prediction of FCCU gasoline octane and light cycle crude oil cetane index, The Catalyst Report, TI-769.

[3] Engelhard Corporation, Controlling contaminant sodium improves FCC octane and activity, The Catalyst Report. Tl-811.

[4] Engelhard Corporation, Catalyst matrix properties can improve FCC octane, The Catalyst Report. Tl-770.

[5] L. A. Pine. P. J. Maher, W. A. Wachter, Prediction of cracking catalyst behavior by a zeolite unit cell size, J. Catal. 85 (1984) 466-476.

[6] D. A. Keyworth, T. Reid, M. Asim, R. Gilman, Offsetting the cost of lower sulfur in gasoline, Presented at NPRA Annual Meeting, New Orleans, LA, March 22-24, 1992.

[7] Engelhard Corporation, Maximizing light cycle yield, The Catalyst Report, TI-814.

[8] P. B. Venuto. E. T. Habib Jr. , Fluid Catalytic Cracking with Zeolite Catalysts, Marcel Dekker. New York. 1979.

第9章　有效的项目执行和项目管理

自从1942年第一套FCC装置投产以来，FCC的工艺和机械设备发生了许多变化。这些变化改进了装置的可靠性，使其能够加工较重的原料，能在更高的温度下操作，并且使转化率转向生产更有价值的产品。

但是，在已有的装置中进行这些改造是一项重大的课题，通常比建立一套新装置更为复杂。有效的项目管理和适当的设计标准是成功进行机械设备升级（或新建一套装置）的两个关键要素。

本章论述有关装置改造的项目管理特点，并提供设计指南，可供炼油厂在选择装置改造部件时使用。项目的原动力常常是特定的机械问题或工艺瓶颈，改造的最终目标应该是使操作成为安全、可靠和可盈利的。

9.1　FCC改造的项目管理

通常有许多原因要对反应器—再生器系统进行改造/升级——设备缺陷、技术和（或）工艺条件的改变等。升级的主要是为了改进装置的可靠性，提高高价值产品的数量和质量，并提高操作的灵活性。

改造（或新建装置）要求成功地执行项目管理的各个阶段：

（1）初步设计；

（2）工艺设计；

（3）详细的工程设计；

（4）施工准备；

（5）施工；

（6）调试/开车。

9.1.1　初步设计

在初步设计阶段，炼油厂在着手进行FCC装置的机械升级之前，“内部”必须采取许多措施。如果升级的范围包括新技术的应用，则更是如此。初步设计的内容包括：

（1）确定装置机械和工艺方面的制约因素；

（2）确定装置的操作目标；

（3）优化装置的现有性能；

（4）得到一系列有效的试运行数据；

（5）撰写“改造要求说明书”或“改造目的”文件；

（6）选择工程承包商。

在许多情况下，炼油厂在还没有弄清楚现有装置的机械和工艺制约因素时，就决定进行催化裂化装置的改造并采用新技术，有时会花钱解决了一个制约因素，却几乎同时又遇到了另一个制约因素。因此，不对现有装置有关操作的制约因素进行全面分析，会导致装置改造集中在错误的目标上。此外，改造的目的必须与炼厂的总体目标相一致。

炼油厂在接洽技术许可方之前，必须确认内部的经济出路。例如，主要考虑的是更高的转化率，还是更大的处理量，或者两者兼顾。有时，因为反对利用外部资源，炼油厂往往更倾向于由内部来解决，但是必须探讨所有可能的选择。

从其他炼厂购买所需产品往往比由内部来生产更经济。较之炼厂自己的内部生产能力，“市场”可能是增量供应更便宜的来源。

在进行机械设备升级之前，炼油厂必须确保在给出现有机械设备的制约因素时，装置性能随着催化剂和操作的调整已经得到充分发挥。对于一套运行良好的装置，机械设备升级改造的效益比较容易确定。当一个优化的基础案例确定后，采用更有成本效益的改造可能会得到与采用费用昂贵的改造相同的回报。

任何项目所产生的改进必须基于一系列的试运行操作来确认。试运行应反映典型的操作模式，结果应当是物料平衡和热平衡的。试运行应在改造开始前进行，对比的前提是改造前后催化剂配方不应有重大的变化。

改造的目标、制约因素和要求必须在送给工程承包商的说明文件中叙述清楚。文件应足够详细，并要求有基本的注解，以避免疏漏和不必要的现场考察。

选择有竞争力的工程承包商进行工艺设计和详细工程设计是项目全面成功的关键要素。选择合格的承包商需考虑的重要因素如下：

（1）在 FCC 技术和改造方面有成功的经验；

（2）项目组的关键成员具有相关经验；

（3）当前和计划中的工作量；

（4）偏向于选择与被证实了的技术及其供应商有关联的承包商；

（5）项目组成员的实力和化学背景；

（6）期望承包商提供的服务范围，例如前期工程、详细工程设计、通过开车完成工程程序构建（EPC）；

（7）工程费率、提价和“变更订单”所需的装置费用。

9.1.2 工艺设计

少数公司有能自己完成初步设计。在本书中，这一阶段被称为前期工程设计（FEED）。FEED 最终完成工艺设计基础，为详细工程设计作准备。在大多数情况下，FEED 由工程承包商来完成，但是有时候由炼油厂内部来完成。FEED 设计包必须足够完整，以使其他工程承包商可用最少的返工量完成详细工程设计。

在改造或建造新装置中涉及技术升级时，工程承包商通常会提供一组产品产率的预测数据。炼油厂一般将这些产率预测数据作为进行经济评估和性能保证的依据。需要注意的是，炼油厂应仔细审核这些数据，以保证与许可方所表述的理论和方法及安装有类似技术的其他炼油厂已观察到的类似的产率变化相一致。换言之，炼油厂应当独立地审核所预测的产率改善的有效性。

在项目 FEED 阶段，可要求工程承包商准备两份预算。在早期通常准备初步预算，这份预算的误差通常为±40%～50%，这是对设备和涉及的项目的初步估算。在 FEED 设计包完成或即将完成时，准备第二份预算，这份预算的误差通常为±20%，这份预算通常是详细工程设计阶段获取资金的基础。

预算书的格式和其内容同样重要，当要证明内容是否准确时，格式可以起重要作用。因此，炼油厂应当要求承包商采用易于理解和分析的格式提交预算书。此外，炼油厂的费用预算工程师必须独立地复查预算书，以保证其精确性和适用性，同时决定应包含在业主资金计划中的不可预见费用。

典型的 FEED 设计包由下列文件组成：

（1）工程和设计基础的项目范围；

（2）工艺流程图（PFD）；

（3）进料和产品的流率/性质；

（4）设备负荷数据；

（5）操作原理，开车和停车步骤；

（6）设备、建筑材料和管线种类清单；

（7）管线和仪表图（P 和 ID）、接头和配管清单；

（8）仪表索引、控制阀和流量计数据资料；

（9）电负荷、一次仪表和电线电缆排布；

（10）初步规划图和管线配置图；

（11）规格和标准；

（12）预算书；

（13）项目进度。

9.1.3 详细工程设计

详细工程设计阶段最终完成各部分的机械设计，以便可以从有资质的供应商处购得设备，并由现场施工承包商进行安装。在准备建筑施工图时，设计者应特别注意避免施工现场的相互干扰，并为安全性、可操作性和可维护性留出足够的空间。

为了保证与项目相关的安全、健康和环境问题已得到认证和解决，炼油厂应该制订一个工艺安全计划，以确保项目符合 QSHA（职业安全及健康管理）要求。

及时采购材料是详细工程设计的必要部分。成功采购的要求包括：

（1）采购团队的早期介入；

（2）确定长期和关键项目；

（3）确定“被认可的”供应商；

（4）确认合适的规格标准；

（5）基于质量、及时供货和价格方面的竞标评估；

（6）制订一个涵盖制造过程督察的质量控制计划；

（7）建立一个快速处理系统，以免不必要的延误。

9.1.4 施工准备

施工准备阶段的工作是项目成功的关键，一些主要工作如下：

（1）完成项目的战略计划；

（2）确定所需的人员配备；

（3）确认安装要求和特定区域的安全保障；

（4）研究详细施工的能力；

（5）确认其他资源，如特殊设备或特殊技术；

（6）完成总体执行的进度计划；

（7）审核日程，以便充分完成停车前的准备工作；

（8）充分完成停车前的各项任务。

9.1.5 施工

选择总的机械承包商和其他相关分包商的指导原则与选择工程承包商类似。工作范围和复杂程度将在很大程度上决定总承包商的选择。除了技术工艺的可用性和质量外，承包商的安全记录以及现场督导工人的敬业精神也是选择承包商的一个重要因素。

及早选择总承包商很关键。在工程设计完成30%~40%时，总承包商应参与进来，与工程承包商一起对图纸和界面接口进行复审。此外，及早召开由炼油厂、工程承包商和总机械承包商参加的施工协调会，在避免工程延误和返工方面被证明是有价值的。

9.1.6 预调试与开车

成功的开车需要有到位的包含调试工作各个方面的全面计划，这种计划的基本要素包括以下内容：

（1）准备操作手册和能反映出与改造有关的变化的操作步骤；

（2）准备用于操作人员和支持人员的培训手册；

（3）准备在开车前关键项目的现场检验清单；

（4）开发一个质量保证/质量控制（QA/QC）认证体系，以保证安装符合认可的标准和规格。

9.2 项目后评价

开工后不久，在总承包商离开现场前，及时举行项目执行组关键成员的会议，得到每个人的反馈信息，哪些正常，哪些不正常，哪些还可以做得更好，并形成文件。这个“经验与教训”的会议纪要应当送至所有参加者和其他相关人员手中。

一旦装置操作平稳，即可进行一系列试运行，考核装置的性能和经济效益，以便与最初项目论证所预测的结果相比较。其结果也可用来确定装置的性能是否符合或超过工程承包商所做的性能保证。

9.3 成功执行项目的诀窍

一个成功的项目可以定义为：符合既定目标（安全、可靠性的改进、液收的增加、维护费用降低等），工程费用不超预算，按计划或提前完成。下面是保证项目成功的一些准则：

（1）仔细地计划，这将最大限度地减少变更；

（2）及早进行主要审核（PFDs，P&IDS等），而不是等到基础设计完成后再进行，这将减少返工，从而使项目的费用减至最低；

（3）指派敬业的炼油厂人员进驻工程承包商的办公室，协调项目活动并在炼油厂和承包商之间起联络员的作用；

（4）确保操作、维护和工程部门的关键人员之间信息完全畅通，并在设计阶段尽早反映他们的意见，以最小化费用昂贵的现场返工；

（5）集中所有的决策，以避免项目的延误。

第 10 章　耐火衬里系统

耐火衬里的学科范围非常广泛，若对其进行全面讨论将需要一本专用书。本章的主要目的是为读者提供以下内容：

（1）FCC 装置所使用的不同耐火材料的介绍；

（2）耐火系统所使用的各种耐火衬里及相关支座的实例；

（3）一些安装技术；

（4）耐火衬里的正确干燥及养护指南。

耐火材料是设计能在高温下承受恶劣工作条件的建筑材料。它们通常作为耐热墙、耐热涂层或耐热衬里来保护装置免受氧化、腐蚀、侵蚀及高温破坏。耐火材料的主要类型包括浇注料、可塑耐火材料、陶瓷纤维及耐火砖。与安装要求、操作性能、费用及方便性有关，每种耐火材料都有其优缺点。

了解耐火材料以及工艺操作条件对于选择合适的耐火衬里系统及其恰当的管理和维护至关重要。在耐火衬里系统的设计及维护中通常需熟知并考虑的条件包括操作温度、磨损条件、热冲击及恶劣环境等。

10.1　材料/制造

10.1.1　水泥

水泥是浇注料与混合喷浆之间的黏合剂。水泥是一种首次制得时具有可塑性的细粉状材料。当水泥与水进行化学反应生成水泥的结晶后就会变得像石头一样坚硬。水泥通常为硅酸钙型（硅酸盐）或铝酸钙型（耐火材料），可以用各种成分来生产。

10.1.2　骨料

用于耐火材料的骨料是一种研磨矿物材料，由各种尺寸的颗粒组成。骨料的尺寸非常精细，以便制成成型体或单块体。耐火材料工业中采用大量骨料来生产浇注料及耐火砖。

10.1.3　添加剂

添加剂是为了提高所安装的耐火材料的特定性能（如混合物的安装特性）而加入到混合物中的材料。

10.1.4　纤维

纤维状耐火绝热材料主要由氧化铝和氧化硅组成。纤维的适用形式包括纤维块、纤维毯、纤维纸、纤维模块、真空成型纤维及纤维绳等。

10.2 耐火材料中的不锈钢纤维

多种不锈钢纤维可用于浇注料和可塑耐火材料。它们被添加到耐火衬里中以使收缩裂缝正常化，并改善开裂耐火衬里的完整性。添加纤维可使耐火衬里的收缩作用均匀分布，从而产生小裂缝而不是少量大裂缝。当耐火衬里经历了无数次热循环后，会出现另外的裂缝。不锈钢纤维可起到加强耐火衬里部分的作用，弥合裂缝，从而提高耐火衬里的稳定性和完整性。

不锈钢纤维在温度超过 1500℉（815℃）时因氧化而变得无效。一旦纤维发生氧化，它们就不再能有效地提供稳定性。纤维氧化还会恶化耐火材料表面。氧化了的纤维体积变大，随之引起耐火衬里断裂或破裂，从而导致强度和可靠性的损失。

熔体提取物不锈钢纤维是最常用的。这些纤维很灵活，不会像更刚性的纤维那样导致软管堵塞及设备喷浆。狭缝片和丝纤维是更刚性的纤维，对设备不“友好”，但是一旦安装好，也能良好运行。

10.3 耐火材料的类型

10.3.1 耐火砖

耐火砖是预烧的耐火材料，由骨料和黏合剂组成。耐火砖的基质能够承受热负荷及恶劣的化学环境。

10.3.2 绝热耐火砖

绝热耐火砖（IFB）是可提供优良导热性的轻质砖。它们具有高的孔隙率，会产生低导热性，但是比典型耐火砖的低导热性程度要弱得多。这些绝热耐火砖作为工作衬里安装在加热炉中，用于支撑高温应用的耐火砖，在此高温环境中化学及物理完整性很重要。

10.3.3 高铝耐火砖

高铝耐火砖典型地应用于常规耐火砖易被破坏的高温及恶劣环境。在硫回收过程所使用的反应炉中利用高温来破坏氨及氧化硫化氢。在高温下，高铝耐火砖具有机械及化学稳定性，可提供耐久可靠的衬里。

10.3.4 浇注料

浇注料是由骨料和黏合剂组成的耐火混凝土的通称。骨料通常为占成品体积 60%~80% 的经过预烧的矿物质。碎砖、煅烧黏土、膨胀页岩、膨胀火山灰是最常用的骨料。一些很昂贵的骨料，例如碳化硅和板状氧化铝，仅典型地用于工作条件苛刻且传统类型骨料无法应用的特殊场合。成品浇注料的物理性质是骨料和黏合剂共同作用的结果。骨料类型通常控制浇注料的密度、强度和温度上限，而黏合剂对浇注料的强度有显著影响。黏合剂和骨料共同控制着浇注料的热膨胀性、烧成收缩性、耐腐蚀性及耐化学性等性能。

大多数黏合剂是液压型并使用含铁钙铝水泥，也有不含铁的钙铝水泥用于铁会干扰工艺反应的场合。液压水泥通过与水发生反应而形成水合钙铝相来工作，最终形成岩石般的物质。

10.4 浇注料——产品类别

10.4.1 轻质浇注料

轻质浇注料被设计用来提供高效的热屏障或衬里。加热炉或加热器是轻质浇注料产品最常用的场合。应用于炼油厂的轻质浇注料的最佳密度范围是45~65lb/ft^3（720~1040kg/m^3）。轻质浇注料的压缩性和弯曲强度虽很低，但是其物理性质不可能控制它的选择或使用。轻质浇注料的导热性较低，因此提供的热通量（传热量）较低，最终使得外壁温度较低。轻质浇注料的孔隙率和渗透率较高，这是其具有低导热性的原因。

10.4.2 中质浇注料

中质浇注料的密度范围是65~90lb/ft^3（1040~1440kg/m^3）。这些产品具有较高的强度，用于对导热性和强度要求较高的场合。中质浇注料产品的完整性要高于轻质浇注料产品，用于存在明显的一定程度机械滥用的场合。

10.4.3 适中密度/耐腐蚀浇注料

适中密度/耐腐蚀产品是几年前由道格霍格（Doug Hogue）首创的用来描述密度范围在100~120lb/ft^3（1602~1920kg/m^3）的产品类别。这类产品具有良好的耐腐蚀性（<15mL腐蚀损失）。

10.4.4 一般用途浇注料

一般用途浇注料是密度范围在125~140lb/ft^3（2000~2240kg/m^3）、强度显示为适中到优良的通用产品。它们典型的代表性使用场合为2600~3000℉（1426~1650℃）的高温环境及无法预料的极端工作场合。

10.4.5 高铝浇注料

铝含量超过70%的浇注料被归类为高铝浇注料。在炼油工业领域，高铝浇注料被限制用于对化学稳定性要求极高的特定工艺环境，如制氢和硫回收（反应炉）。

10.4.6 耐腐蚀浇注料

腐蚀现象在FCC装置中很常见。在高速率且相对较高的颗粒浓度的场所，需要耐腐蚀浇注料产品来提供可靠的操作设备。腐蚀是一种产品或衬里受高速度物流夹带的颗粒的切削作用而造成的“侵蚀”。耐火材料用来保护工艺设备的金属部件。当耐火材料被磨损掉时，金属器壁的侵蚀会相当快。不锈钢器壁的侵蚀能引起紧急情况或非计划停车。

10.4.7 极端耐腐蚀浇注料

极端耐腐蚀耐火材料是一类用于区分FCC装置产物的产品。提升管管线、旋风分离器和分布器是可能出现极端腐蚀的区域。

10.4.8 低水泥浇注料

低水泥浇注料有助于提升低温物理性能的烧结助剂结合到浇注料混合物中。由于水泥黏合剂容易发生化学恶化或受损侵蚀，因此降低浇注料中的水泥含量可以提供较高的耐化学性。低水泥浇注料在炼油工业领域应用有限，因为耐化学性不是成功应用的主要必备性质。但是，在某些情况下低水泥浇注料可作为衬里材料的一种可接受的选择。

10.4.9 砂浆（耐火材料）

砂浆是一种细磨制品，当与水混合时变得可合成、可涂抹，因此适合用来将耐火砖铺设和黏结在一起。砂浆可用各种成分生产，其制造要求要与所浆砌耐火砖的类型或所工作的条件相匹配。一种常见的用于空气环境的砂浆黏合剂是硅酸钠和硅酸钾，当其在薄层（厚度小于1mm）使用时，可以在接近3270℉（1800℃）高温下表现出优异的性能。热定型砂浆用黏土黏合剂制成，其在首个烧成周期改善了强度，这种砂浆比空气环境级的砂浆可以在更高温度下使用。磷酸盐黏合剂也用于砂浆中，通常当磷酸键较适合于操作环境时使用。

10.4.10 可塑耐火材料/捣打混合物耐火材料

可塑耐火材料通常由高度焙烧的骨料、增塑剂和黏合剂组成。使用“塑性”这个词是由于该种耐火材料虽然是硬的，但是可实际应用，且常常配置一个气锤（夯）。捣打混合物耐火材料通常具有与可塑耐火材料类似的组分，但是前者的水分要少得多。这些产品在铁桶中制造并放置以保留产品的工作特性。捣打混合物耐火材料以粒状形式生产，它需要巨大的捣打来使材料固化成衬里。这些产品在炼油工业领域有有限的应用。

10.5 物理性质

通常用来评价耐火材料的关键物理性质包括：

（1）堆密度；

（2）强度；

（3）持久线性变化；

（4）导热性；

（5）磨损损失。

其他应用于特定场合的重要物理性质包括：

（1）热膨胀系数；

（2）孔隙率和渗透率。

10.5.1 堆密度

堆密度是材料单位体积的质量（lb/ft^3，g/mL，kg/m^3）。堆密度是一个可提供有价值信息的物理性质，可用ASTM C134方法测量。大多数常规硅酸铝产品的导热性是堆密度的函数。强度与堆密度没有直接关系，但是，对于某些特定产品，堆密度对于评估产品的其他物理性质很有用（即如果一个产品的堆密度降低了10%~15%，则该产品的其他物理性质将表现出显著不足之处）。

10.5.2 强度

10.5.2.1 断裂模数（psi，kgf/cm^2）

断裂模数（*MOR*）的测定像进行一个三点弯曲试验。*MOR* 测量的是试样的键强度。对于浇注料，测量的是水泥基质的键强度。颗粒大小及骨料系统的包装形式是影响 *MOR* 的因素，但是水泥键的成熟度对 *MOR* 值的贡献更大。

10.5.2.2 冷破碎强度（psi，kgf/cm^2）

冷破碎强度（*CCS*）的测定是测量某种产品承受给定负荷能力的一种压缩性试验，通常当产品烧成特定温度后在室温下测量。*CCS* 可用 ASTM C133 方法测量。粒子分布及产品的包装形式对于开发好的 *CCS* 产品非常重要，而水泥的成熟度虽然重要，但是并不像影响 *MOR* 一样影响 *CCS*。由于其他物理性质存在瑕疵，有时开发的具有较好 *CCS* 的产品无法使用。

10.5.3 持久线性变化（浇注料和可塑耐火材料）（%）

持久线性变化（*PLC*）被称为收缩率，这个物理性质是在浇注料或可塑耐火材料的首次烧制中产生的。*PLC* 可用 ASTM C113 方法测量。尺寸变化造成水分损失及黏合剂中的矿物学改变。浇注料通常使用水泥作为黏合剂，水泥的水合作用提供了骨料系统的键合。通过加热，水泥脱水，使浇注料的质量发生变化，最终导致持久尺寸变化。在炼油工业领域，设备的操作温度相对较高，轻质和中质浇注料很少能保持它们的安装尺寸，结果导致衬里开裂，裂缝的大小是产品中收缩量的函数，轻质和中质浇注料产品中的裂缝通过加热不能闭合。

10.5.4 导热性

导热性是测量通过一个特定介质所传递的热量。耐火材料的导热性是温度的函数，通常温度越高，耐火材料的导热性越高。

对于带有水泥键的浇注料耐火材料，其导热性还受水合铝酸钙水泥的影响。导热性可用 ASTM C201 方法中所限定的设备并采用 ASTM C417 方法测量。浇注料在首次烧制过程中将脱除所有的游离水分且水化水泥开始脱水。在中等操作温度下，水化水泥的破坏并不完全，导致浇注料的导热性高于制造商所标示的值。美国石油学会船用耐火材料课题组进行了一项关于导热性的研究，发现测试方法对所测量的耐火材料的导热性显示出巨大差异。此外，上升（加热）和下降（冷却）的导热性曲线也有显著变化。该研究结论提示用户应当审核研发数据中所使用的测试方法，在炼厂应用时应采用上升导热性曲线。

10.5.5 侵蚀（磨损）（mL）

侵蚀和磨损在炼油工业领域是同义词。耐侵蚀性通常与 FCC 装置所应用的耐磨衬里有关。侵蚀性的测试采用与 ASTM C704 方法相结合的形式，然而，这种测试结果不一定能预测产品在侵蚀工况中的绝对性能。这个测试通常是一个质量控制工具，但是产品的性能通常与侵蚀测试的结果相一致。

10.6 支座

支座在耐火材料系统所具有的一些主要功能包括：

（1）它们将耐火材料加固在器壁上并提供稳定性；

（2）它们促使较厚耐火衬里的均匀开裂以最小化潜在的裂缝；

（3）它们有助于抵抗热梯度固有的热及机械应力；

（4）它们是增强耐火衬里抗磨损性的重要组成部分。

10.6.1 支座类型

常见的支座类型有以下 3 种：

（1）V 形；

（2）长角形；

（3）六角网状格栅形。

10.6.1.1 V 形

V 形支座是厚度超过 3in（75mm）的单片耐火衬里的主要支座。两种最常见的 V 形支座是如图 10.1 和 10.2 所示的波浪状 V 形和双钩 V 形足支座。

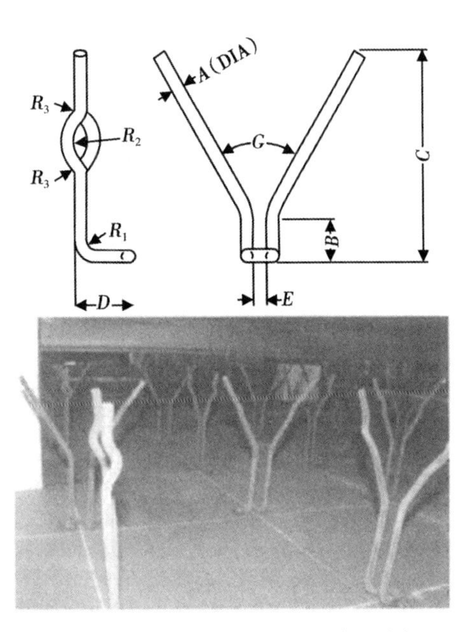

图 10.1 等长波浪状 V 形足支座实例

A—直径；B—泰恩扩展；C—支座高度；D—支座底部长度；E—支座底部弯曲半径；G—泰恩夹角；R_1—泰恩弯曲半径；R_2—波浪内弯曲半径；R_3—波浪外弯曲半径

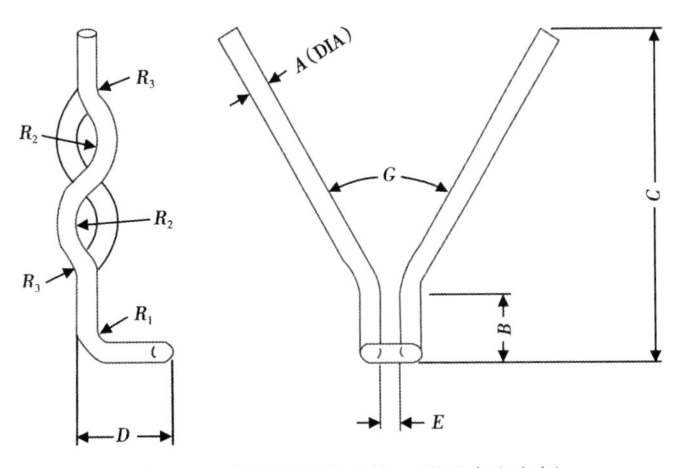

图 10.2 等长波浪状双钩 V 形足支座实例

10.6.1.2 长角形

长角形支座适合用于厚度为 2～3in（50～75mm）的耐火衬里，这种支座的支撑力不适合用于较厚的衬里（图 10.3）。

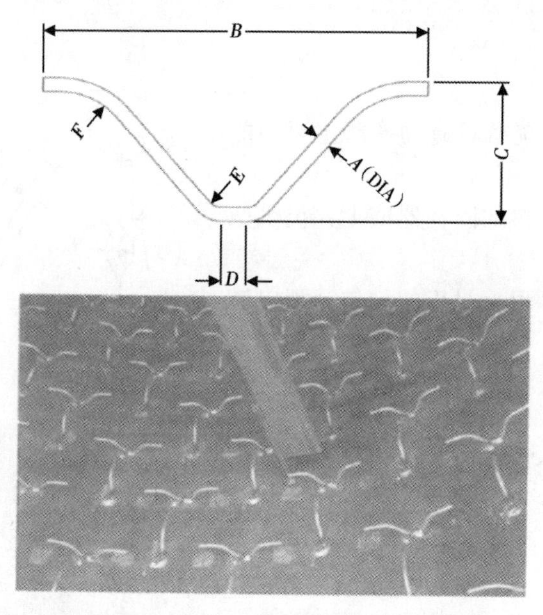

图 10.3　长角六角网状格栅支座实例

A—直径；B—支座宽度；C—支座高度；D—支座底部宽度；E—支座底部弯曲半径；F—泰恩顶部弯曲半径

10.6.1.3　六角网格形

六角网格是在单片支座系统中将金属丝进行排列形成的六边形网孔。六角网格通常用于厚度为 0.75~1in（19~25mm）的较薄耐侵蚀耐火衬里系统，例如旋风分离器、热壁提升管、取料器及其他具有苛刻侵蚀环境的热壁衬里系统中。六角网格支座系统结合极端耐侵蚀浇注耐火材料或许是可用的最好的耐侵蚀系统。六角网状格栅既昂贵又难以处理，因此主要用于新建装置。由于现场安装费用昂贵，六角网状格栅很少用于检维修工程（图 10.4）。

图 10.4　六角钢支座实例

10.6.2　独立支座系统

10.6.2.1　六边形网孔

六边形网孔是用来模拟六角网状格栅系统的独立六边形支座。由于与六角网状格栅相比，六边形网孔的价格相对便宜，因此应用广泛（图 10.5 和 10.6）。

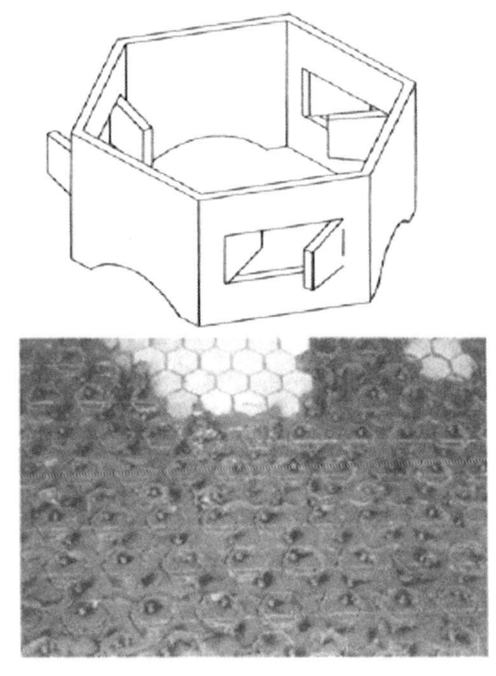

图 10.5　六边形网孔实例

图 10.6　半六边形网孔布局实例

10.6.2.2　S 形格栅

S 形格栅是另外一种独立支座系统。S 形格栅广泛用于修复薄层耐侵蚀衬里。与六角网状格栅支座系统相比，S 形格栅不仅有效而且价格相对便宜，也容易与不规则几何形状相匹配（图 10.7）。

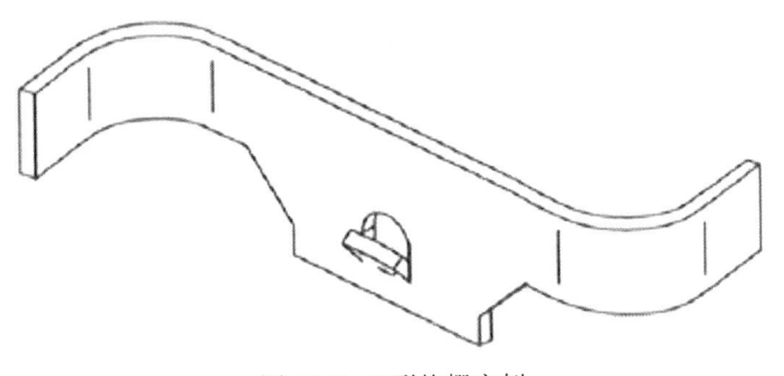

图 10.7　S 形格栅实例

10.6.2.3　涡状形支座

涡状形支座是可提供比 S 形格栅支撑力高的另外一种独立支座系统。它的材料费及安装费用均高于 S 形格栅，但可贡献更多的支撑力（图 10.8）。

10.6.2.4　K 形格栅

K 形格栅是主要用于螺柱焊接的一种独立支座系统。相对于 S 形格栅而言，这种支座的价格较贵，但由于螺柱焊接的速度较快，因此其应用成本较低（图 10.9）。

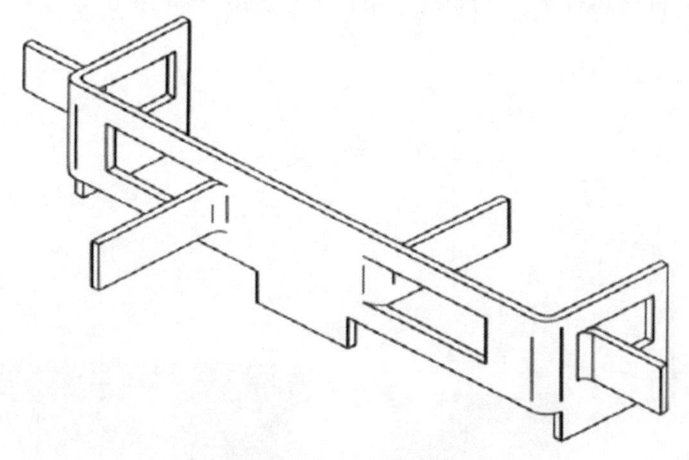

图 10.8　涡状形支座实例

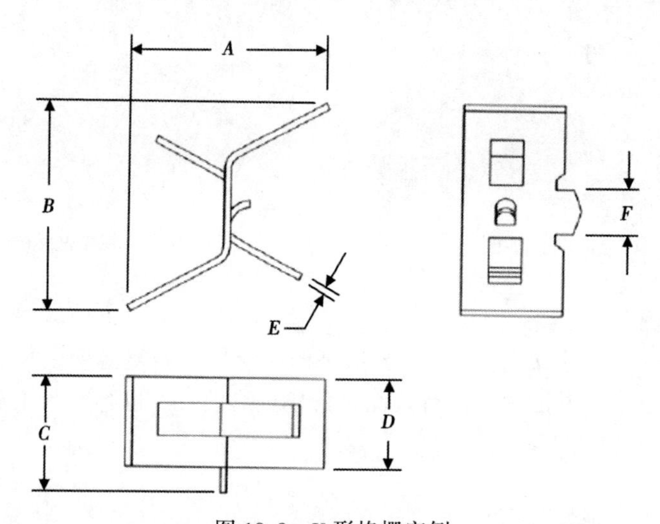

图 10.9　K 形格栅实例

A—所开发的支座宽度；B—所开发的支座长度；C—支座高度；
D—格栅支座高度；E—材料厚度（标准尺寸）；F—支座底部宽度

10.6.2.5　链节/栅栏形

链节/栅栏形支座主要用于 2in（50mm）厚或更薄的隔热浇注料衬里，例如导管和裂缝。这些支座系统对薄的衬里很有效而 V 形支座则是无效的（图 10.10）。

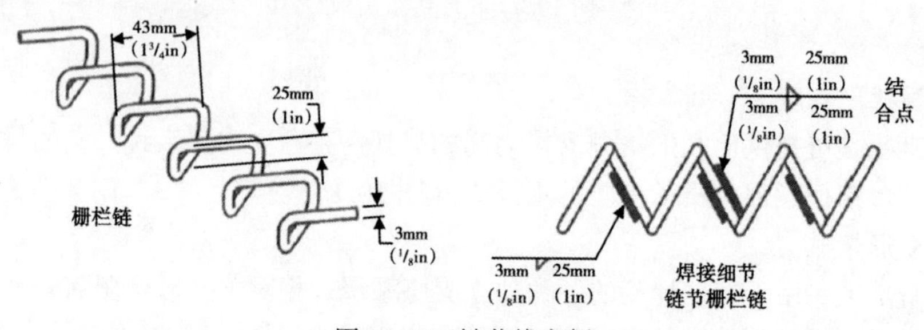

图 10.10　链节线实例

10.6.2.6 冲卡（角卡）支座

冲卡只用于与较大喷嘴相关的角落周围，例如人孔、耐火衬里管线的交叉处、出口喷嘴及其他方向突然变化的衬里位置（图 10.11 和图 10.12）。

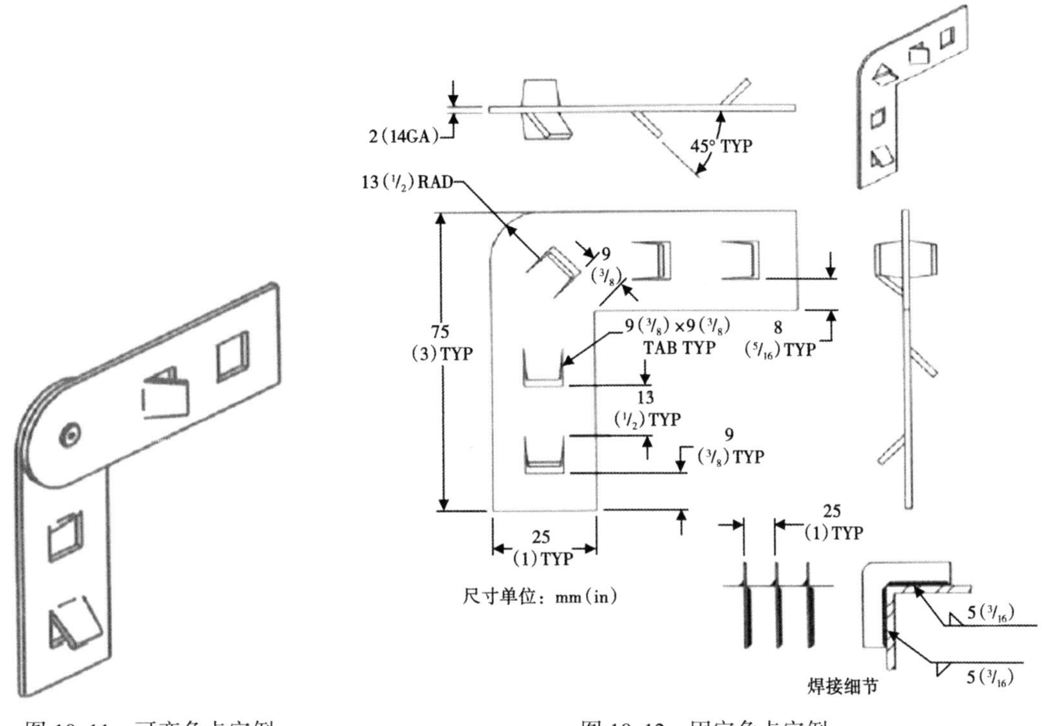

图 10.11　可变角卡实例

图 10.12　固定角卡实例

GA—标准尺寸；RAD—半径；TYP—典型

10.6.2.7 环卡支座

环卡支座适合小的管线/喷嘴。这种支座系统比其他支座，如六角网格、六边形网孔及 S 形格栅等更有效（图 10.13）。

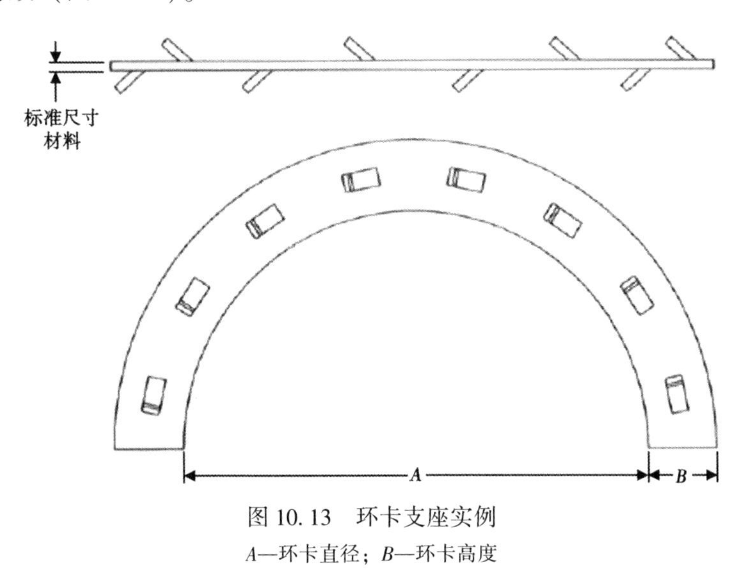

图 10.13　环卡支座实例

A—环卡直径；*B*—环卡高度

10.6.2.8 双层支座

双层衬里的每一层都应当使用支座。根据衬里厚度的不同，支撑衬里使用的支座通常是V形或长角形支座；热面衬里使用的是附着于不锈钢螺柱的V形支座。用于热面衬里的V形支座用一个焊接在支座底部的不锈钢螺母固定，它反过来又被固定到不锈钢螺柱上。热面支座在支撑衬里安装完成后进行安装。

10.6.3 支座模式

支座模式因标准不同而不同，大多数公司会利用其经验作为各种模式的主要标准来指导支座间距。

10.7 耐火衬里系统的设计

耐火衬里系统的设计涉及衬里的主要功能。衬里的主要功能是什么？它与温度、侵蚀性、环境稳定性、结构稳定性或化学稳定性相关联吗？了解工艺及耐火衬里系统相对于工艺如何发挥作用非常重要。

耐火材料设计包括的要素有：

（1）衬里厚度；

（2）耐火材料的选择；

（3）传热；

（4）支座的选择。

10.7.1 衬里厚度

衬里厚度与耐火衬里的功能或目的有关。当衬里提供热保护时，衬里厚度由所期望的冷面或器壁温度决定；当衬里的主要目的是耐侵蚀时，衬里厚度根据侵蚀性介质的侵蚀强度及衬里必须持续的时间长短来确定。

10.7.2 耐火材料的选择

耐火材料的选择对于耐火衬里的成功至关重要。虽然耐火材料的物理性质不是其真正的性能指标，但是结合以前的应用经验，它们可为工艺选择提供必要的指导，并可提高设计成功衬里的潜力。

10.7.3 传热

通过耐火衬里的传热量是材料导热性的函数，耐火材料的导热性通常由制造商给出报告。但是，测量导热性的方法非常重要。导热性的测试方法取决于耐火材料的类型，并由ASTM 15.01卷来确定。

10.7.4 支座的选择

支座的选择基于多种因素，包括：

（1）衬里厚度；

（2）工作环境（如结焦、氧化、侵蚀、水）；

(3) 衬里类型；
(4) 隔热产品；
(5) 致密材料；
(6) 热循环；
(7) 振动；
(8) 外部与内部情况；
(9) 温度。

支座的选择能直接影响衬里的可靠性、稳定性及潜在的热气旁路和热点发展。对于所需支座进行全面审核在整个耐火衬里系统都要谨慎对待。

10.8 应用技术

10.8.1 浇注料/喷涂料

浇注料/喷涂料安装技术主要包括以下 5 种。

10.8.1.1 喷浆

干喷浆技术是炼油工业领域浇注料应用中最流行的安装技术。干喷浆是将预阻尼到喷枪中的浇注料进行气动浇注，将所需的大部分水添加到喷嘴中，使得耐火材料喷浆至衬里表面。喷浆技术提供了耐火材料安装时所需的速度及灵活性，这在浇铸技术中因其不易形成及价格昂贵而难以实现。喷浆技术可得到非常好的衬里，但是有资质的施工人员及全程质量控制计划对于得到所期望的衬里结果至关重要。干喷浆技术涉及 18~20 个变量，每个变量都可能会对衬里质量产生不利影响。

耐火材料单片的喷涂涉及很多影响所安装的衬里质量的变量。在这些影响衬里质量的变量中，喷枪操作工的技能、空气压力及进料速率的影响是可以瞬间识别的。有经验的喷枪操作工能意识到好的喷涂习惯的重要性及在耐火浇注料喷涂中常见的瑕疵或不完美。支座阴影很常见，由于支座未与固化的耐火材料接触，因此降低了支座的有效性。支座阴影也是考察喷枪操作工技能的一个很好的指标。当出现支座阴影时，表明有些因素，如水含量和空气压力未被优化。水含量和空气压力是两个很重要的性质，因为它们影响最终衬里的密度、强度和均相性。空气压力低会导致低密度和对其他物理性质，如强度和耐侵蚀性的不利影响。水含量不够也会影响密度，但是更重要的是影响衬里的均相性，而均相性可能是喷涂衬里技术最重要的方面。固化和分层（夹层）较差的衬里容易发生过早失效。分层衬里的热循环所引起的耐火衬里的早期失效，降低了衬里的可靠性，增加了维修费用。

10.8.1.2 湿喷涂

湿喷涂技术在过去 10 年里发生了巨大变化。湿喷涂技术首先将耐火浇注料与水混合形成可泵送的产品，该混合物通过软管及管线用泵输送到应用区域，通过加入的空气将混合物驱动至壁面。在大多数情况下，要加入一种活化剂，如硅酸钾，以提供“载体”使得混合物能留在壁面上。

10.8.1.3 浇注

浇注是安装耐火浇注料最古老的技术。特种浇注料需要较复杂的安装技术，如铸件振实、白流平、喷涂及湿喷涂。在引进特种浇注料之前，浇注料只是简单地混合成相一致的

“手中球状”，放置成型后通过内部振动器的温度和振动来促成固化。

10.8.1.4 铸件振实

铸件振实从20世纪80年代中后期开始流行，是过去20年里得到最大发展的浇注料安装技术。这项耐火材料安装技术比其他安装方法复杂得多，需要大量专业知识和协调工作。浇注料成型是所有步骤中的关键，必须使成型设计能够承受来自浇注料静压头的压力及由振动器所产生的压力。在一些部位，如弯头、弯管、Y形管部分，必须考虑浇注料的浮力。165lb/ft^3（2640kg/m^3）浇注料的浮力足以使支撑或加固较差的成型浇注料弯曲。

铸件振实工艺看起来很简单，成型、振动、浇注，然后剥离成型物。但由于移走铸件振实衬里及修复等费用，使它的安装步骤可能会比其他任何安装技术引起更多的麻烦并造成收益损失。

10.8.1.5 捣打

某些薄层衬里浇注料的捣打安装比较困难，并且需要相当多的经验。浇注料的压紧不同于塑料，并且需要对安装特性有较好的了解。由于浇注料的“成套性”，因此任何因安装不当造成的修复，将会更昂贵、费时且复杂。在热固化之前对塑性耐火衬里的修复相对简单，因为塑性衬里柔软、容易清除并且不会损伤邻近的材料。

10.8.2 可塑耐火材料

可塑耐火材料安装技术主要包括以下3种。

10.8.2.1 捣打

可塑耐火材料的捣打曾经是多年来钢铁工业的一种主要安装技术。在过去10~15年里可塑耐火材料及一些浇注料的捣打技术在炼油厂都得到了广泛应用。在钢厂应用中9~13in（225~325mm）厚的壁面的安装与在炼油厂应用中1~2in（25~50mm）厚的典型衬里的捣打是显著不同的。超过4in（100mm）厚的壁面通常被捣打安装与热面垂直。对于厚度小于4in（100mm）、典型厚度为1~2in的塑性耐火衬里，将从衬里的热面被捣打。

在炼油厂，厚度为1~2in（25~50mm）的薄层塑性耐火衬里应用最广泛。所有这些衬里都从热面被捣打，并且耐火材料的固化是重点。塑性耐火衬里的修剪也很重要，需要丰富的经验来确保衬里材料能够紧紧附着在支座系统。有些情况下，塑性衬里从支座剥离会引起过度的磨损损失。可塑耐火材料的捣打技术提供了优于其他厚度为1~2in（25~50mm）的衬里材料的优点。工作效率提高了，但是最主要的优点是提高了工作质量。

易于安装及无须现场制备是选择可塑耐火材料的重要原因，然而，它们还必须提供所期望的性能。磷酸键合的可塑耐火材料开发了优异的耐磨损性能及正确加热时适中的强度。通常要求安装在FCC装置应用场合的可塑耐火材料的磨损损失（ASTM C704）<5mL。这些不同类型产品的强度范围为5000~10000psi（351.5~492.1kgf/cm^2），不过，验收标准会低一些。

10.8.2.2 喷浆

可塑耐火材料的喷浆技术在金属工业中很常见，但是在石油工业中还未能显现出优点。可塑耐火材料是在高压下造粒并且气动安装的。在某些情况下，这项应用技术提高了应用速度，降低了总费用，因此，从这项技术的广泛应用中赢利是必要的。

10.8.2.3 手工装填

由于其固化潜力较差，手工装填通常不是一种好的应用技术。

10.8.3 质量控制程序

详尽的质量控制计划对于获得质量可靠的耐火衬里系统至关重要。在某些情况下，承包商本质上已经采用了一份非正式的质量控制计划，然而，这只能取得微不足道的成功。具有明确质量控制计划的承包商对耐火材料的质量有较好的认识，能够在耐火衬里的安装过程中应对异常情况。

质量控制计划的组成部分包括书面规程、有关施工人员资质及施工程序的规定、生产过程取样、出货前的合格评定及由承包商派人进行定期监测以证明其为确保质量控制所付出的努力等。承包商还需论证对相关规范和标准的认识及普遍接受的安装做法。

Vessel 耐火材料公司的 API 任务组开发出了一种与炼油工业相关的用于单片耐火材料安装的详尽的质量控制程序。该程序的原始文件称为 RP 936（推荐做法），不过最近已经进行了修订，目前是称为 API 936 的标准。那些没有准备与耐火材料质量控制相关的耐火材料规范的公司，正在被敦促考虑使用这个程序。

10.8.4 书面规程

在耐火衬里开始安装前，需要从公司获得书面安装规程同意书。书面规程的内容需包括：

（1）设备要求及紧急情况处理预案；

（2）混合和处理方法；

（3）应用的细节；

（4）固化和干燥程序；

（5）材料测试要求；

（6）质量控制程序。

一个好的书面规程并不能确保耐火材料的安装质量，但它建立了质量要求的共识，并且为公司指定的督察员发现不一致时的讨论提供了基础。

书面规程还为业主提供了辩驳不与自觉接受的做法相一致的任何规程的机会。在开始工作前讨论和解决规程分歧的能力减少了安装期间的混乱，减少不可接受的工作的可能性。

10.8.5 符合物理特性数据

一个项目或维修中所考虑的每种耐火材料的物理特性的合规性数据的开发对于得到高质量耐火材料产品非常关键。在购买任何材料前都应当从材料供应商那里获得出货前接受或拒绝要求的同意书。制造商的数据表通常是模糊的，很少有制造商同意将数据表中的数值作为出货前的合格条件。因此，同意书对于建立耐火材料的最低标准是必要的。习惯上设置出货前的要求是接近所公布数值的 75%，但是，一种材料的历史测试数据对于确定其是否合适也很有帮助。在一些情况下，制造商的数据表明显歪曲了典型产品的物理特性，此时，历史数据对于开发产品的更有代表性的最低要求是有帮助的。

合规性数据和出货前测试并不能保证高质量的工作，但它是取得所期望结果的第一步。

10.8.6 出货前合格测试

出货前测试通常用于评定一个项目或维修中所用材料是否合格。产品在预定的频次下进行测试，测试结果应当满足出货前合规性要求。如果一种材料不能满足最低要求，除非有必要进行第二次测试，否则它将无法使用。

10.8.7 模拟和人员资质

针对项目中每种耐火材料预期的应用，承包商负责配备合格的施工人员。每个施工人员都给出了显示他/她在每个特定应用技术方面的技能的机会。在资质评定过程中需要检查，某些最低标准用来评定一个个体是否合格。

10.8.8 生产过程取样

在耐火衬里安装过程中的取样称为生产过程取样。其目的是获取衬里安装过程中有代表性的样品。取样频率很重要，必须在开始工作前就要确定。取样频率通常在耐火材料或工作专用规范中确定。

10.8.9 生产过程取样测试

每一个生产过程所取样的测试费用都很高，并且是没有必要的。但是，在项目开始或维修前应当制定一个测试方案（要测试的样品数量）以优化测试和成本。

10.8.10 混合日志表

混合日志表是用来监测安装人员行为的一种手段。恰当使用混合日志表能使检查员跟上衬里应用的工作而不必时时监督耐火材料的混合过程。

10.8.11 监督

耐火衬里安装过程的监督对于验证衬里的质量非常重要。除了由于不称职的安装人员所造成的明显缺陷，在衬里安装完后再进行监督已没有意义。耐火材料的有效监督包括见证包含设备停车、表面准备、支座布局、支座焊接及耐火材料安装等所有方面的工作。由于不可能见证全部过程，因此监督员应当见证每个关键环节或能控制安装人员的施工进程（注意不能延长总过程）。

10.9 耐火衬里的干燥

在投入使用前对耐火材料进行干燥是为了提供不会因开车或操作条件而改变或受影响的稳定衬里。经过干燥的耐火衬里一般不会由于设备的开车过程较差或失控造成快速加热而受影响。

耐火浇注料的干燥是通过设计一种控制方式将机械水和化学水从耐火衬里中脱除。机械水的定义是用来方便放置耐火材料的水。化学水的定义是用来与水泥黏合剂进行化学结合（水合）的水，以提供产品所期望的物理性能。耐火材料中水分的脱除发生在干燥步骤的不同温度阶段。水泥脱水通常发生在400℉（204℃）和1200℉（650℃）之间，并且伴随着水合水泥的相变。

两种类型水的脱除都必须在控制方式下完成。过度的加热速率会导致耐火材料中蒸汽的出现，蒸汽可能不以受控方式通过耐火材料层消散。造成的后果是耐火材料的爆裂，即耐火材料层内部的蒸汽压力会引起材料破裂。

10.10 耐火衬里的初始加热

耐火材料产品，如含有水泥黏合剂的浇注料需要有控制的干燥，不受控的干燥或快速干燥能引起耐火材料的爆裂，最终导致报废。

干燥的目标是使耐火衬里以受控的方式进行干燥，并提供具有稳定性的耐火材料，而当水分存在时耐火材料是不稳定的。受控的干燥保证了水分从系统中合理的释放，稳定了耐火材料。最终目标是以经济有效的方式将耐火衬里彻底干燥。

耐火浇注料的生产商会提供关于浇注料干燥的一般原则，这些原则通常非常保守。耐火浇注料的干燥受其类型及使用耐火材料的设备构造的影响很大，直管，如管道、提升管及立管并不需要有与弯头、汽提段及旋风分离器等具有隐藏或屏蔽区域的设备相同的考虑。所有耐火衬里的干燥原理是一样的，但是，一些干燥细节，如燃烧器位置、干燥介质的质量、干燥持续时间、热电偶位置等需要特殊考虑，经过正确工程设计的耐火材料系统这些细节非常明确。

大多数耐火材料规格中都提供了未烧制的耐火浇注料的初始加热程序。这些加热程序通常用于在工厂干燥的耐火衬里的安装。但是这些加热程序对于所有的干燥程序都是很好的指南，其原理可适用于工厂及现场实际。

通常采用空气或其他气体介质进行干燥，绝不允许火焰与未烧制的耐火材料接触。与火焰相关的热通量对于未烧制的耐火材料而言太高了，通常会导致耐火材料爆裂。

对于每一个项目或耐火材料应用实例都应当设计干燥程序，强烈推荐在开始干燥操作前有资格的人员应当审核干燥计划及程序。

10.11 设备开车期间耐火衬里的干燥

在设备开车期间对耐火衬里的干燥需要像衬里在工厂的干燥一样给予重视。开车期间的不同在于设备的限制会影响干燥过程。因此，开车期间的调整是必要的，以确保耐火衬里在开车程序中不受损坏。

在大多数情况下，设备的开车程序足够慢，开车所需的变动很少。但是，当开车程序采用快速加热速率时，调整是必要的，以限制耐火材料爆裂的可能性。

应当开发正常的开车升温曲线，并考虑正常的开车程序。工艺反应器的内衬是厚度为6in（150mm）的耐火材料，这是一种密度适中/侵蚀性适中的产品，需要较慢的升温速率。正常开车包含从250℉（121℃）到550℉（288℃）的快速升温速率阶段，在此温度范围内耐火材料经常发生爆裂。这个干燥程序将被改进为降低初始升温速率，通过使干燥时间延长1倍的方法达到550℉（288℃）。

启动设备最有效的手段包括对大量的未烧制的耐火浇注料的正常开车程序进行调整。生产商、顾问和承包商会提供一些指导，但是他们的建议是片面的，他们通常不知道过程的细节，采用他们所提供的比公布的程序不太保守的程序获得的收益很少。如果选择使用生产商推荐的干燥程序，那么可以预期过程显著的变化以及总开车时间的显著增加。

10.12 耐火衬里系统随后的加热

之前已经烧制过的耐火材料系统随后的加热速率主要由所期望的维持可靠的耐火衬里系

统来控制。快速加热和冷却会在耐火衬里中引起过度应力，导致耐火衬里中出现微裂纹，从而导致耐火衬里的机械剥落、衬里厚度的损失及不可靠的衬里。对于所有之前烧制过的耐火衬里，如浇注料、可塑耐火材料和耐火砖，通常推荐的加热速率为100℉（56℃）/h。提高加热速率不太可能立刻引起耐火衬里的损坏，但是会缩短耐火材料的使用寿命。频繁进行快速加热或冷却会缩短耐火浇注料的使用寿命，但是偶尔偏离推荐的加热或冷却速率不会有显著的影响。接近200℉（111℃）/h的加热速率也是可以接受的，因为只有长期采用较高的加热速率才会导致不好的结果。

提高加热和冷却速率有时需要通过提高设备的可用性所获得的潜在收益来判断。因此，重要的是要认识到：当过程可获得收益时，提高速率是可以接受的。相比慢速开车过程中固有的损失，长期提高速率的不良后果通常明显少于前者。这些情况应当仔细审核以确保收益远大于风险。

10.13 FCC装置中耐火材料系统实例

大多数FCC装置反应器—再生器系统中的任何设备都使用耐火衬里来防范过早的侵蚀、热损失及腐蚀作用。这些设备及构件包括：

（1）反应器和再生器容器；

（2）催化剂汽提段容器；

（3）再生和待生催化剂立管；

（4）再生和待生催化剂滑阀或塞阀；

（5）Y形或J形弯曲部分；

（6）提升管和提升管末端设备；

（7）空气和待生催化剂分配系统；

（8）汽提蒸汽和其他蒸汽分配器；

（9）反应器和再生器旋风分离器；

（10）烟气管道和压力控制滑阀；

（11）孔腔室；

（12）第三催化剂分离系统；

（13）反应器油气管道。

上述构件除了再生器容器以外可以设计成冷壁和（或）热壁。冷壁设计常常使用4in或5in（100mm或125mm）厚的内部耐火衬里，采用碳钢作为基础材料。热壁设计常常使用¾in或1in（20mm或25mm）厚的内部（外部）耐火衬里来防范催化剂流动造成的过度侵蚀。

表10.1给出了FCC装置中各种设备所使用的典型耐火材料类型。

表10.1 FCC装置中的设备所使用的耐火材料类型实例

位置	厚度，in	SS纤维	可接受类型	安装方法	支座类型
再生器壁/烟气管道	4~5	是	中质绝热浇注料	喷涂	V形波浪
反应器壁	根据需要	是	中质绝热浇注料	喷涂	V形波浪
催化剂传输管道	4	是	适中密度/适中耐侵蚀性	铸件振实或喷涂	V形波浪

续表

位置	厚度，in	SS 纤维	可接受类型	安装方法	支座类型
热壁催化剂传输管道	2	是	极度耐侵蚀耐火材料	气动捣打	2in 六边形
旋风分离器/热壁提升管/其他薄层耐侵蚀衬里	1	否	极度耐侵蚀耐火材料	气动捣打	1in 全深度六边形金属
空气分配器	1	是	极度耐侵蚀耐火材料	气动捣打	环形护耳
烟气管道	4~5	是	密度/耐侵蚀性适中浇注料	铸件振实	V 形波浪
提升管/冷壁和待生催化剂提升管	5	是	极度耐侵蚀耐火材料	铸件振实	V 形波浪
耐火材料扼流圈	—	否	压碎的耐火砖/具有大型耐火砖盖层的骨料	随浇随捣	—

10.14 小结

耐火衬里在催化裂化装置的操作及机械可靠性方面起着重要作用。了解各种耐火材料系统的设计及应用中应考虑的细节对于取得预期的效益会少走很多弯路。

10.15 致谢

本章大量素材是由位于德克萨斯州泰勒市（Tyler，TX）的霍格耐火材料咨询公司（Hogue Refractory Consulting Inc.）的道格霍格（Doug Hogue）先生提供的。感谢他的无私奉献，感谢道格霍格先生使本章的完成成为可能。

第11章　FCC设备工艺和机械设计指南

FCC发展的许多方面是“反复试验”的结果。现在的设计标准是一门科学，也是一门艺术。因此，回顾一下过去半个世纪影响FCC反应器和再生器系统的现行设计基本原理的一些重要发展情况是很有必要的。

11.1　FCC催化剂质量

早期的FCC催化剂既不具有高活性也不具有高选择性；产品结构中焦炭占比较大，并以牺牲汽油和其他有价值产品为代价。再生器在约1100℉（590℃）下以部分燃烧模式操作。20世纪60年代后期，沸石引入了FCC催化剂，促使FCC工艺显著改善，沸石催化剂使主要产率转向较轻的液体产品。

11.2　高温操作

伴随着催化剂技术的进步，加工重质原料的需求以及对目的产品产率最大化的要求导致再生器和反应器在更高的温度下操作。这些更高的操作温度对反应器/再生器的机械部件有不利影响。高温操作的缺点包括部件热膨胀更大，以及钢材的低屈服应力，结果降低了钢材的负载能力。

11.3　耐火材料质量

耐火衬里系统最早是在钢铁工业的应用中发展起来的。直到耐火材料的制造商们开始开发FCC专用的耐火材料产品时，才认识到它们对侵蚀性和绝热性能的巨大改善。

11.4　更具竞争性的炼油工业

早期FCC装置的运转周期很短，一般装置每年都要停工进行维护。早期通常的做法是在停工时做一些必要的维修和置换损坏的内部构件。由于石油工业的竞争日趋激烈，FCC装置的竞争力体现在延长装置运转周期、改进可靠性并使目的产品的数量和质量最大化等方面。

上述几方面的发展和改进成为FCC设计参数提供了背景资料。下面的讨论给出了最新的经过工业验证的FCC反应器—再生器系统部件的工艺和机械设计建议。

这里所提出的设计指南，尽管没有被FCC专家普遍认同，但对炼油厂是有用的，可以确保FCC装置的机械升级是安全、可靠和可盈利的。

提供的反应器—再生器系统主要部件的工艺和机械设计建议如下：

（1）进料注入系统；

（2）提升管和提升管末端设备；
（3）待生催化剂汽提段；
（4）立管系统；
（5）空气和待生催化剂分布器；
（6）反应器和再生器旋风分离器；
（7）膨胀节；
（8）耐火材料。

11.4.1 进料注入系统

任何提高催化裂化装置性能的机械改造都应以安装一个有效的进料注入和再生催化剂系统开始，这是FCC装置中最重要的一个部件。一个有效的进料注入和再生催化剂系统可减少油浆和干气产率，同时使液体总产率最大。一个设计得当的进料注入和再生催化剂系统还会通过最小化焦炭在提升管、反应器壳体、反应器顶部油气管线及主分馏塔系统等部位的形成而提高装置的操作可靠性。

一个设计得当的进料注入和再生催化剂系统应当达到以下目标：

（1）使原料均匀分布在催化剂提升管物流的整个横截面上，以确保所有的原料组分经受相同的裂化苛刻度；

（2）使原料瞬间均匀雾化；

（3）最小化待生催化剂和新鲜原料的二次接触；

（4）注入器喷嘴产生的适当尺寸的油滴通过提升管横截面渗透进入催化剂物流中；

（5）最小化提升管壁的侵蚀和催化剂的磨损；

（6）具有指定尺寸的组件在运行中没有堵塞或引起侵蚀。

11.4.1.1 原料喷嘴的工艺设计注意事项

表11.1给出了用于指定高效进料注入喷嘴的关键工艺和机械设计的准则。任何进料喷嘴的机械设计必须足够牢固且便于检修维护（图11.1）。要达到期望的升级改造的效益，进料喷嘴机械上的长期可靠性是关键。经常会遇到的一些机械问题如下：

（1）进料喷嘴头的磨蚀；

（2）Y形段和提升管壁的耐火材料的磨蚀；

（3）进料喷嘴的堵塞。

表11.1 FCC进料喷嘴的工艺和机械设计准则

项目	准　　则
注入器	多个喷嘴，每个喷嘴<8000bbl/d，安置在提升管的四周并向上喷射
油侧压降	在设计的进料速度下，压降50~70psi（3.5~4.9kgf/cm^2）
喷嘴出口处速度	150~300ft/s（45~100m/s）
分散介质和速度	蒸汽，为常规瓦斯油进料速率的1%~3%（质量分数），渣油进料速率的4%~7%（质量分数）
方向和位置	放射状，在Y形工作点上方提升管直径的4~5倍处
原料喷嘴的类型	容易抽出型
嵌入材料	304H不锈钢
喷嘴头	硬质合金或扩散涂层

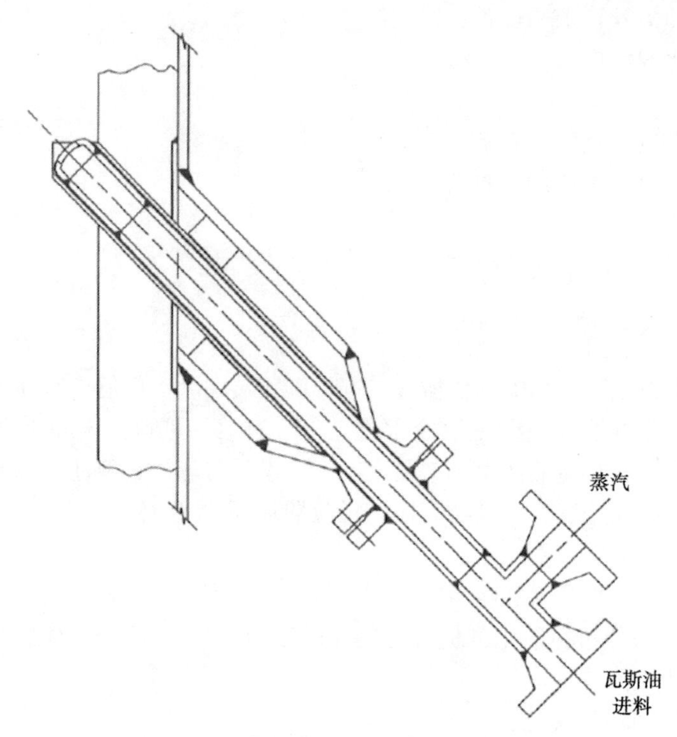

图 11.1　典型的进料喷嘴安装示意图

11.4.1.2　催化剂提升段的设计注意事项

为了最大限度地发挥进料喷嘴的效益，再生催化剂物流必须均匀地分布在提升管整个横截面上，这要求催化剂经过预加速到达进料段，通常用蒸汽或燃料气来提升催化剂至原料注入段。大多数设计中包括一个 Y 形段用来输送催化剂至原料喷嘴、一个提升气分布器来提供足够的气体以输送“密相”催化剂至进料喷嘴。在另外一些设计中，提升气的速率要高几个数量级，目的是使瓦斯油原料接触进入更“稀释”的催化剂物流中。在一个使用 J 形弯曲段的 FCC 装置中（图 11.2），其横向和纵向物流中采用蒸汽来确保催化剂粒子与雾化的瓦斯油原料均匀接触。图 11.3 给出了一个典型的 Y 形段催化剂提升系统示意图。

11.4.2　提升管和提升管末端设备

在大部分现行的 FCC 操作中，所需的反应发生在提升管内。近年来，一些炼油厂已经改进了 FCC 装置，以消除或显著减少提升管后不希望的裂化及非裂化反应。在提升管末端迅速地将催化剂从烃蒸气中分离出来，对增加目的产品的收率极为重要。提升管后的反应会产生较多的干气和焦炭，相对减少了汽油和馏分油收率。目前，有几个由 FCC 专利权人提供的被设计用于最小化提升管后烃蒸气裂化的已经过工业验证的提升管分离系统。

表 11.2 给出了用于设计新型提升管的工艺及机械设计指南。

表 11.2　FCC 提升管的工艺及机械设计指南

项目	原　　则
烃停留时间	基于提升管出口条件，2~3s；取决于提升管中催化剂返混程度的不同，催化剂停留时间通常是烃的 1.5~2.5 倍

续表

项目	原　　则
汽相速率	最小 20ft/s（6m/s）（无原料油注入时）；在设计进料速率下，为 45~55ft/s（14~17m/s）
几何形状	垂直方向；模拟柱塞流以使催化剂返混降至最小
末端	连接提升管旋风分离器/装置到其他分离装置上，使烃蒸气的再裂化降至最少并提高催化剂的分离效果
结构	外部的或内部的
材料	碳钢，相对于“热壁”而言的“冷壁”，具有厚度为 4~5in（10~12.5cm）的耐火衬里

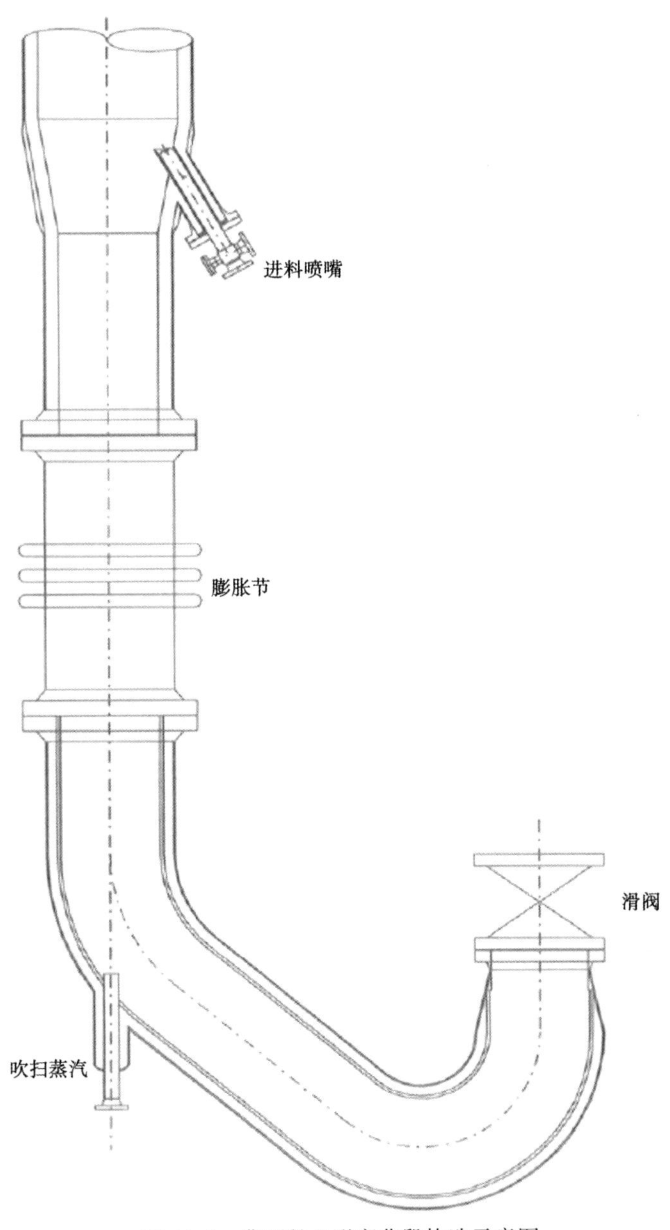

图 11.2　典型的 J 形弯曲段构造示意图

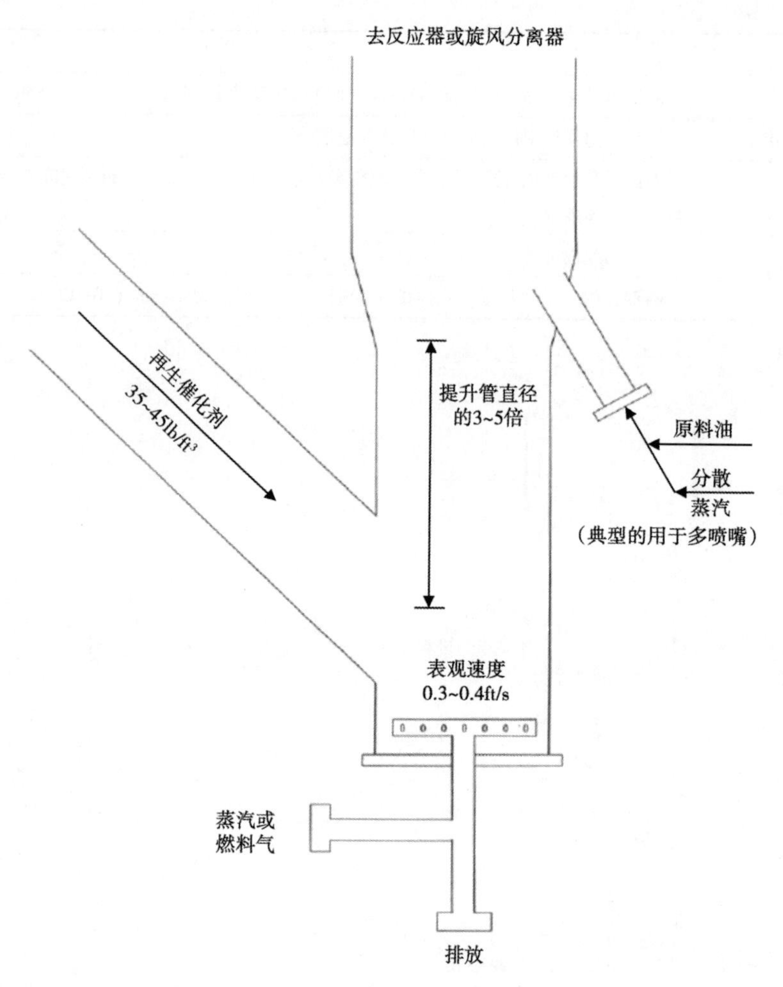

图 11.3　典型的 Y 形段催化剂提升系统实例

11.4.3　待生催化剂汽提段

设计合理的催化剂汽提段可使夹带和吸附进入再生器中的烃量减至最少。这一夹带量的减少需要通过使用汽提蒸汽来完成。富氢的烃进入再生器的主要缺点是液收和处理量的损失及催化剂活性的降低。

汽提段的性能虽然受合适的设计实践的影响很大，但非常值得注意的是，汽提段的性能还极大地受原料质量、催化剂性能和操作条件的影响。设计汽提段的重要工艺参数见表 11.3 和图 11.4。

表 11.3　反应器—汽提段的工艺和机械设计准则

项目	准　则
催化剂通量	600~900lb/（min·ft²）［49~73kg/（s·m²）］
汽提蒸汽比率	2~5lb/1000lb 循环催化剂
汽提蒸汽表观线速	0.5~0.75ft/s（0.15~0.25m/s）
催化剂停留时间	1~2min

续表

项目	准　　则
蒸汽质量	干蒸汽
蒸汽分布器	
级数	1
类型	管栅或同心环
喷嘴数	每平方英尺汽提段横截面积上至少有 1 个
喷嘴	
方向	向下
出口线速	100～150ft/s（30～46m/s）
压降	最小 2psi（0.14kg/cm^2）或床高的 30%
L/D	最小 5，或足够长以扩张“收缩截面”
结构材料	
汽提段外壳	碳钢，冷壁，4in（10cm）厚中质耐火衬里
分布器	碳钢，分布器外部衬 1in（2.5cm）厚的抗磨蚀耐火材料
挡板	碳钢或低铬合金
喷嘴	碳钢，管壁厚度系列最小为 160

催化剂通量定义为催化剂循环速率与汽提段整个横截面积之比。为了有效地汽提，希望催化剂通量最小，以减少夹带至再生器中的富氢烃类。

在达到某一点前，汽提蒸汽效率与汽提蒸汽速率成正比。过量的汽提蒸汽会使反应器旋风分离器、主分馏塔和含硫污水处理系统超负荷。因此，应当改变汽提蒸汽速率以确定最佳进料速率。再生器床层和（或）稀释相温度不再降低时的汽提蒸汽速率常常对应于最佳汽提蒸汽速率。

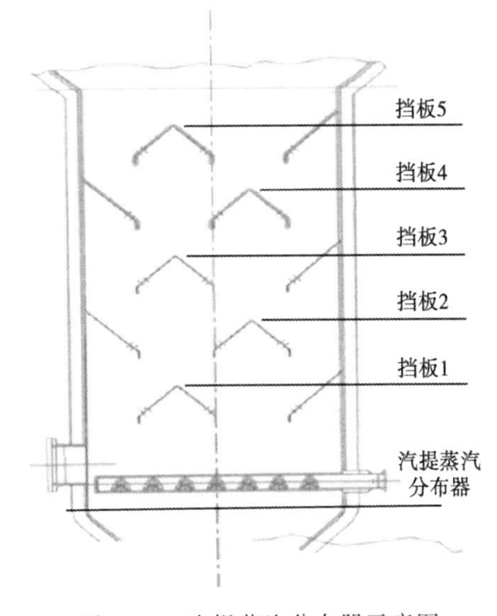

图 11.4　汽提蒸汽分布器示意图

催化剂在汽提段的停留时间是由催化剂循环速率和汽提段中的催化剂量决定的。这个量通常对应于从正常床层的中心线到下部的汽提蒸汽分布器的中心线之间的催化剂的量。增加催化剂的停留时间可以提高烃类的汽提效率，但也会增加催化剂的水热失活。在某些情况下，降低催化剂床层也能提高烃类的汽提效率。

很重要并且值得注意的是，根据汽提段操作压力和温度的不同，总有一部分汽提蒸汽随着待生催化剂进入再生器，例 11.1 给出了如何确定这部分蒸汽的量。

例 11.1

采用以下条件，计算由反应器—汽提段带入再生器的汽提蒸汽量：

催化剂骨架密度＝150lb/ft^3（2400kg/m^3）

催化剂流动密度＝35lb/ft^3（560kg/m^3）

汽提段操作压力=25psi（173kPa）

汽提段操作温度=980℉（525℃）

催化剂循环速率=40（短）/min=4800000lb/h（2200mt/h）

解：

每磅循环催化剂夹带的蒸汽体积=1/35-1/150=0.0219ft³/lb（0.0014m³/kg）

$$\rho = \frac{M}{10.73} \times \frac{p + 14.7}{t + 460}$$

式中 ρ——气体或蒸汽密度，lb/ft³；

M——相对分子质量；

P——压力（表压），lb/in²；

t——温度，℉。

蒸汽密度=0.0462lb/ft³（0.74kg/m³）

夹带蒸汽量=0.0219ft³/lb×0.0462lb/ft³×4800000lb/h

=4858lb/h（2204kg/h）。

11.4.4 立管系统

再生催化剂立管和反应器催化剂立管组成了FCC操作中所使用的两个立管系统。每个立管的恰当设计是得到良好催化剂循环的最重要因素之一。立管产生催化剂循环至提升管所必需的压头。典型的立管组件主要由料斗、立管和滑阀或塞阀三部分组成，各部分的作用和设计如下。

11.4.4.1 料斗设计

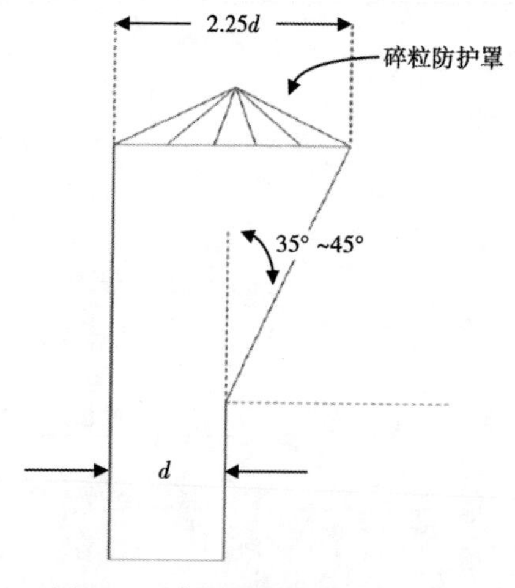

图11.5 典型的催化剂料斗示意图

再生催化剂料斗（图11.5）为再生催化剂初步脱气并流入立管提供足够的时间。适当的催化剂脱气能使再生催化剂密度最大，并使催化剂保持流化状态。表11.4给出了设计立管料斗时所使用的关键工艺参数。

表11.4 立管料斗工艺设计原则

项　目	原　则
料斗入口直径	立管直径的2.25倍
锥体角度	与垂直线成35°~45°角
所需的再生催化剂密度	40~45lb/ft³（640~720kg/m³）
催化剂流速	0.5~1.0ft/s（0.15~0.3m/s）

11.4.4.2 立管

立管提供获得适当催化剂循环所需的必要的压头。调整立管的大小以使其能在催化剂流量大范围内变化的流化区操作。在高的压头下，可实现最大的催化剂循环速率。只有催化剂在恰当流化的状态下，才可得到较高的压头。表 11.5 列出了立管的典型工艺和机械设计准则。

表 11.5　催化剂立管的工艺和机械设计准则

项目	原　　则
催化剂通量	150~300lb/（s·ft^2）[725~1450kg/（s·m^2）]
催化剂流速	2~6ft/s（0.6~2m/s），目标值 4ft/s（1.3m/s）
所需密度	40~45lb/ft^3（650~800kg/m^3）
几何形状	垂直或相对垂直线倾斜，最大角 45°
材质	碳钢，“冷壁”加 5in（12cm）厚重质抗磨蚀耐火衬里
辅助松动气	沿立管每 5~8ft（1.5~2.5m），用转子流量计调节松动气流量

11.4.4.3　滑阀或塞阀

滑阀或塞阀调节再生器和反应器之间的催化剂流量。滑阀或塞阀同时也提供了正向的密封，阻止烃倒流入再生器或热的烟气进入反应器。表 11.6 总结了滑阀设计的典型工艺和机械参数。

表 11.6　滑阀工艺和机械设计指南

项目	原　　则
操作压降	最小 1.5psi（10kPa），最大 10psi（70kPa）
设计循环量下阀的开度	40%~60%
材质	壳体：碳钢，带有 4~5in（10~12cm）厚重质、单层、带钉铸件振实耐火材料； 内部构件：温度大于 1200℉（650℃）时使用 304H 不锈钢，温度低于 1200℉时使用 H 级 1.5%Cr； 与催化剂接触的内部构件应当有抗磨蚀耐火衬里； 滑阀表面应当经硬化处理，最小厚度为⅛in（3mm）
阀盖设计	催化剂自排式倾斜滑阀盖（倾斜度最小 30°）
吹扫	填料函无吹扫设计。准则：开槽，表面硬化处理，由吹扫连接器供气（通常关闭），优先选择氮气作吹扫气
传动类型	电—液压系统能快速响应和精确控制
传动响应时间	最大 3s

例 11.2 演示了通过滑阀计算催化剂循环速率的公式。

例 11.2

演示所用的方程为：

$$W = A_p \times C_d \times 2400 \times \sqrt{\Delta p \times \rho}$$

通过以下信息确定催化剂的循环速率：

滑阀压降 Δp = 5psi（35kPa）

滑阀开度 = 40%，对应的开孔面积为 200in^2（1290cm^2）

催化剂密度 = $35 lb/ft^3$（$560 kg/m^3$）

因此：

$$W = 200 \times 0.85 \times 2400 \times \sqrt{5 \times 35} = 5397333 lb/h \ (2444992 kg/h)$$
$$= 45（短）/min [41（公）/min]$$

式中 W——催化剂循环速率，lb/h（kg/h）；

A_p——口或孔的开口面积，in^2（m^2）；

C_d——流量系数，取 0.85；

Δp——阀的压降，psi（kPa）；

ρ——立管中催化剂的密度，lb/ft^3（kg/m^3）。

11.4.5 空气和待生催化剂分布器

再生器的主要目的是产生清洁的催化剂，使尾燃和 NO_x 的形成减至最小，并减少催化剂的局部烧结。空气和待生催化剂的均匀分布对于有效的催化剂再生是很重要的。近年来，虽然空气分布器的设计已得到显著改进，但待生催化剂分布器设计发展缓慢，特别是并列式 FCC 装置。大部分并列式装置存在待生催化剂分布不均匀的问题。

设计良好的空气分布器系统具有以下特征：

（1）空气均匀分布至再生器的整个横截面；

（2）机械设计能承受宽范围内各种操作条件的变化，包括开车、停车、正常运转和非正常条件；

（3）提供可靠性，只需要最小量的维护。

有些早期设计的 FCC 装置中，采用来自空气鼓风机的所有可用的空气将来自催化剂汽提段的待生催化剂带入再生器。实质上在所有的 FCC 装置中，燃烧空气都是通过专用空气分布器分布在整个再生器上。

目前使用的 4 种占主导地位的空气分布器构造为平面管网、格板、圆顶形和环形。最常见的类型是平面管网和环形分布器。总的来说，管网由于分布更均匀及出口速率较低，往往可最小化催化剂磨损而优于空气环设计。此外，不论空气的流速多少，管网可在再生器的整个横截面上保持相同的覆盖范围。空气环是通过射流穿透获得覆盖范围的，当空气的流速低于设计值时，由于较低的流速而使覆盖范围减小。

影响空气分布系统机械性能的 3 个主要因素是磨蚀、热膨胀和支架的机械完整性。分布器的设计应反映出在高的催化剂/空气速率下的磨蚀性质，各种操作条件下的热膨胀和能最小化热膨胀负荷的相应的支架计算。空气分布器的工艺和机械设计的考虑要点见表 11.7（参见例 11.3 和图 11.6）。

表 11.7 空气分布器的工艺和机械设计准则

项目	原　则
推荐类型	管网分布器
喷嘴出口速率	100~150ft/s（30~45m/s）
压降	在设计空气速率下为 1.5~2.0psi（10~15kPa）；在最小空气速率下及喷嘴方向向下时，为床静压头的 10%~30%

项目	原　　则
材质	304H 不锈钢，外衬 1in（2.5cm）厚抗磨蚀耐火材料
支管	L/D 比小于 10 以最小化支架的要求和振动
支臂连接	通过主集合管和槽口使管连续
连接件	锻造连接件而非斜接件支撑集合管，锻造连接件使应力开裂引起的事故减至最小
喷嘴	
类型和方向	双直径喷嘴，在喷嘴背面有孔，向下 45°
长度	最小 4in（10cm）
L/D	5/1~6/1
第一喷嘴位置	离支臂槽边 8~12in（20~30cm）

例 11.3

喷嘴孔的压降可由下式计算：

$$\Delta p = \frac{\rho_o}{2 \times g_c \times 144} \times \left(\frac{V_o}{C_d}\right)^2$$

式中　V_o——空气流经孔的速率，ft/s；

ρ_o——空气密度，lb/ft^3；

g_c——重力加速度常数，$32.2ft/s^2$；

C_d——流量系数，0.85。

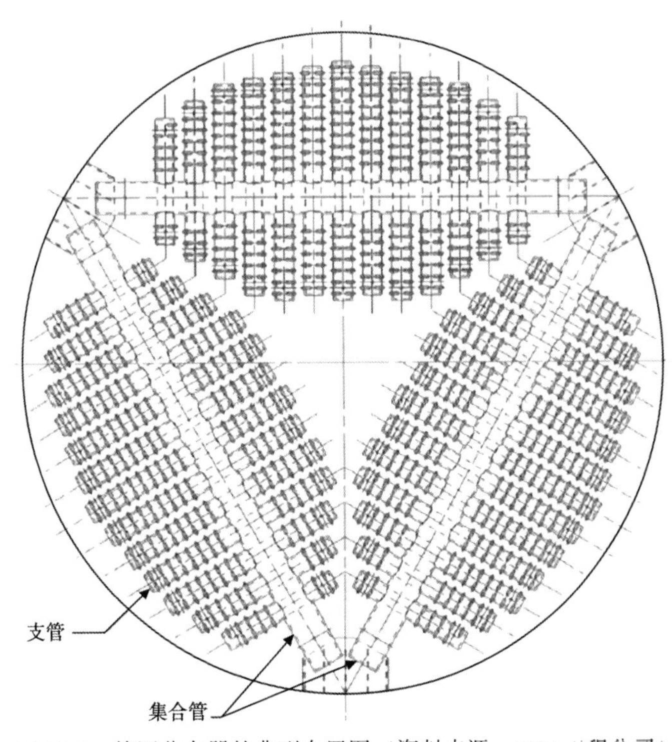

图 11.6　管网分布器的典型布置图（资料来源：RMS 工程公司）

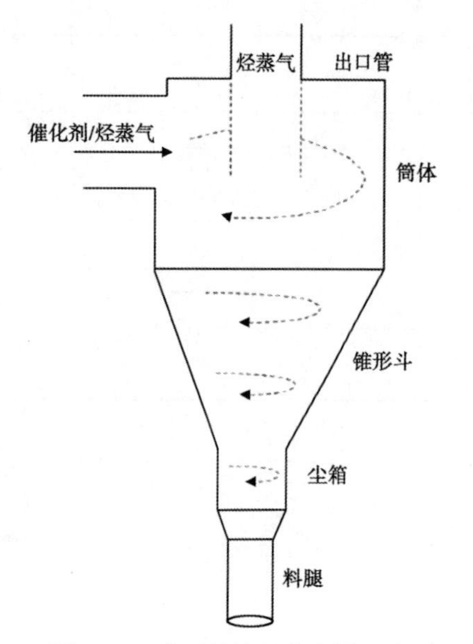

图 11.7　典型的旋风分离器示意图

11.4.6　旋风分离器

旋风分离器是从流动体系中分离粒状固体物的一种经济的设备。产生的离心力（图 11.7）以正切方向施加在旋风分离器的筒壁上，这一作用力再加上流体和固体间的密度差，增加了相对沉降速率。

旋风分离器对于催化裂化装置的成功运转是极为重要的，它们的性能会影响 FCC 的一些性能因素，包括新鲜催化剂补充的额外费用、额外的停车维修费用、颗粒排放的允许极限、WGC 和烟气膨胀机的能量回收增量等。

设计一套“最佳的”旋风分离器需要在所需的收集效率、压降、空间限制和安装费用等因素之间进行平衡。旋风分离器的工艺和机械设计推荐的准则见表 11.8。

表 11.8　反应器和再生器旋风分离器的工艺和机械设计准则

设计进料速率下的气速			
旋风器类型	入口，ft/s（m/s）		出口，ft/s（m/s）
反应器，单级	60~65（18~20）		100~110（30~33）
反应器或再生器，第一级	60~65（18~20）		65~75（20~23）
反应器，第二级	65~70（20~21）		100-110（30~33）
再生器，第二级	65~70（20~21）		90-120（27~37）
旋风器最小线速度	25~35（8~10）		
尺寸规格			
参数	单级	第一级	第二级
L/D	5.0	3.5~4.5	4.5~5.5
宽高比	2.3~2.5	2.3~2.5	2.3~2.5
材质			
反应器旋风分离器	碳钢，铬—钼合金衬 1 in 厚抗磨蚀耐火材料		
再生器旋风分离器	304H 不锈钢，衬 1 in 厚抗磨蚀耐火材料		
再生器集气室	碳钢，“冷壁”设计，以避免高温应力开裂		

注：（1）总收集效率最小为 99.9985%。

（2）再生器第一级料腿质量流量为 100~125lb/（ft^2·s）［500~600kg/（m^2·s）］。

（3）气体出口管伸入各旋风分离器的长度应至少是旋风分离器入口导管高度的 80%。

（4）预测旋涡应在灰斗出口上方至少 15in（40cm）处（参见图 11.7）。

11.4.7　膨胀节

在工艺管线中应尽量避免使用膨胀节。但是，如有需要可使用膨胀节来减缓由于大的热膨胀所产生的管应力。表 11.9 列出了推荐使用的膨胀节机械设计准则。

表 11.9 推荐使用的膨胀节机械设计准则

项目	原则
壳体材质	碳钢，“冷壳设计”，铸件振捣 5in（12cm）厚耐火衬里
波纹管材质	铬镍铁合金 625
吹扫要求	填充波纹管，无吹扫
波纹管结构	双层波纹管，带有用于检测泄漏的爆裂指示器，每一波纹管应能保持全部压力
填充材料	陶瓷纤维毯
波纹管最低温度	400℉（205℃），以最小化凝结及由其引起的酸侵蚀

11.5 小结

本章介绍的工艺及机械设计指南可用于确保设备的准确设计，即设备能取得工艺设计目标和最大的长期可靠性。此外，这些设计准则为工艺工程师提供了优化催化裂化装置性能的工具。

第12章　故 障 排 除

催化裂化装置必须可靠并有效地运转，还必须安全运转并符合联邦、州和地方的环保要求。典型的FCC装置，每分钟循环数以吨计的催化剂，加工处理各种类型的原料并使用数以百计的控制回路，其中任何回路出现故障均会造成操作运转的困难。正确的故障排除将保证装置在符合环保要求的前提下，以最大的可靠性和效率运转。

故障排除涉及问题的确认和解决。问题可能是瞬时的或者长期的，问题可能是不合格的产品、低的效率、设备故障或环保问题。问题可能与开车情况、仪器仪表、公用工程的损失、设备的磨损、操作条件的变化和操作人员的失误等有关。

本章列出有效的故障排除的基本步骤。提供了开发解决方案实际而又系统的方法，并提供了识别问题和确定诊断的一般准则。本章是从装置工艺工程师的角度来阐述的，无论问题源于何处，他/她（装置工艺工程师）将是解决问题的关键人物。

在开始故障排除前，需要了解装置的正常操作模式并能列出一些可证实装置操作基线的先行指标。例如，FCC装置操作的支持证据是：

（1）安全；

（2）清洁（环保及满足产品规格要求）；

（3）稳定；

（4）在其最大或最小限制范围内操作。

一旦发生异常情况，有效的故障排除可从提出以下问题开始：

（1）该状况的“先行指标”是什么？

（2）可证实这一“异常情况”的证据有哪些？

（3）可排除这一异常情况的可用资源（如DCS数据/趋势、实验室数据分析及室外操作人员的观察）是什么？

（4）造成这一问题的可能原因是什么？（按照重要性排列，1为最重要的）

（5）从哪儿或通过什么来看待并诊断这个问题？

（6）解决这个问题可采取的正确措施是什么？

（7）防止这一问题在今后发生可采取的主动措施有哪些？

（8）如果对这一迹象/问题不解决或拖延处理产生的可能后果是什么？

长期的解决方案可包括改进操作规程、有计划的培训、预防性维护及安装新的设备或控制器等。

12.1　有效故障排除的一些一般准则

成功地委派故障排除任务要求检修人员能做到：

（1）善于听取意见；

（2）知晓“正常”的操作参数；

（3）收集历史背景；

（4）评价产生问题的“常规”和“非常规”原因；

（5）考察目标和制约因素，以验证现行操作的适用性。

管理、工程和操作部门对问题的感知不同。往往某个熟悉操作的人员可能最了解问题的症结，并能提供解决问题的方法，但是由于种种原因，负责落实解决方案的人员可能并未想到要去征求这个人的意见。通常，最接近问题的人是装置操作人员和维修领班，他们将提供最有价值的信息。应当和全部四个操作班组进行会商，在收集到所有可用的信息前，不要作任何结论。

考察本系统之前所发生过的类似的问题，弄清它们是如何被诊断和解决的，查阅操作和维修记录，对比正常操作和目前有问题操作装置的性能有何不同。确保装置所有的趋势都是暂时的，包括催化剂数据和热平衡、物料平衡数据。注意可能与问题有关的任何变化。可靠的历史数据总是对问题的识别和诊断很有帮助。

首先，采用“集体讨论”的方式列出所有可能的原因或各种原因组合，然后系统地逐一排除。不要轻易排除非常规原因——如果是一个简单的问题，它早应该被注意到了。此外，确保工艺和设备文件中列出的限制条件与装置的实际操作一致。

FCC 的大部分问题是由原料、催化剂、操作变量和（或）机械设备的改变而引起的。正如前面所述，解决方案可以采取的形式有改善产率、避免停车或增加装置的可靠性等。

我接到的大多数故障排除任务与催化剂的循环情况、催化剂的过度损失、超过平均水平的尾燃、过早结焦、高 CO/NO_x 排放及产品质量/数量异常等有关。

关于催化剂的循环问题，我的经验是：了解 FCC 催化剂的主要物理性质及装置的压力对于解决催化剂循环中的限制和（或）不稳定性会很有帮助。所以，接下来的两节包含了催化剂的基本物理性质、压力平衡及催化剂循环。

12.2 FCC 催化剂主要物理性质

（1）FCC 催化剂由“微球”颗粒组成。

（2）FCC 催化剂的 PSD 范围是 0.5~150μm。

（3）所报道的 FCC 催化剂密度是相当于水的密度。

（4）水的密度是 62.4lb/ft^3 或（1 g/cm^3）（60℉）。

（5）“出厂时”新鲜 FCC 催化剂的密度总是低于水的密度。

（6）出厂时新鲜催化剂的典型密度范围是水密度的 65%~85%（0.65~0.85 g/cm^3）。

（7）平衡催化剂（待生催化剂）的密度实际上也低于水的密度，在某些情况下，可能会稍高些。

（8）密相流化催化剂床层看起来很像沸腾的液体并表现出类似液体的行为。流化的固体像液体一样可以从一个容器流至另一个容器，这是 FCC 装置操作的基本概念。

（9）因为催化剂像水一样流动，因此其作用力必须通过催化剂颗粒来传输而不会作用在器壁上。

（10）空气、燃料气、氮气和蒸汽通常用于帮助催化剂的流化或松动，不过这些气体必须是干的。

（11）使通过固定床催化剂的压降等于床层重量的气体最低表观速度称为初期流化速度

或最小流化速度。任何气速的轻微增加都会引起催化剂床层的增量提升或膨胀。首先观察到的气体鼓泡速度称为“最小鼓泡速度”。

（12）细粉的存在有助于流化。细粉可充当较大颗粒的润滑剂，这些较小的颗粒在气体中更易移动。

（13）脱气是填充床的流化性损失，细粉含量及催化剂的形状影响脱气速率。

（14）最小鼓泡速度与最小流化速度的比值提供了评价 FCC 催化剂流化性能的有用工具。

（15）催化剂的粒度分布、形状及颗粒密度对于催化剂的流化能力起着关键作用。

12.3 催化剂循环基本原理

FCC 装置是一个“压力平衡”操作系统，类似一个水压计。再生器与反应器之间的压差是使流化催化剂在再生器和反应器之间循环的驱动力（图 12.1）。位于再生器烟气管线上的滑阀或蝶阀用来调节再生器与反应器之间的压差，反应器的压力通过 WGC 控制。

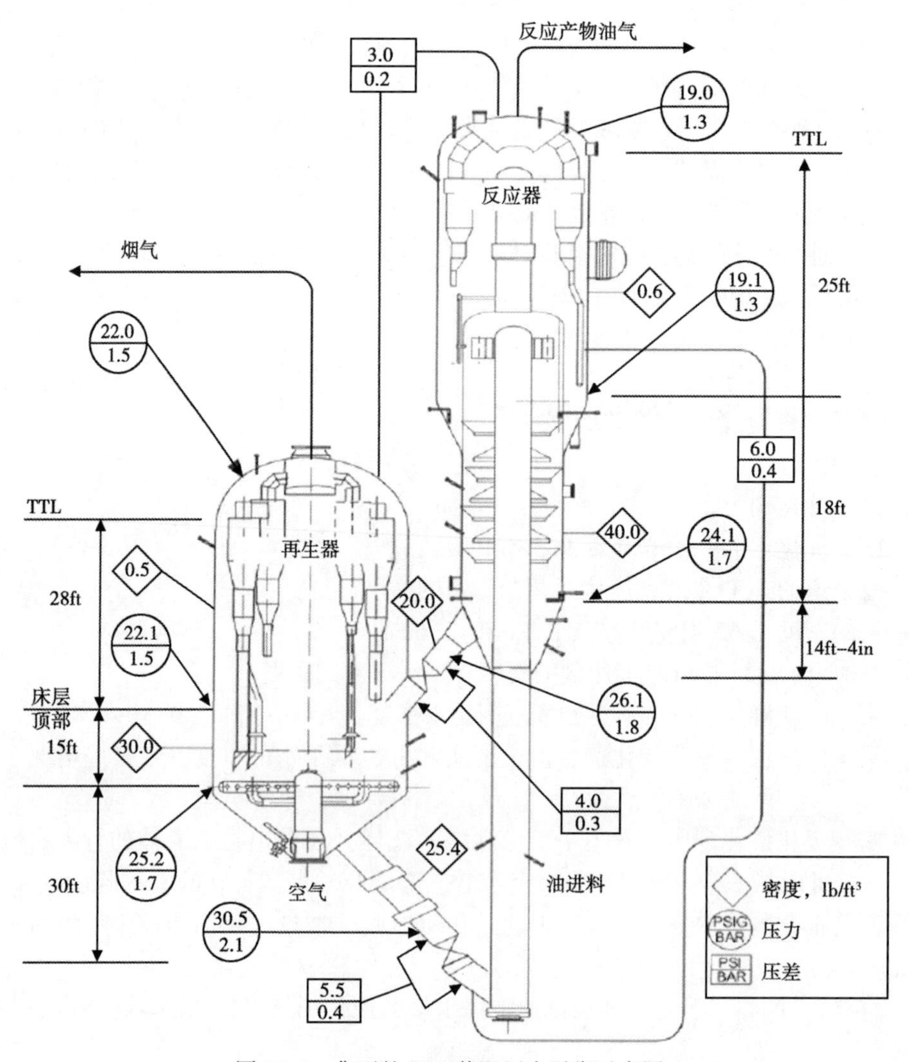

图 12.1 典型的 FCC 装置压力平衡示意图

加入新鲜催化剂以补充反应器/再生器中的催化剂损失及补偿催化剂的活性损失。装置中催化剂的藏量通过从再生器中周期性地取出过量的催化剂来控制。

催化剂汽提段中催化剂的量通过位于待生催化剂立管的滑阀或塞阀来控制。在大多数FCC装置中，裂化温度通过调节位于再生催化剂立管的滑阀或塞阀，从而调节催化剂从再生器的流出量来控制。在IV型和灵活裂化FCC装置中，反应器与再生器之间的压差是调节催化剂从再生器循环至反应器的主要控制点。

在FCC再生器以部分燃烧模式进行催化剂再生操作时，调节燃烧空气的速率使其满足所给定的再生器烟气中CO浓度和（或）*CRC*的设定水平。

在FCC再生器以完全燃烧模式进行催化剂再生操作时，再生器烟气中要维持过量的氧浓度以确保CO完全燃烧成CO_2。

再生器中催化剂的“原始”量通过测量空气分布器上部压力与再生器稀相/顶部压力之间的压差来确定。在空气分布器上部约5ft（152cm）处，经常会有另一个测压孔，用来测量催化剂的流动密度。

在反应器/汽提段，催化剂的原始量通过测量催化剂汽提段底部压力与反应器顶部压力之间的压差来确定。催化剂的实际量可以通过催化剂汽提段催化剂的密度读数来计算。

催化剂的循环速率取决于以下参数：

（1）新鲜进料速率；

（2）使用石脑油，LCO、HCO或油浆回收至提升管；

（3）反应器温度；

（4）进料至提升管的温度；

（5）反应器和再生器压力；

（6）再生器密相床温度。

再生器密相床温度取决于以下因素：

（1）进料质量；

（2）新鲜催化剂的添加速率和（或）其活性；

（3）环境条件和空气鼓风机排气温度；

（4）催化剂冷却器性能和（或）其他回收方案；

（5）进料喷嘴和催化剂汽提的性能效率；

（6）尾燃程度；

（7）再生器烟气中的CO浓度。

催化剂循环的平稳性在很大程度上受装置的物理布局和催化剂的流化性质影响。有些催化裂化装置的循环很容易，且与催化剂的物理性质无关。但是在另一些设计中，催化剂性质稍有改变，装置的循环就会出现困难。

较高的催化剂循环速率时需要注意以下事项：

（1）再生催化剂滑阀出口的压力会上升，主要是由于较高的压头和通过J形弯曲段/Y形管段以及通过提升管的摩擦力较大，这将造成通过再生催化剂滑阀的压降较低（参见例12.1）。

（2）较高的催化剂循环速率会直接增加反应器/再生器旋风分离器中的催化剂损失速率，这主要来自旋风分离器中较高的催化剂负荷及较高的催化剂损失率。

（3）由于通过汽提段的催化剂“较快流动速率”，使得汽提段催化剂的性能效率下降，这是特别真实的情况，因为在较高的催化剂循环速率下，大多数操作人员不会去调整汽提蒸汽的速率。

（4）较高的催化剂循环速率会带入提升管较多的烟气，这将增加 FCC 蒸汽回收系统的负担。

（5）长期采用较高的催化剂循环速率会对 FCC 设备的机械可靠性产生不利影响。

尽管具有如上所述的缺点，对于给定的 FCC 原料，较高的催化剂循环速率和由此产生的较高剂油比常常会带来较多的液体产品，这通常会增加 FCC 装置操作的盈利能力。

为了优化催化裂化装置的性能，稳定和顺利的催化剂循环会增加控制台操作人员的自信及“舒适区”。例如，他或她将会进行以下操作：

（1）增加装置的进料；

（2）增加汽提蒸汽量以减少携带的软焦量及降低再生器温度；

（3）降低进料预热温度以增加剂油比；

（4）提高裂化温度以生产更多的烯烃和（或）提高汽油辛烷值；

（5）从催化剂冷却器中产生更多的蒸汽；

（6）当在部分燃烧模式下运行时在烟气中较高 CO 含量下操作。

因此，具有使催化剂循环速率最大化的灵活性对于一个给定的 FCC 装置的长期可靠性和盈利能力是极其重要的。

影响 FCC 催化剂在立管中顺利流动能力的主要因素如下（参见例 12.2）：

（1）催化剂在进入立管口前的条件：如果催化剂没有“正确”流化，那么很难使其在立管中正确流化。

（2）取决于立管的长/高比：需要采用补充流化来补偿随催化剂向下移动时气泡的压缩。补充烟气的干燥度和数量以及松动气口之间的间距极其重要。此外，测量每个或一套松动气口的松动气流速的可靠性对于立管流化的成功发挥着关键作用。松动气太多会造成催化剂流动的“架桥”；而松动气不够会造成催化剂的“黏/滑流”行为。

（3）催化剂的粒度分布对于催化剂平稳循环有巨大影响，尤其是长立管和（或）U 形弯曲段。

（4）立管长度方向上每 4ft 应当产生平均 1psi 的压头（0.07bar/1.2m），这个压力增益在整个立管高度都应均匀。这个压力增益相当于催化剂流动密度约 35lb/ft^3（561kg/m^3）。立管中催化剂的流动密度范围为 45lb/ft^3（721kg/m^3）。

例 12.1 先行指标

再生催化剂滑阀开度增加

指标：再生催化剂滑阀开度从 40%逐渐增加至 60%

证据	可能的原因
现场核实：	1. 滑阀上部压力低于典型值
（1）滑阀压降；	（1）催化剂在立管中没有形成足够的压力；
（2）反应器—再生器压降	（2）进入立管中的催化剂没有正确流化；
（3）提升管温度	（3）沿立管的松动气不足；
（4）再生器密相床温度；	（4）立管入口处有异物，限制了催化剂流动；

（5）进料速率	（5）异物落入滑阀内。
	2. 滑阀下部压力高于正常值
	（1）W 形管段或 J 形弯曲段的催化剂没有完全流化；
	（2）进料喷嘴周围结焦；
	（3）反应器旋风分离器结焦；
	（4）反应器油气管线结焦；
	（5）主分馏塔和（或）顶部冷凝器结垢

例 12.2 先行指标

不稳定的催化剂循环

指标：不稳定的催化剂循环

证据	可能的原因
（1）新鲜进料提升管进出口低压降报警；	（1）反应器—再生器压力平衡已关闭；
（2）新鲜进料提升管未保持在设定点；	（2）立管的松动气不正确；
（3）再生器床层温度在波动	（3）通往催化剂回收井风环的空气速率未调整；
	（4）催化剂上碳含量低或粒度不合适；
	（5）进料速率或重力不稳定

12.4 催化剂损失

催化剂损失会对装置操作、环境和操作费用产生不利影响。催化剂损失表现为过多的催化剂被带入主分馏塔或催化剂从再生器跑损。

为了解决过多的催化剂损失问题，应识别损失是源自反应器（见例 12.3）还是源自再生器（见例 12.4 至例 12.6）。在任何情况下，下列一般准则有助于解决催化剂损失问题：

（1）确认汽提段和再生器中的催化剂床层料位。

（2）用单个压力表对反应器—再生器系统进行压力测量，以此来确定催化剂的密度概况并确认各种蒸汽分布器的背压是正常的。

（3）对温度进行扫描以查找催化剂脱流化的区域。

（4）绘制平衡催化剂的物性曲线，包括粒度分布和表观堆密度。这种图形可以确认催化剂性质发生的任何变化。

（5）在实验室分析“跑损”催化剂的粒度分布，这种分析将为损耗的源头和原因提供线索。

（6）将旋风分离器负荷与设计值比较。如果进入反应器旋风分离器的蒸汽流速低，可考虑添加辅助蒸汽到提升管；如果质量流率高，则考虑提高进料的预热温度以降低催化剂循环量。

（7）确认用于仪表吹扫的限流孔板处于合适的工况下，限流孔板未丢失。

（8）考虑更换成较硬的催化剂。作为短期解决措施，如果催化剂损耗来自反应器，可考虑将油浆循环到提升管；如果催化剂损耗来自再生器，则可考虑将催化剂细粉循环回装置。

（9）准备反应器或再生器的“受压冲击”。

例 12.3 先行指标

来自反应器的催化剂损失

指标：高灰分含量——澄清油（CLO）

证据	可能的原因
样品显示高灰分含量	（1）反应器料位高； （2）异物落入料腿翼阀； （3）提升管末端设备（RTD）的龙头有孔； （4）通往提升管的吹扫蒸汽被截留

例 12.4 先行指标

来自再生器的催化剂损失

指标：来自再生器的催化剂损失

证据	可能的原因
（1）再生器中催化剂料位偏低；	（1）旋风分离器有孔；
（2）静电除尘器（ESP）的#1 容器装填速率过快；	（2）旋风分离器集气室有孔；
（3）不透明度增加；	（3）翼阀挡板掉落；
（4）平衡催化剂中 0~40μm 组分减少；	（4）翼阀下部的催化剂未流化；
（5）平衡催化剂中 80μm 组分增加；	（5）料腿中的催化剂脱流化；
（6）催化剂的平均粒径（APS）增加	（6）料腿直径太大；
	（7）耐火衬里六角钢掉落，限制了催化剂流动

例 12.5 先行指标

来自再生器的催化剂损失

先行指标：高烟气不透明度

证据	可能的原因
DCS 报警	（1）ESP 停车（变压器/整流器（T/R）故障）； （2）CO 锅炉停车； （3）注入 ESP 的氨损失； （4）仪器故障

例 12.6 先行指标

来自静电除尘器（ESP）的损失

先行指标：ESP 的料斗低温

证据	可能的原因
（1）加热器不能使料斗保温（DCS）；	（1）催化剂在料斗架桥；
（2）当打开料斗阀时没有催化剂掉落；	（2）料斗堵塞；
（3）在料斗的变压器/整流器（T/R）上有较多电弧；	（3）料斗加热器故障

12.5 结焦/结垢

几乎每套催化裂化装置都经历过一定程度的结焦/结垢。在反应器内壁、反应器顶部、反应器旋风分离器的内/外部、反应器顶部油气管线、主分馏塔塔底及油浆底部循环回路处都能发现结焦。结焦和结垢总在发生，但当其影响到产量或裂化苛刻度时，就会变成一个问题。

以下是使结焦/结垢降到最低程度的一些措施（参见例 12.7 和例 12.8）：

（1）避免出现死角。结焦发生在系统中的冷点，在反应器顶部使用“干”蒸汽可将旋风分离器上部死角区域的烃类吹扫掉。死角可引起热裂化。

（2）使反应器集气室和输油线的热损失最小。热损失将引起反应产物中的重组分冷凝。应尽可能对系统的各部位保温；对法兰进行保温处理时，应确保螺栓足以承受较高的温度。

（3）改进进料/催化剂混合系统，维持高的转化率。恰当设计的进料/催化剂注入系统，在高转化率下操作，可使高沸点进料裂化，否则，这些高沸点物可能成为形成焦垢的前体。

（4）确保裂化温度足够高，以气化/裂化进料中的高沸点组分。

（5）遵守正确的开工步骤。只有当反应器系统充分加热后，才能将进料引入提升管。局部冷点可使反应器旋风分离器、集气室或油气管线结焦。

（6）使塔底循环物料热交换器中的管速大于 5ft/s（1.5m/s）。为回收更多热量而平行放置换热器可导致管速降低。

（7）使主分馏塔塔底液相温度低于 700℉（371℃）。对于渣油操作，这个温度应当小于 650℉（343℃）。使用“冷却池急冷”来控制主分馏塔塔底温度。

（8）使热液相在塔底的料位和停留时间最小。

（9）确保液体充分冲洗浮阀塔盘或填料格，使主分馏塔底部的结焦降到最低程度。

（10）使连续循环油快速进入塔底热交换器入口。这可使沥青质保持溶解状态，并可提高管速。

（11）确保无新鲜进料进入主分馏塔。进料可通过故障旁路、进料缓冲罐排放管线或安全泄压阀进入主分馏塔。

例 12.7 先行指标

结焦和结垢

先行指标：反应器超压报警

证据

(1) DCS 趋势;

(2) 进料速率不得不减少;

(3) 风机喘振

可能的原因

(1) 主分馏塔塔顶冷剂损失;

(2) 主分馏塔塔盘或填料盐化;

(3) 反应器油气管线结焦;

(4) 旋风分离器出口管线结焦

例 12.8 先行指标

结焦和结垢

先行指标：主分馏塔油浆泵汽蚀

证据

(1) 油浆循环速率低;

(2) 油浆循环返回温度高;

(3) 塔底温度高;

(4) 反应器压力攀升

可能的原因

(1) 主分馏塔底部结焦;

(2) 来自反应器的催化剂被夹带;

(3) 塔底温度过高;

(4) 轻组分随油浆被夹带

12.6 尾燃增加

待生催化剂焦炭组分中约含 93%的碳、7%的氢及痕量硫和有机氮化合物。这些焦炭(表 12.1) 在催化剂密相床层中的燃烧是很重要的。如果没有催化剂床层来吸收这些燃烧热(主要来自 CO 生成 CO_2 的燃烧热), 则稀相和烟气的温度会迅速升高, 这种现象被称为"尾燃"。待生催化剂和燃烧/提升空气应尽可能均匀地穿过催化剂床层进入再生器中, 同样重要的是, 纵向混合比横向混合要快得多。

再生器中尾燃的程度主要取决于装置的操作条件及燃烧空气与待生催化剂的接触效率。再生器的构造和待生催化剂的分布状况也会影响尾燃的程度 (见例 12.9)。一般来说, 由于稀相中缺氧, 因此与完全燃烧的再生器相比, 部分燃烧模式下操作的再生器不会经历同样程度的尾燃。

表 12.1 燃烧热

反应式	燃烧热	燃烧热
$C+\frac{1}{2}O_2 \longrightarrow CO$	2200kcal/kgC	3968Btu/lbC
$CO+\frac{1}{2}O_2 \longrightarrow CO_2$	5600kcal/kgC	10100Btu/lbC
$C+O_2 \longrightarrow CO_2$	7820kcal/kgC	14100Btu/lbC
$H_2+\frac{1}{2}O_2 \longrightarrow H_2O$	28900kcal/kgH$_2$	52125Btu/lbH$_2$
$S+xO \longrightarrow SO_x$	2209kcal/kgS	3983Btu/lbS

例 12.9 先行指标

尾燃增加——再生器旋风分离器出口温度高

先行指标：6 个旋风分离器中有 2 个的出口温度高出 50℉ (28℃)

证据

(1) DCS;

(2) 进料速率被削减

可能的原因

(1) 空气分布器臂管损坏;

(2) 待生催化剂导流板/分布器损坏;

(3) 来自汽提段的催化剂流动不稳定;

(4) 再生器床层料位低;

(5) 再生器床层温度低

降低尾燃的操作有:

(1) 最大化进料预热温度;

(2) 使用 HCO 或油浆循环;

(3) 优化 CO 助燃剂的使用;

(4) 确保来自反应器的催化剂循环是稳定的;

(5) 确保催化剂汽提蒸汽速率进行了优化;

(6) 调整进入每一个空气分布器的燃烧空气速率;

(7) 改变燃烧空气与载气的速率比;

(8) 提高再生器压力;

(9) 提高再生器床层料位, 同时确保其不影响催化剂损失速率;

(10) 优化烟气中的过量氧。

12.7 烟机

动力回收机组可从烟气中回收能量, 图 1.21 是典型的烟气能量回收示意图。FCC 装置启动时与一台大型喷射式发动机类似, 空气被压缩到燃烧区, 并通过一台烟机。动力回收提高了装置效率, 但在已经很长的设备清单中添加了又一套机械设备。因为它们太大了, 不能忽略, 因此动力回收机组必须像其余装置一样可靠。

动力回收系统的设计和操作中的主要问题是催化剂细粉和温度, 催化剂细粉可导致严重的叶片磨损、结垢、功率损耗和转子振动。结垢最容易发生在烟气速度最大的区域, 如叶轮边缘处 (参见例 12.10 和例 12.11)。

例 12.10 先行指标

烟机

先行指标: 功率损失

证据

(1) 需要更多的补充蒸汽;

(2) 吸入蝶阀 "关闭较多";

(3) 关键流量喷嘴损坏

可能的原因

(1) 转子叶片磨损;

(2) 烟机出口温度升高;

(3) 旁路阀 100%打开

故障排除步骤

(1) 通过直观检查、照相和 (或) 视频记录等方式来对转子叶片的情况进行定期监测,为此通常开设一个观察口。

（2）连续监测转子罩的振动、轴承温度和烟机进/出口温度。这些问题既可能是瞬间的，也可能是逐步形成的。瞬间出现的问题一般发生在开车、出现干扰和停车阶段，容易被注意到。逐步形成的问题可能会蔓延开去，不易被察觉的，而所有设备都表现为运行良好。可比较逐月的记录以确定现场设备的运行趋势。

（3）连续监测第三级分离器的性能。如果催化剂在第三级分离器下游出现，可考虑在第三级分离器使用比“标准值”多3%的烟气下溢出。此时应比平常更多地注意吹气的状况。

（4）在线清洗——每周在烟机入口注入核桃壳。

（5）热振荡——在进入再生器的空气速率保持最大的情况下，将进料量降低20%。将烟机入口温度降至约1000℉（540℃），并保持至少1h。这种措施并不是烟机销售商所支持的，但许多炼油厂仍在使用。

例 12.11 先行指标

烟气透平

先行指标：烟机振动增加

证据

（1）DCS趋势；

（2）现场验证；

（3）烟气不透明度较高；

（4）来自再生器的催化剂损失较高；

（5）新鲜催化剂用量增加

可能的原因

（1）催化剂积聚在护罩上；

（2）因晶间硫化腐蚀造成的叶片轮盘故障；

（3）第三级分离器工作不正常；

（4）催化剂太软；

（5）催化剂中的钠、钒、镁、铁或钙含量高；

（6）催化剂被过早磨损

12.8 倒流

滑阀两侧应维持一个稳定的压差。催化剂流动方向必须总是从再生器到反应器，并从反应器汽提段流回再生器。再生催化剂滑阀的负压差能使新鲜进料和带油的催化剂从提升管倒流至再生器中，这种倒流可以导致再生器中发生无法控制的燃烧，并且由于极高的温度，可能损坏再生器内构件，给炼油厂造成几百万美元的生产损失和维修费用。

同样地，待生催化剂滑阀的负压差使热烟气倒流至反应器和主分馏塔，会严重损坏这些设备的机械性能。

滑阀压差降低的一些主要原因如下：

（1）主风机（MAB）或富气压缩机（WGC）能力下降；

（2）催化剂冷却器能力降低；

（3）进料中有水分；

（4）催化剂循环速率高，使滑阀过度开启、压差降低；

（5）再生器或反应器—汽提段床层料位降低；

（6）反应器温度控制器和反应器汽提段料位控制器失灵；

（7）切断阀的旁路开启。

FCC过程很复杂，很多情况都会干扰操作。如果干扰条件未被纠正或控制，每种情况都可引起倒流。表12.2包含了各种情况下倒流产生的原因与可能引起的后果。在多数情况下，如果提供了足够的警告（停工之前的低限报警），装置的停工是不必要的。操作人员必须通过培训，以便对这些警告做出响应。

表12.2 引起停工的原因及后果

原因	后果							
	关闭提升管再生催化剂滑阀	开启提升管应急蒸汽阀	关闭提升管进料	关闭油浆循环阀	关闭HCO循环阀	关闭待生催化剂滑阀	开启再生器应急蒸汽阀	仅报警
再生催化剂滑阀压差达到低限值								×
待生催化剂滑阀压差达到低限值								×
主风机空气流量低于低限值	×	×	×	×	×	×	×	
提升管进料流速低于低限值	×	×	×	×	×	×	×	
反应器温度低								×
反应器催化剂料位高								×
手动关闭	×	×	×	×	×	×	×	

停工系统应有足够的联锁装置来防止非故意的跳闸。该系统包括三套装置，其中两套为备用装置。操作人员必须确保该系统处于工作状态。

滑阀系统有一个独立的低限压差控制器，可防止反应器温度控制器将滑阀开启到某种状态，该状态下的低位压差可使进料倒流到再生器中。

例12.12 常见方案/先行指标

先行指标	证实的证据	可能的原因
进料损失 (设备故障)	（1）加热器温度升高； （2）再生器床层温度升高； （3）反应器顶部温度升高； （4）压缩机吸入压力过高	（1）进料泵损失； （2）进料中存在水； （3）设备故障
进料预热器 控制阀100%开启	（1）DCS反馈； （2）控制阀位置的证实； （3）进料泵的运行情况； （4）进料预热器压力增加	进料中存在水

MAB（主风机）损失	（1）装置变得安静； （2）提升管下沉	（1）蒸汽问题——湿蒸汽； （2）MAB 的润滑油系统故障； （3）油压损失； （4）真空系统问题
风机开始失去真空	真空损失（DCS）	（1）大雨； （2）蒸汽压降问题； （3）密封蒸汽损失； （4）泵真空泄漏； （5）热井水位问题； （6）表面冷凝器泵故障
提升管温度低于 900℉（482℃）	（1）DCS 低温报警； （2）再生器滑阀要打开； （3）再生器滑阀压降下降； （4）进料没有自动变化	（1）提升管温度指示器（TI）故障； （2）催化剂循环量降低（或没有）； （3）无催化剂裂化； （4）进料油中没有催化剂
再生器温度增加 6℉（3.3℃）	（1）与其他再生器 TI 值的比较； （2）再生器塔顶温度上升； （3）滑阀位置降低； （4）催化剂循环量下降； （5）转化率下降	（1）进料较差； （2）O_2 控制器从部分燃烧回退到完全燃烧； （3）进料预热温度高； （4）新鲜催化剂添加量过多
再生器稀相床层温度增加 40℉（22.3℃）	（1）再生器温度升高； （2）MAB 速度； （3）空气环位置； （4）烟气分析仪（O_2 和 CO）； （5）再生器操作温度	（1）空气/催化剂分布不均； （2）空气速率高； （3）空气环可能损坏； （4）燃烧处于过渡阶段； （5）机械故障； （6）进料质量变化； （7）MAB 流动降低
催化剂上积炭量从 0.1%（质量分数）上升到 0.3%（质量分数）	（1）实验室数据——催化剂的直观检查； （2）反应器—汽提段操作变差； （3）再生器烟气分析仪变化	（1）富氧进料减少； （2）反应器—汽提段中烃汽提不良； （3）SO_x 添加剂过多
再生器滑阀开度从 40%增加到 60%	（1）提升管温度降低； （2）进料温度降低； （3）现场阀开度%证实	（1）进料预热器跳闸； （2）应急蒸汽流动控制阀（FCV）不能开启； （3）催化剂在立管滑阀上方架桥

待生催化剂滑阀开度从30%增加到60%	（1）反应器床层料位； （2）反应器测压孔； （3）阀位置指标； （4）压力变化	（1）由于架桥使反应器料位高； （2）再生器中测压孔堵塞； （3）装置中有废弃物
烟气滑阀位置从35%增加到65%	（1）经过滑阀的压降降低； （2）现场阀位置证实； （3）再生器压力升高	（1）催化剂限制； （2）孔板腔故障
CO锅炉燃烧室温度高	（1）密相床温度低； （2）CO夹带量高； （3）补充燃料气流量高	（1）失去了进入再生器（压缩机）的空气； （2）燃料气的仪表有缺失； （3）装置转化率较差
CO锅炉燃烧室温度增加了30℉（16.7℃）	（1）蒸汽产量增加； （2）从CO锅炉出来的烟气温度升高； （3）再生器中CO量增加； （4）烟气滑阀开度增加； （5）进料质量	（1）较低的API进料品质； （2）来自MAB的氧气较少； （3）没有足够的汽提蒸汽； （4）催化剂添加问题，催化剂损失； （5）燃料气质量； （6）进料温度下降
装置转化率较差	（1）实验室数据； （2）分馏塔中切割的烃类变化； （3）再生催化剂上的积炭（*CRC*）变化	（1）燃烧空气速率过低； （2）负荷补充改变了； （3）回流速率不合适
LCO的API度从-4升至0	（1）实验室分析； （2）LCO流量增加； （3）LCO和HCO流量降低； （4）主分馏塔的液位升高	（1）主分馏塔温度控制问题； （2）进料温度、转化率、催化剂活性； （3）进料质量下降； （4）油浆交换器出现不均匀流动
LCO的API度达到0或正值	（1）实验室结果； （2）主分馏塔的液位升高； （3）主分馏塔温度	（1）LCO的产量过大； （2）未裂化的原料进入主分馏塔； （3）进料组成； （4）主分馏塔塔底温度过低； （5）提升管温度过低

澄清油产生率高	（1）澄清油流动速率高； （2）APC 系统的目标速率缺失； （3）物料平衡指标； （4）主分馏塔塔底液位高/温度低； （5）澄清油的 API 比重高； （6）循环回流量高	（1）提升管温度低； （2）进料预热温度高； （3）主分馏塔压力高； （4）进料组成变化（变差）； （5）催化剂活性下降； （6）去主分馏塔的进料罐切罐
LCO 的 API 度从-4 升至+2	（1）LCO 速率增加； （2）主分馏塔塔底液位升高； （3）重瓦斯油（HGO）切割速率增加	（1）主分馏塔塔底 X 射线液位控制故障； （2）LCO 吹扫到泵； （3）进料未进入主分馏塔
主分馏塔液位损失	（1）液位指标（DCS 和室外）； （2）没有循环回流； （3）主分馏塔温度高； （4）主分馏塔压降降低	（1）泵出口是打开的； （2）开车时无液位； （3）去主分馏塔的反应器塔顶热物流没有循环回流； （4）操作人员的经验水平低
通过油浆换热器的流量损失	（1）流速降低（U 因子，DCS）； （2）去脱丁烷塔再沸器的流量低	（1）催化剂夹带； （2）聚合物积聚
干气产率增加 20%	（1）压缩机电流负荷增加（DCS）； （2）反应器温度升高； （3）再生器压力增加； （4）干气洗涤塔压降增加	（1）进料变化（API 度降低）、苯胺点降低、金属含量较高； （2）再生器密相床温度增加； （3）催化剂流速增加
干气产率从 10% 增加到 15%	（1）实验室分析——C_3 组分校验； （2）吸收塔流量； （3）WGC； （4）吸收塔温度情况	（1）反应器出口温度增加； （2）再生器温度高； （3）分散蒸汽的量； （4）提升管出口温度（ROT）
WGC 在其处理量极限	（1）一级偏差高； （2）干气产率高； （3）装置转化率差	（1）催化剂上金属含量高； （2）主分馏塔塔顶接收器中没有足够的汽油冷凝； （3）氢气从汽油脱硫单元进入冷接收器
一级 WGC 损失	（1）一级 KO 容器压力高； （2）主分馏塔压力上升； （3）反应器压力上升； （4）滑阀压降低； （5）再生器压力上升； （6）二级压缩机故障	（1）润滑油泵故障； （2）一级吸入 KO 容器液位高； （3）一级压缩机振动故障； （4）本特利内华达（Bentley Nevada）停车系统的功率损失

脱丁烷塔塔底温度降低30℉（16.7℃）	（1）去脱丁烷塔再沸器的HCO流量/温度； （2）去脱丁烷塔再沸器的HCO控制阀位置； （3）脱丁烷塔温度情况； （4）HCO循环回流系统； （5）主分馏塔温度情况； （6）脱丁烷塔分析仪压降	（1）HCO泵的损失； （2）控制阀故障（去脱丁烷塔再沸器的HCO）； （3）主分馏塔不正常——油浆泵损失导致的HCO塔板液位损失； （4）脱丁烷塔机械问题； （5）去脱丁烷塔的快速进料增加； （6）脱丁烷塔回流速率增加； （7）脱丁烷塔进料含水
脱丁烷塔塔底温度降低60℉（33.3℃）	（1）塔液位上升； （2）塔顶温度下降； （3）塔顶容器液位降低； （4）汽油中*RVP*上升	（1）600#蒸汽损失； （2）HCO损失； （3）控制阀问题； （4）HCO泵问题
开车过程中脱丁烷塔压力高	（1）脱丁烷塔和汽提塔塔底温度低； （2）吸收塔压力高； （3）分析的C_2组分含量高（吸收塔汽提塔）	（1）吸收塔汽提塔温度低； （2）没有热介质流动； （3）吸收塔汽提塔压力高
H_2S汽提塔（脱乙烷塔）“超负荷”	（1）汽提塔进料增加； （2）经过汽提塔的压降高； （3）高压分离塔中液位高	（1）高压接收器温度过低； （2）没有足够的再沸

12.9 小结

本章强调了有效和及时排除故障在很大程度上取决于对“正常”条件的熟悉程度，这些条件涉及进料质量、催化剂性能、操作条件、反应器产率、压力平衡、设备性能等参数。本章还提供了在FCC装置故障排除中可能会遇到的常见问题、征兆及可能的原因的例子。此外，列出了一套系统的方法，提供解决方案和纠正措施。所提出的措施是通用的，可应用于各种装置。

最后，还介绍了在我的定制培训课上由FCC操作人员描述的一些实际案例，这些实例研究可作为类似案例的故障排除指南。

第 13 章　优化与消除瓶颈

故障排除、优化和消除瓶颈是一个连续过程中的三个步骤，它们之间存在一些重叠和灰色的区域。

故障排除指的是解决短期问题，其任务通常是由操作或维修来启动的。解决措施常常涉及一些能在线进行的办法。故障排除已在第 12 章进行过探讨。

优化是在现有设备条件下，满足尽可能多的约束时，使进料速率和（或）转化率最大。它可以是对进料质量、环境状况或市场需求的变化的响应。虽然未在此单独讨论，但优化是大多数消除瓶颈项目的动力。

消除瓶颈常常涉及或大或小的设备等硬件的变化。它是针对在优化中识别出的瓶颈，包括那些不能在线完成的工程，如在一个容器中安装新的内部构件。消除瓶颈是本章的主要内容。

13.1 概述

大多数 FCC 装置的经济效益较高，因此，它们的操作受一些约束条件的限制。优化是找出和克服这些约束条件的过程。当装置同时“逼近”多个约束条件时，FCC 操作的利润趋于最大。优化就是要找出制约炼油厂赢利的约束或多个约束的组合，并使之达到正确的定位。

一套设置恰当的 APC（先进控制）系统可在线、连续地优化装置的操作，并使 FCC 操作同时满足多个约束条件。

优化的主要目的是提高炼油厂的利润率。在 FCC 装置中，这通常是指：

（1）提高或降低进料速率；

（2）提高或降低新鲜催化剂的添加速率；

（3）提高或降低新鲜催化剂的表面积、稀土含量和（或）其活性；

（4）使用购买的平衡催化剂来降低催化剂杂质；

（5）加工劣质原料；

（6）提高或降低进料预热温度；

（7）调整裂化温度；

（8）最小化烟气中的过量氧气（完全燃烧装置）；

（9）提高或降低烟气中 CO 浓度（部分燃烧装置）；

（10）降低或提高 *CRC*（通常在部分燃烧再生器中）；

（11）降低或在某些情况下提高再生器床层温度；

（12）提高或降低各种流入反应器的蒸汽的量；

（13）最小化反应器压力；

（14）降低或提高反应器和再生器中催化剂床层料位；

（15）当被新鲜进料的速率约束时采用循环物流至提升管；
（16）使用合适的催化剂添加剂；
（17）调整 WGC 的吸入和排出压力；
（18）调整主分馏塔塔顶和塔底温度；
（19）调整再生和待生催化剂滑阀/塞阀的压差。

与故障排除类似，一项恰当的优化措施必须考虑进料、催化剂、操作条件、机械硬件、环境状况的影响，以及炼厂处理附加的进料/产品流量及质量的能力。

13.2 优化的途径

优化要求进行全面的标定试验来确定当前的操作状况，测试内容包括：
（1）总体和组分的物料平衡；
（2）反应器/再生器热平衡；
（3）氢平衡；
（4）硫平衡；
（5）反应器/再生器压力测量；
（6）公用工程平衡
（7）对进料质量、催化剂性质和操作条件之间的相互作用进行评估；
（8）主分馏塔和气体分馏装置的模拟。

如果优化的目的是为了加工重质原料，则在多项测试内容中可能需要分阶段加上重质原料因素。

下一步是确定下述各项的增量值：
（1）新鲜进料速率；
（2）每种 FCC 产品；
（3）辛烷值和十六烷值；
（4）其他产品质量（硫、油浆中灰分含量等）。

有了这些数据，即可识别出操作中的约束条件，并可评估解决这些问题的价值。

13.3 采用成熟的技术提高 FCC 利润

一旦采用新催化剂和操作实践使 FCC 装置的性能得到优化以后，可通过安装成熟的硬件技术使 FCC 装置的利润进一步提高。这些技术改造的目的是提高产品的选择性和装置的可靠性。自 20 世纪 80 年代以来，FCC 装置中机械设备的升级进展很快。新的进料/催化剂注入系统及取消后提升管反应是这些机械升级改造的前沿。

13.4 表观操作约束条件

装置操作原理及其表观操作限制常可决定装置的约束条件。例如，主分馏塔塔底温度、烟气中过量氧及滑阀压降的限制常常制约着装置的进料速率和（或）转化率。遗憾的是，这些限制中有些可能不再适用，应进行重新核定。它们中有些可能是从错误的经验中得到的，不应成为操作程序的一部分。

13.5 消除瓶颈

本章其余部分对 FCC 装置中下述区域解决约束的方法提出了建议：

(1) 进料/预热段；

(2) 反应器—再生器部分；

(3) 主分馏塔及气体分馏装置。

本章还对进料/催化剂系统、仪器仪表和周围环境情况进行讨论。应注意到，一个系统的变化通常会对其他系统产生影响。

13.6 进料回路的水力学

图 1.11 为一个典型的进料预热系统流程。当增加新鲜进料流量和（或）安装高效进料注入喷嘴时，水力学限制常常会表现出来。

进料预热系统的水力学夹点可通过单表压力测量来识别。瓶颈常与下列因素有关：

(1) 进料泵；

(2) 新鲜进料控制阀；

(3) 管道；

(4) 预热段热交换器；

(5) 预热加热炉；

(6) 进料喷嘴。

对新的条件，应重新核定进料泵。对于较高黏度和较高密度的进料，泵的驱动需要做功。如果系统功率不足，较重的进料可通过与现有回路平行的另一条单独的回路输送，最好选择流量比控制。

如果泵是瓶颈部位，改造之前，应考虑：

(1) 安装一个较大的叶轮。

(2) 提高汽轮机速度。评价蒸汽级别，并考虑增加一台排气冷凝器。

(3) 电动机改成变速驱动形式（VSD）。VSD 使启动更容易，且多数能支持 10%超速。

(4) 改变驱动器。

(5) 增加并联设置的泵。

(6) 在下游增加一台增压泵。

如例 13.1 所示，将泵叶轮的尺寸从 13in（33cm）增加到 13.5 in（34.3cm），可使流量提高 3.8%，输出压力提高 7.8%，功率提高 12%。将汽轮机转速从 3300r/min 提高到 3400r/min，可使流量提高 3%，输出压力提高 6.1%，功率提高 9.4%。

如果管道系统不需改变的话，在控制阀中采用新的内构件或更大的控制阀可能是最经济的选择。

如果进料管线中的压降过大，可考虑增大管道尺寸或安装一条平行的管线。如果泵或管路出现任何改动，或者温度变化较大时，应检查现有法兰的等级。

如果在进料中加入稀释剂，应估算出达到最小压降和最大热回收率时的优化点。

预加热炉可能是一个瓶颈。首先应考虑预加热炉在新的操作中可能是不必要的。随着

FCC 流率的提高，压降将升高，可考虑以下措施：

（1）采用加热炉旁路；

（2）确定进料平衡阀的位置，当平衡一个加热器时，操作员应夹紧阀门，至少应有一个阀门大开；

（3）将加热炉清焦，可考虑水力清焦；

（4）增加管路数目，从两路设置改为四路设置可使压降减少 75%以上（见例 13.2）

（5）在下游加入稀释剂。

例 13.1

Q_1，h_1，bhp_1，d_1，n_1 分别为初始容量、压头、制动马力、直径和转速

Q_2，h_2，bhp_2，d_2，n_2 分别为新的容量、压头、制动马力、直径和转速

只改变直径	只改变转速	同时改变直径和转速
$Q_2 = Q_1(d_2/d_1)$	$Q_2 = Q_1(n_2/n_1)$	$Q_2 = Q_1(d_2/d_1 \times n_2/n_1)$
$h_2 = h_1(d_2/d_1)^2$	$h_2 = h_1(n_2/n_1)^2$	$h_2 = h_1(d_2/d_1 \times n_2/n_1)^2$
$bhp_2 = bhp_1(d_2/d_1)^3$	$bhp_2 = bhp_1(n_2/n_1)^3$	$bhp_2 = bhp_1(d_2/d_1 \times n_2/n_1)^3$

其中：d_1 = 13in；d_2 = 13.5in；n_1 = 3300r/min；n_2 = 3400r/min.

流量增加

3.8%（仅改变叶轮）；

3.0%（仅改变转速）；

7%（叶轮和转速均改变）

压头增加

7.8%（仅改变叶轮）；

6.1%（仅改变转速）；

14.5%（叶轮和转速均改变）

功率增加

12.0%（仅改变叶轮）；

9.4%（仅改变转速）；

22.5%（叶轮和转速均改变）

例 13.2

将加热炉管路由两路改为四路

1. 两路炉

总负荷 50000 bbl/d（每路为 25000 bbl/d）

进料 *API* 度：25

炉出口温度：500℉

炉子管径（*ID*）：4.5in

$$\Delta p_{100}=0.0216\times\frac{f\times p\times Q^2}{d^5}$$

式中　$\Delta p100$——每 100 ft 管子的压降，psi；

f——摩擦系数，为 0.017；

ρ——流动密度，为 47.4lb/ft^3；

Q——实际流率，为 867.8gal/min；

d——管子内径，为 4.5in；

$\Delta p_{100}=7.0$psi。

假定炉中总共有 700ft 的当量管长，总压降为 49psi。

2. 切换成四路

$\Delta p_{100}=1.8$psi。

假定炉中总共有 500ft 的当量管长，总压降为 9.0psi。

节省的压降=49.0-9.0=40.0 psi 或降低 81.6%。

13.7　反应器/再生器结构

本节涉及以下内容：

（1）机械限制；

（2）提升管末端设备；

（3）进料和催化剂注入系统；

（4）待生催化剂汽提段；

（5）滑阀；

（6）再生。

13.7.1　机械限制

机械限制包括反应器和再生器的设计温度和压力。

13.7.1.1　消除反应器压力/温度的瓶颈

FCC 反应器压力通常由 WGC（富气压缩机）的抽吸来控制。反应器压力为 WGC 的吸入压力加上通过主分馏塔系统、反应器油气管线及沉降器旋风分离器的压降。

反应器温度通常通过调节滑阀开度或改变再生器和反应器间的压差来直接控制。反应器系统的机械设计条件会制约装置在更苛刻条件下的操作。为消除这些瓶颈，可采取以下措施：

（1）根据实际金属厚度和腐蚀历史，对反应器在新操作温度下重新进行核定。

（2）增加一台外旋风分离器来减轻反应器的负荷。

（3）增加内部衬里。

（4）采用反应器急冷系统。

（5）考虑采用分股进料注入方式。

（6）提升管和反应器更换成冷壁设计。

13.7.1.2 消除再生器压力/温度的瓶颈

再生器是一种冷壁容器，重新核定常常是不现实的，再生器温度较高时典型的降温方法是安装催化剂冷却器、采用部分燃烧的操作模式或在提升管中注入急冷物料。

13.7.2 提升管末端设备（RTD）

提升管后烃的停留时间导致热裂化和非选择性催化反应。这些反应引起高价值产品的裂解，产生干气和焦炭，而汽油和 LPG 减少。FCC 催化剂的改进已经消除了这些反应的诱因。

热反应是时间和温度的函数，产率与下式成比例：

$$k = Ae^{-E/RT} \tag{13.1}$$

式中 k——反应速率常数；

A——指前因子（频率因子）；

e——常数，取 2.718；

E——反应活化能；

R——气体常数；

T——温度。

图 13.1 为气相停留时间和温度对稀相裂化的典型影响。例如，停留时间为 5s 时，当反应器温度从 960℉（516℃）升提高到 980℉（527℃），干气产率增加 8%。当停留时间延长到 10s 时，可使干气产率再增加 8%。

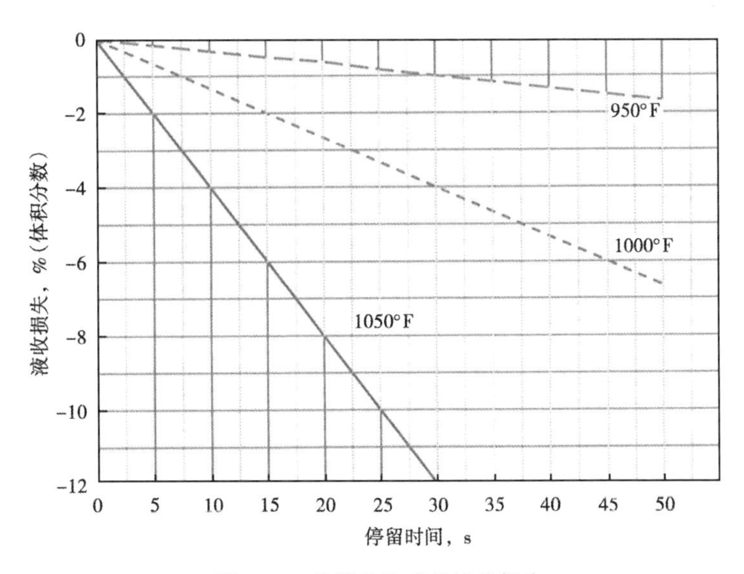

图 13.1 热裂化造成的液收损失

自 20 世纪 80 年代中期以来，FCC 技术专利权人和一些石油公司已经采用多种提升管末端设备（RTD）技术来减少非选择性提升管后裂化反应。有两种方法已被用于减少提升管后裂化。应用最广泛的方法是将旋风分离器直接连到提升管和反应器油气管线上。第二种方法是在提升管旋风分离器（粗旋）下游使反应器油气急冷。

RTD 技术使催化剂与油气在提升管末端快速分离。粗旋中的油气通常直接进入到二级旋风分离器，然后进入反应器油气管线。催化剂则直接被排放到汽提器中。“反应器”仅仅是一个放置旋风分离器的容器。这些 RTD 技术由以下公司提供：UOP 公司、KBR 公司、Shaw 集团公司（The Shaw Group）、CB&I Lummus 公司。

13.7.2.1 UOP 的 VSS 系统

UOP 目前推出的 RTD 技术是涡流分离系统（VSS），如图 13.2 所示。VSS 系统适用于有内部提升管的 FCC 装置，而类似的设计涡流脱离系统（VDS）适用于有外部提升管的 FCC 装置。催化剂—油气混合物移动到提升管上部，进入涡流室并通过几根臂管出来。这些臂管产生一股离心流使催化剂在涡流室与油气分离。催化剂沉积在涡流室底部的催化剂密相中，在此处催化剂在进入反应器汽提段之前被预汽提。被汽提的烃类蒸气完全留在涡流室中，并与其余的提升管流出气体一起出来，再进入二级旋风分离器。

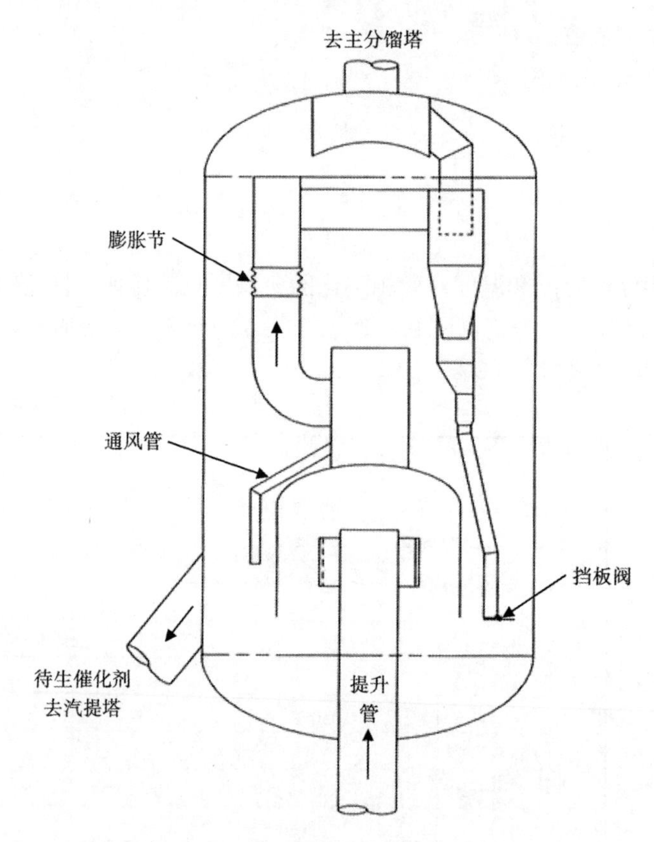

图 13.2 UOP 的涡流分离系统（VSS）

反应器油气通过一根出口导管离开 VSS 系统。二级旋风分离器通过一个膨胀节与这根出口导管直接相连。VSS 出口管包含几根排气管子，反应器顶部蒸汽和一部分汽提蒸汽或烃类蒸气通过这些管子离开反应器。

13.7.2.2 KBR 的封闭式旋风分离器

KBR 的两项 RTD 专利技术分别是由 Mobil 石油公司和 Exxon 石油研究与工程公司最初开发的。

在 Mobil 石油公司的设计中，提升管旋风分离器直接固定连接在提升管上。提升管旋风分离器和上部反应器旋风分离器的料腿常常是被催化剂封住的。这使得进入反应器壳体内的反应器油气携带催化剂量最少，提升管旋风分离器的回收率达到最大。在提升管旋风分离器料腿上不使用翼阀或片状阀。提升管旋风分离器料腿的末端为一个防溅盘（图 13.3）。上部反应器旋风分离器料腿使用常规翼阀。用大约 3ft（0.9m）高的催化剂封住上部反应器旋风分离器料腿，万一翼阀被卡在开启状态也可确保正常运转，同时提高了翼阀的可靠性。在这种设计中，提升管旋风分离器在正压下操作，并且封住料腿可使进入反应器壳体中的反应器油气携带催化剂量达到最少。

为给料腿提供有效的密封，催化剂必须处于流化状态。流化是很关键的，如果催化剂没有达到流化，料腿就无法卸出催化剂，造成料腿堵塞，使大量的催化剂被带入主分馏塔。为确保催化剂达到均匀流化，该系统使用一个额外的蒸汽分布器。在这种设计中，每一组提升管和上部反应器旋风分离器通过使用一根“滑动接头”导管相连。汽提段蒸汽和烃类以及反应器顶部蒸汽从反应器壳体出来，通过这根导管进入旋风分离器，如图 13.4 所示。

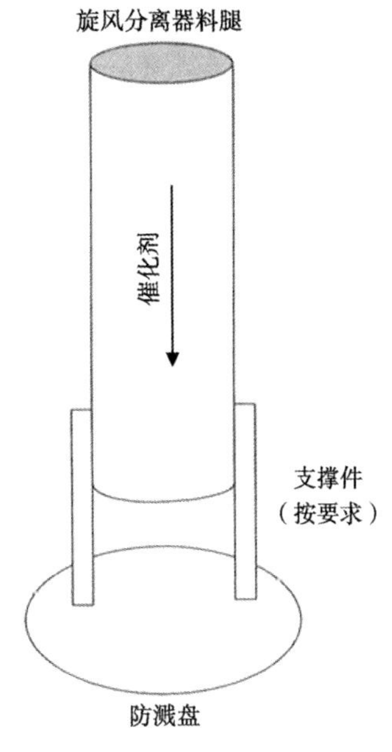

图 13.3 典型的防溅盘

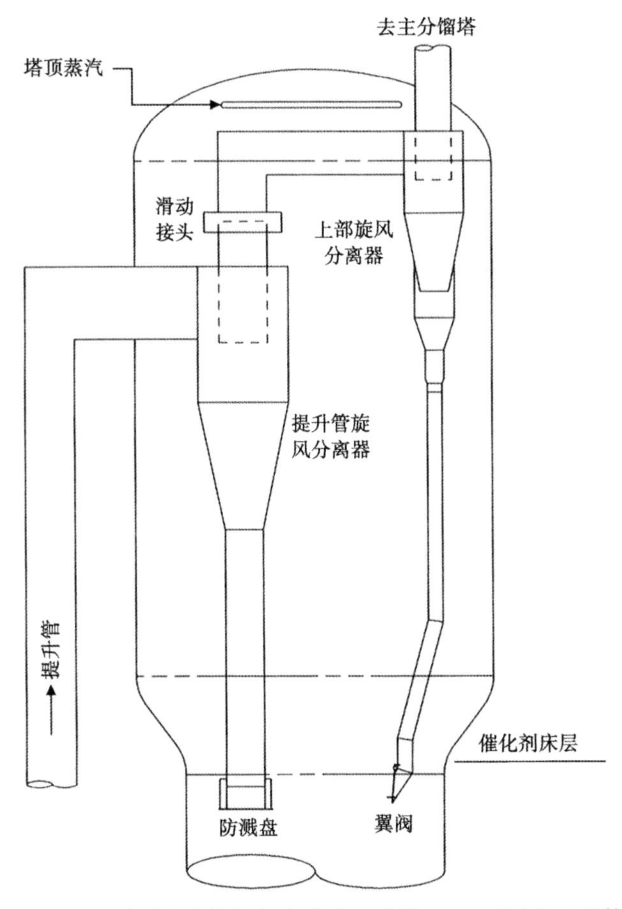

图 13.4 KBR 的封闭式旋风分离系统（采用 Mobil 石油公司的技术）

在Exxon石油研究与工程公司的设计中，提升管旋风分离器不是直接固定连接在提升管上，但提升管旋风分离器的出口直接连接在上部旋风分离器的入口上。在这种设计中（图13.5），一级和二级旋风分离器都在“负压”下操作，所以可使反应器油气从一级旋风分离器料腿携带的催化剂量最少。因此，一级旋风分离器的翼阀通常不会被催化剂堵塞。

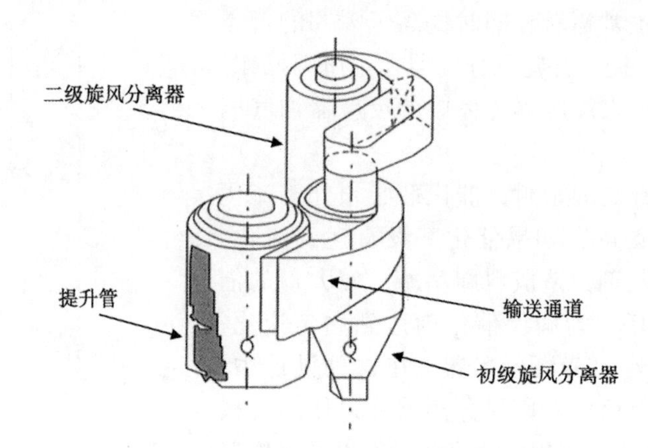

图13.5　Exxon石油研究与工程公司设计的KBR封闭式双旋风分离器构造

13.7.2.3　Shaw集团公司

Shaw集团公司的技术既包括反应器急冷系统也包括封闭式旋风分离系统来最小化提升管后反应。在反应器急冷系统设计中，LCO被注入提升管初级分离设备的出口（图13.6）。

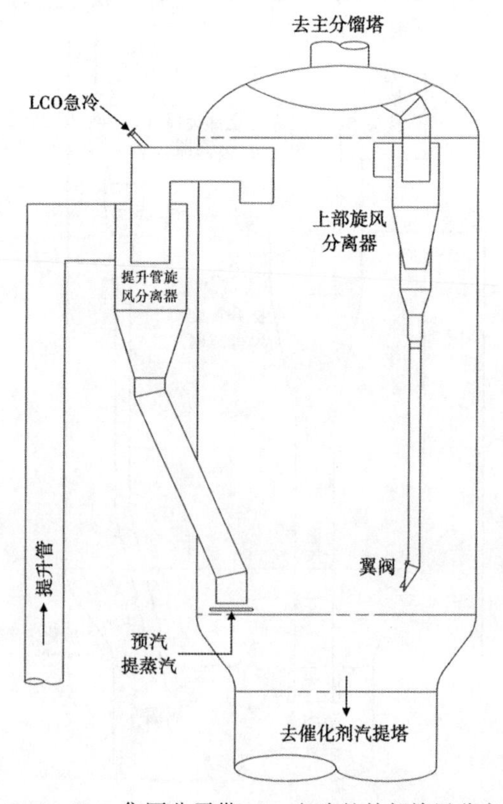

图13.6　Shaw集团公司带LCO急冷的外部旋风分离器

提升管初级分离设备可以是粗旋旋风分离器或其称为 LD^2（线性分离设备）的截断式旋风分离器。LD^2 的目的是使催化剂与反应器油气比在常规的旋风分离器中更快地分离。LCO 的流率调节至使反应器油气的温度降至 950℉（510℃）以下。

提升管分离系统（RSS）通常包括 4 部分：带有料腿的 2 个分离室和 2 个汽提室，这样可使气体离开与上部 4 个旋风分离器直接连接的设备（图 13.7）。由提升管上部出来的气体和催化剂从 RSS 曲面的顶部进入分离器，催化剂被带入 RSS 内的外壁处并进入两个料腿；气体经过一个 180°的“U 形转向”后进入与邻近汽提室相连的气体出口窗。在汽提室中，来自分离室的气体通过出口窗垂直向上进入汽提室，并与汽提蒸汽及来自下面的气体汇合。汽提室和分离室没有被下沉至汽提器床层中，从而可使汽提气进入汽提室。汇合后的气体流入在提升管端盖上面、位于中央的气体出口收集器。气体出口管与反应器旋风分离器相连，后者又与一个集气室及反应器顶部管线相连。出于机械方面的考虑，在油气管线至旋风分离器之间设置了一个膨胀节，以允许热膨胀。

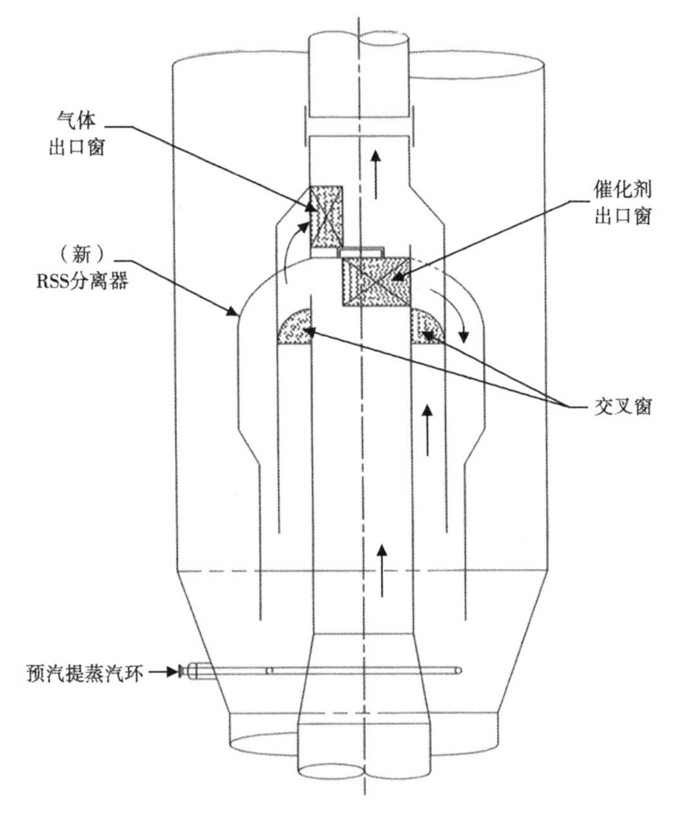

图 13.7　Shaw 集团公司的 RSS 实例

13.7.2.4　CB&I Lummus 公司的直接耦合式旋风分离器（DCC）

CB&I Lummus 公司的 RTD 设计包括一套两级反应器旋风分离器系统（图 13.8）。提升管旋风分离器（第一级）直接固定连接在提升管上。在每个提升管旋风分离器料腿的末端连接有一个如图 13.9 所示的常规翼阀。每个翼阀均有一个小开口，以防止催化剂脱流化。在第一级旋风分离器的油气出口处，有一个开口允许汽提蒸汽/油气和反应器顶部蒸汽进入。这个开口的尺寸大小可使二级旋风分离器在负压（相对于反应器壳体压力）下操作。

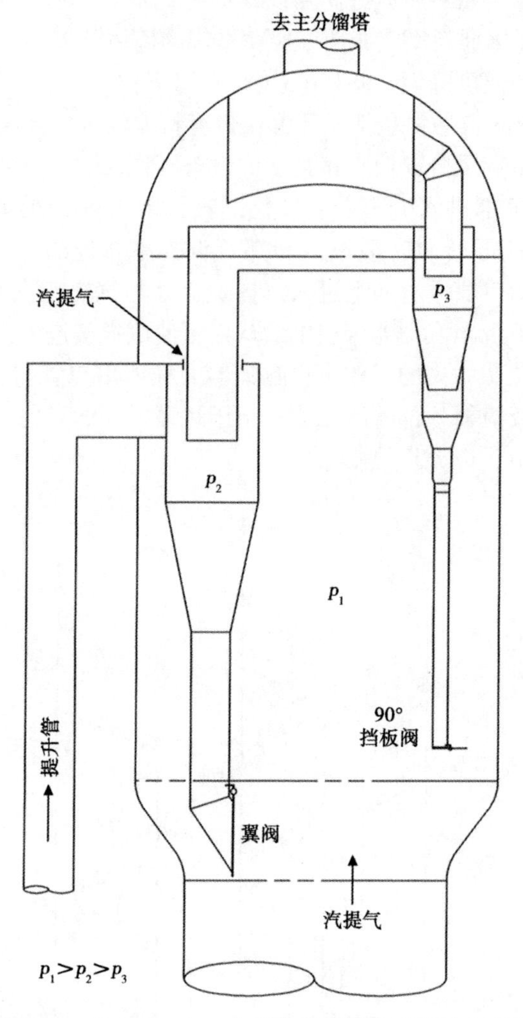

图 13.8　CB&I Lummus 公司的直接耦合式旋风分离器

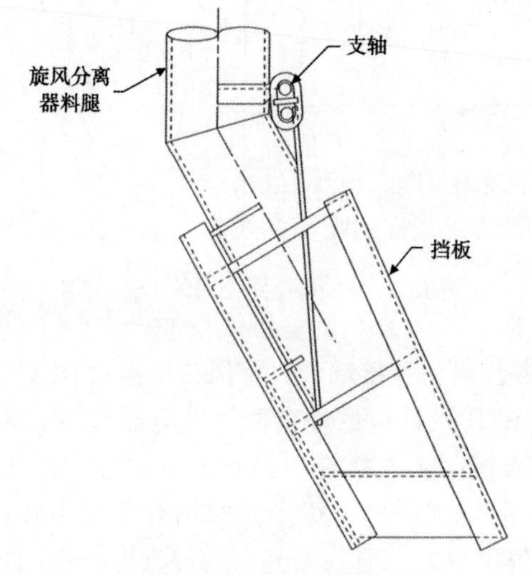

图 13.9　典型的翼阀

与上部反应器旋风分离器料腿末端相连的是水平、反向平衡的挡板阀（图 13. 10）。这些阀使卸出的催化剂与反应器壳体内向上流动的气体之间紧密密封。

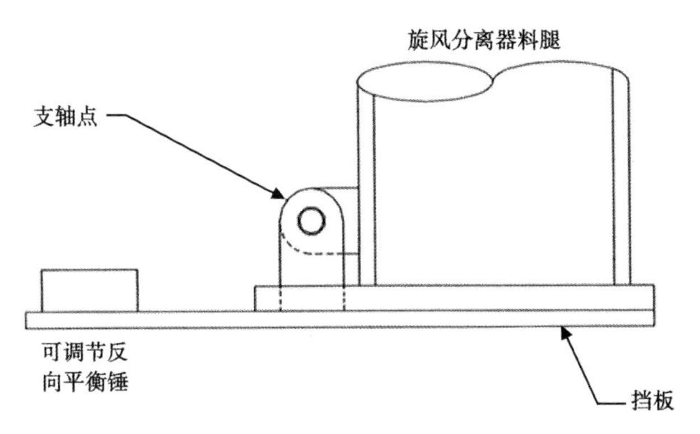

图 13. 10 反向平衡挡板阀

13. 7. 3 进料喷嘴

进料注入系统的重要特征包括：

（1）进料雾化好；

（2）高线速覆盖整个提升管横截面；

（3）剂油混合均匀；

（4）由催化剂到油的热量转移迅速；

（5）进料瞬时汽化；

（6）催化剂返混最小；

（7）催化裂化反应最大而热裂化反应最小。

一个好的进料注入系统可以产生：

（1）小的液滴；

（2）高效的油剂混合；

（3）提升管的完全覆盖。

进料注入系统的发展已经历了相当长的过程，早期的设计是在管子上开口而没有考虑进料的汽化或催化剂与油气的混合。当前，FCC 技术的专利权人可提供各自的进料注入系统。图 13. 11 是一个典型的现代进料喷嘴。一般而言，这些喷嘴具有以下一些设计特点：

（1）使用蒸汽来分散和雾化汽油或渣油进料；

（2）从喷嘴尖端喷出的油或蒸汽的喷雾模式趋向于平面化（扇形喷雾）；

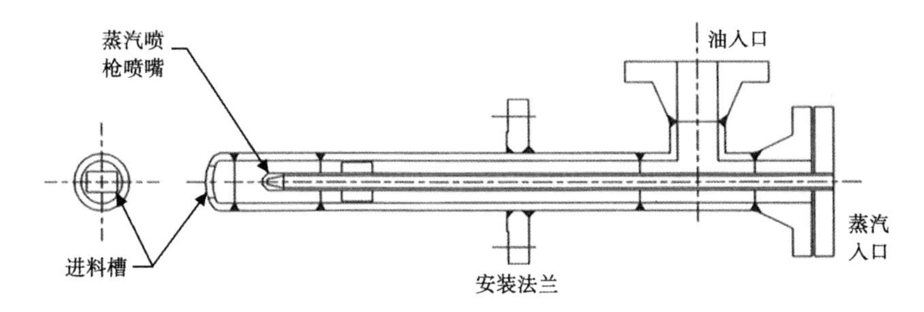

图 13. 11　典型的现代进料喷嘴（Shaw 集团公司进料喷嘴设计）

（3）装配包括呈辐射状的多个喷嘴；

（4）喷嘴的设计用“中等的”油压力降，一般为 50 psi（3.45bar）数量级。

选择进料注入技术时需考虑以下一些一般原则：

（1）总安装成本；

（2）分散蒸汽和（或）提升蒸汽/气体的需要，包括流率、温度和压力；

（3）油和蒸汽的压力需要；

（4）验证操作可靠性的跟踪记载。

进料注入系统应当根据供应商使用类似原料在类似装置上获得的经验以及其收率预测和（或）性能保证进行选择。但当在装置中作其他改变时，这些保证会难以证实。

13.7.4 待生催化剂汽提段

来自反应器或旋风分离器的待生催化剂进入汽提段，汽提蒸汽将置换待生催化剂携带的烃蒸气，并除去催化剂上的挥发性烃。

作为优化装置操作的一部分，调整汽提蒸汽量在 5%上下波动。再生器温度和（或）CO_2/CO 的比率是汽提充分与否的主要指标。当再生器温度不再有大的变化时，调节汽提蒸汽量的试验便告结束。

在过去的数年中，人们对改善反应器汽提段的机械性能给予了较大的关注。由 FCC 技术专利权人提供了汽提段设计的专利技术，这些专利技术的目的是改善催化剂与蒸汽的接触。已经获得成功的技术包括棚板、盘形/环形挡板以及格栅填料等的使用。设计合理的汽提蒸汽分布器对于取得均匀的蒸汽分布及长期的可靠性至关重要。

13.8 空气和待生催化剂分配系统

一直以来，再生器中焦炭的燃烧没有得到像进料注入系统和（或）提升管末端设备升级同样的重视。这主要是由于缺乏明显的经济激励。普遍的想法是，只要催化剂是洁净的（全部或一半），就很难判断空气和待生催化剂的分布系统升级是否必要。

近年来，由于越来越严格的烟气排放环保法规，尤其是 CO 和 NO_x 的排放要求，使得越来越多的炼油厂对改善空气和待生催化剂的混合效率产生了兴趣。

焦炭的燃烧效率通过以下方式测量：

（1）*CRC* 及其均匀的颜色；

（2）烟气中 CO 含量；

（3）尾燃程度；

（4）烟气中 NO_x 含量；

（5）SO_2 脱除剂的效率；

（6）烟气的不透明度；

（7）催化剂损失率；

（8）立管中的压力增加情况。

设计合理的空气和待生催化剂分配系统（图 1.18、图 1.19 和图 1.20）具有以下作用：

（1）可减少催化剂上的积炭；

（2）可降低烟气中 CO 含量；

（3）可减少 NO_x 排放；

（4）降低尾燃，从而提供较多的空气来燃烧；

（5）提高 SO_2 脱除剂的效率；

（6）使催化剂的磨损最小，从而降低烟气不透明度及催化剂损失率；

（7）可改善催化剂在再生催化剂立管中的压力增加状况。

当炼油厂在其 FCC 装置上加工深度加氢处理的原料时，上述作用就变得更加突出，因为此时再生器的床层温度将为 1200℉（649℃）左右，对燃烧效率的要求更高。

13.9 消除催化剂循环的瓶颈

要提高装置的进料量和（或）苛刻度通常需要更大的催化剂循环量。装置的压力平衡和催化剂的循环限制已在故障排除部分讨论过（见第 12 章）。

以下几点在消除瓶颈时应当加以考虑：

（1）压差报警/停工；

（2）增加滑阀尺寸；

（3）立管；

（4）催化剂的选择。

13.9.1 压差报警/停工

压差停工是装置安全系统的一个重要部分，没有周密的考虑不可以轻易降低停工的压差设计。另一方面，通过滑阀的压力会受损失并且耗费资金。

采用三选二的方式安装多个、独立的压差报警/停工开关，这样可以满足安全要求，增加满意度，并获得有价值的压力降。

采用辐射状的进料喷嘴也可以使原料倒流的可能性降至最小。新的阀门传动装置可使操作更迅速、可靠，也增加了安全因素。

试运转可能表明滑阀的开度太大。大多数操作员喜欢保持阀门的开度在 40%～60%。如果阀门开度超过这个范围，他们就会紧张。可以在现有阀门中安装一个较大的阀或安装一个较大的阀孔。

13.9.2 立管

如果装置的压力平衡表明立管中获得的压力不足，或者通过滑阀的压差不稳定，应该检查立管的松动气及仪器仪表。重新设计松动气系统或更换立管可获得有效的压头。适当的仪器仪表包括连接在各个松动气口用来控制流量的各个独立的松动气流量指示器/控制器，以及松动气口之间的压差指示器。

除立管外，通过滑阀的压差也受其他环路的压降影响。对于再生催化剂滑阀，下游压力受进料注入系统、提升管、反应器旋风分离器、反应器油气管线、主分馏塔及塔顶系统压力的影响。

再生催化剂滑阀上游压力随再生器催化剂床层高度、再生器的压力和循环催化剂中 0～40μm 微粒含量的增加而增加。

13.10　消除燃烧空气的瓶颈

许多FCC装置受主风机的限制，尤其是在夏季。主风机通常设计用于供给一定体积的空气，然而，热平衡需要一定质量的空气（氧气）。因此，一台主风机输送的空气量（质量）随主风机入口温度、室温下相对湿度的增加和抽吸压力的减少而减少。

一些可以实现的增加流入再生器的空气/氧气流量的低成本办法有：

（1）确保主风机抽吸过滤器的清洁；

（2）确保抽吸管压降不过大；

（3）确保主风机排出管系统，尤其是通过截止阀和空气预热器的压降不过大。

为了输送更多的空气，可以考虑以下办法：

（1）降低再生器压力；

（2）降低再生器催化剂床层高度；

（3）评估主风机能力和富气压缩机（WGC）能力之间的平衡，将其中一台的富余功率补充给另一台；

（4）用冷凝器或用水喷淋冷却入口空气；

（5）在最热的几个月中使用便携式风机；

（6）注入氧气；

（7）使用带空气加热器的旁路。

其他的较经济有效的改进方法包括安装一台专用风机或一台增压空气压缩机，用于待生催化剂提升管。待生催化剂提升管通常需要比主风机更高的背压将催化剂输送到再生器。因此，如果用一台普通鼓风机输送待生催化剂和为空气分布器提供燃烧空气，就可使用较少的总燃烧空气。为了提供更多的能力，主风机也可以升级改造，包括减小密封间隙、增加流通面积、增加叶轮直径。有关升级改造的可行性可与原设备制造商（OEM）联系。

13.11　再生

自从多数FCC装置建立以来，再生器的设计一直在改进。如果装置试运转表明*CRC*高，或者低*CRC*对催化剂有利，那么应该检查再生器的内部构件。如果数据表明催化剂床层的温差大或有尾燃，或装置有偏差，应该检查装置。

再生器检查的内容包括待生催化剂的分布、空气分布和旋风分离器。如果用重质原料试运转表明有温度限制，应当考虑使用催化剂冷却器、部分燃烧或提升管急冷。

13.12　烟气系统

FCC通常受环境许可的限制，如果装置经过重大扩建，它也许就失去了“原有”的保护。环境限制包括再生器中的烧焦量和颗粒、CO、SO_x、NO_x的排放量。增加进料速率或加工更重的原料油都会增加这些排放物。各种遵守这些污染物排放要求的内容将在第14章讨论。

13.13 FCC 催化剂

FCC 催化剂的物理和化学性质决定其可加工的原料性质、进料速率及裂化苛刻度。化学性质，如稀土含量和晶胞尺寸影响装置的热平衡和富气压缩机（WGC）负荷；物理性质，如粒度分布和密度会限制催化剂的循环和烟气排放。

可考虑在常规配方的基础上对催化剂进行改进。例如，增加稀土含量可以减少富气的流量。遗憾的是，由于当今稀土高昂的附加费，几乎每个炼油厂都在减少催化剂中的稀土含量。

不幸的是，FCC 催化剂通常是根据其低价及性能来选择，而不是根据其流动能力。但是，如果它不能流动是不能正常工作的。催化剂的物理性质应该与那些循环流动很畅通的催化剂作比较。可以利用市场的变化来使用各种催化剂，添加剂，如 ZSM-5。

13.14 消除主分馏塔和气体分馏装置的瓶颈

通常消除瓶颈的结果是更多的进料和（或）更高的裂化苛刻度。主分馏塔、气体分馏装置和处理单元必须能回收增加的产品并能相应地处理它们。

主分馏塔受以下几个因素的限制：取热限制、塔盘液泛、结垢和结焦。

取热又受以下几个因素的限制：

（1）气体分馏装置再沸器的固定负荷；

（2）循环回流缺少换热器；

（3）主分馏塔在一个或多个局部发生气冲或液泛；

（4）塔底油温度过高导致结垢或 LCO 终馏点高；

（5）塔顶冷凝能力。

通过增加气—液相之间的接触，使热量传到塔上部以改善分馏，但这常常会受液泛和塔底温度超温的限制。

使 LCO 终馏点最高的一种方法是控制主分馏塔塔底油温度，而不依赖于塔底回流量。塔底油急冷（“冷却池急冷”）包括使油浆循环回流的一部分绕过洗涤区直接返回塔底（图 13.12）。这样可以控制塔底油温度而不依赖于塔底循环回流系统。虽然增加了主分馏塔闪蒸

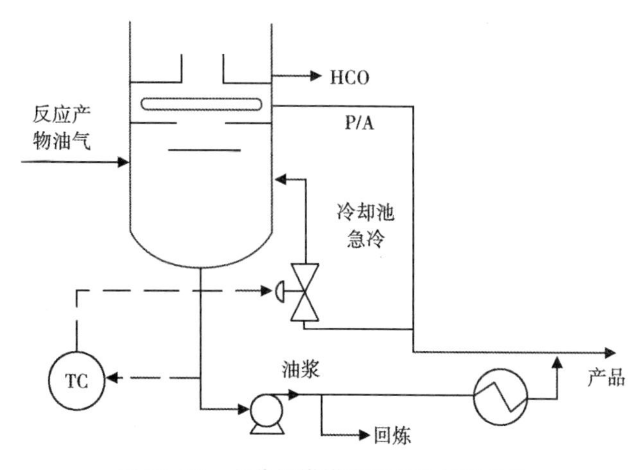

图 13.12 主分馏塔塔底油的冷却池急冷

区温度，但油浆温度保持在结焦温度以下，通常约为 690°F（366℃）。这样可以使 LCO 的终馏点最高，并起到保护塔的作用。

如果主分馏塔塔底油温度受限制，例如在 690°F（366℃），那么增加一个“冷却池急冷”可以获得额外 150bbl/d 的 LCO 产率。假定对塔底产品的质量无不良影响，且在分离塔上部有可用的冷却能力，则这一增加的 LCO 产率价值可能在 1500 美元/d 以上。

如果在主分馏塔中发生液泛，增加塔底循环回流量会降低蒸汽负荷，但对分馏有不利影响。

一般情况下，经济效益以牺牲塔底油切割点和流率为代价来使新鲜进料量和（或）转化率最大。通过提高提升管顶部温度 10°F（5.5℃），可提高转化率 1.5%，虽然 145bbl/d 的 LCO 损失到塔底油中也可以获得效益。

可以安装高容量填料和（或）高效、高容量塔盘。可用格栅或填料来代替塔底油洗涤区的塔盘。这些填料在较低的压降下有更大的容量。

典型的“填料”塔有几个填料区，每个填料区都由一个支架托盘、一个固定支架托盘和一个液体分布器组成。

在填料塔中，液体和气体逆向流动，并连续发生液体与油气的分离。与此相反，在塔盘塔中分离是分阶段发生的。在填料塔中油气不像塔盘塔中那样通过液体向上冒泡，因为这个原因及没有油气流动的孔，所以填料塔可以在很低的压降下操作。此外，因为填料塔中液体和油气的接触比在塔盘塔中扰动更少，所以填料塔更少发生泡沫夹带。

理想的操作必须是在液体和油气流量上限和下限之间。当液体流量低于每平方英尺填料横截面 0.5gal/min [20.4 L/(min · m^2)] 时，液体分布无法均匀到完全润湿。当液体流量在每平方英尺填料横截面 25~70gal/min [1018~2853L/(min · m^2)] 时，填料塔被认为是液体负载状态，此时填料塔对继续增加液体或油气流量非常敏感。

足够的油气流量产生的压降大于每英尺填料 0.1in（0.3cm）液体，当压降超过每英尺填料 1.3~2.5 in（3.3~6.4 cm）液体时会发生液泛。在高油气流量下，液体无法流向塔下。

液体分布器是填料塔最重要的内部构件，分布器对填料效率有重要影响，它必须均匀地分散液体，抗堵塞和抗结垢，提供气体流动的自由空间，并且要操作灵活。

填料塔会过早发生液泛，液泛包括以下一些原因：

（1）结垢（由游离材料及填料废弃物的沉积而引起），填料损坏；

（2）泡沫夹带；

（3）进料不当；

（4）液体出口受到限制。

除改用填料塔或高效塔盘塔外，还可通过以下方法降低塔负荷：

（1）通过产生蒸汽或加冷却器的方式从循环回流料取出较多的热量，这样可以将分馏塔与气体分馏装置中的再沸器分离。

（2）检查 LCO 产品系统，如果一部分或所有的 LCO 要加氢处理，且是通过压力罐作为其他装置的直接进料，这部分 LCO 可以绕过汽提塔。否则汽提难以完成并将湿原料输送到装置。

（3）改变控制系统使汽提蒸汽流量与汽提塔 LCO 产品成正比。

（4）检查塔顶水洗涤，大多数塔顶冷凝器为了使结垢最少需要连续洗涤。因为复合管束是常用设备，所以可用螺线管和 PLC 一次一束地清洗，每一束大约花费 10min 时间，这样可以降低压降，并且增加可用的冷却而影响最小。

（5）使用先进的仪器仪表。

（6）如果富油是从第二吸收塔返回，可考虑用不同的加工方案。

13.15 消除富气压缩机（WGC）的瓶颈

来自塔顶回流罐的一部分液体通常回流到塔中，其余部分泵送到气体分馏装置。来自回流罐的油气到富气压缩机。反应器或主分馏塔系统的压力通常由压缩机的吸入端控制。

改善塔顶冷却会增加富气压缩机的能力。压降过大或塔顶系统冷却受限会过早限制富气压缩机的能力。这包括以下一些原因：

（1）冷凝/冷却换热面积不够。

（2）烃蒸气和（或）冷却水分布不均匀。

（3）腐蚀和盐沉积。

（4）水冷却器往往被抬高，限制了水的流量，可考虑在同一平面上加一台增压泵。

（5）出口水温在 125℉（51.6℃）以上会引起迅速结垢。

（6）隔离阀“增加了”压降。

在多数情况下，富气压缩机应当总是在其能力极限下运行，尤其是反应器压力可以较低时。增加富气压缩机的可用压力或流量常常可以改善 FCC 装置的性能。提高富气压缩机能力的一些低成本方法包括：

（1）如果通过主分馏塔塔顶油气管线的压降超过 0.5 psi（0.034 bar），可安装大直径管线或平行管线。

（2）如果压降超过 3.0psi（0.21bar），可升级塔顶的空气冷凝/冷却器。

（3）可安装一个设计得当的在线溶剂或水洗涤系统，使压缩机和透平的叶片结垢最少。

（4）确保回流阀关闭。

（5）考虑消除外来物流，如果气体来自另一个装置或气体分馏装置中一个塔的出口，考虑将这些外来物流引到压缩机间，而不要引到压缩机入口。炼油厂需要评价外来物流是否有回收价值或者是否能引入到其他装置。

（6）确保吸入阀尺寸合理，使其压降最小。

（7）安装一个先进的清扫控制系统。

（8）确认防腐剂和阻垢剂的流量在新的操作条件下是否足够。

13.16 改善吸收塔和汽提塔的性能

一次吸收塔/汽提塔的目的是尽可能回收 C_3 和更重的组分，而将 C_2 和更轻组分送到燃料气中。C_3 首先被吸收后，C_2 和更轻组分被汽提。虽然最大量回收 C_3 ~ C_4 作为烷基化原料是有利可图的，但为了使 FCC 转化率和（或）进料量最大，常常采取降低回收率的方法。

采用以下方法可以增加丙烷/丙烯的回收率：

（1）增加气体分馏装置压力。吸收塔的压力每增加 10psi（0.69bar），可增加 C_3 回收率 2%（图 13.13）。然而，这样会减少富气压缩机的能力。随着塔压力的增加，分馏效率下降。

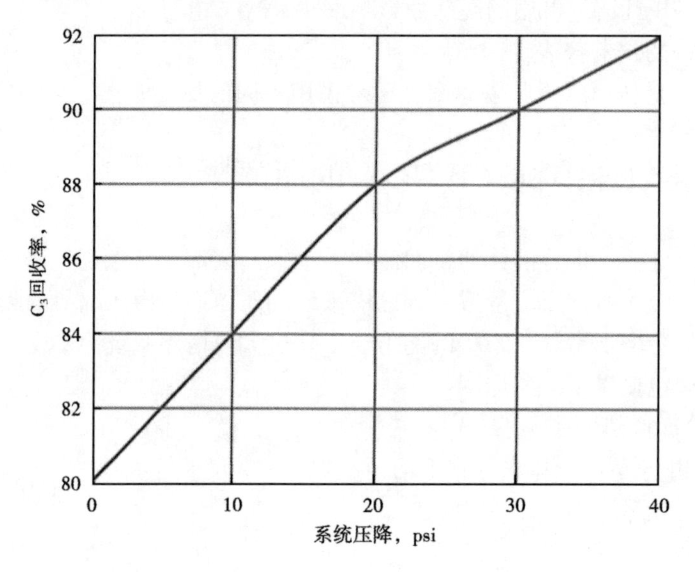

图 13.13　C_3 回收率与系统压力的关系

（2）降低操作温度。考虑在吸收塔增加一个中间冷却器，尽量降低贫油的温度。考虑使用冷却器。贫油温度每降低 10℉（5.5℃），可增加 C_3 回收率约 0.8%（图 13.14）。

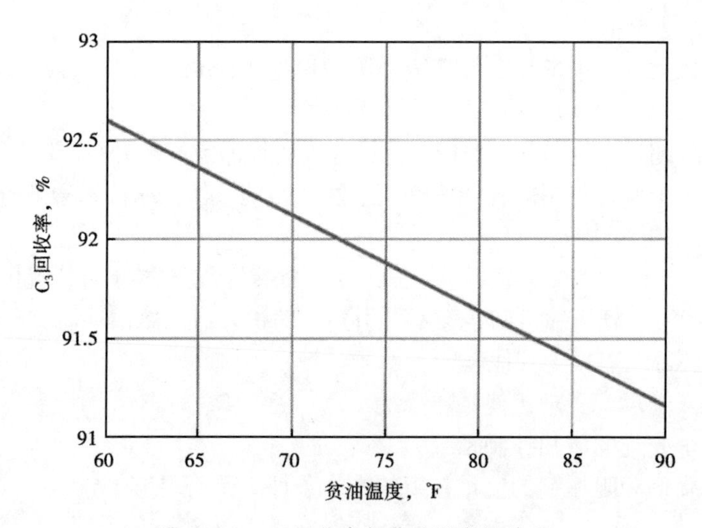

图 13.14　C_3 回收率与贫油温度的关系

（3）增加贫油流量。贫油流量常常受到脱丁烷塔水力学和再沸/冷却能力的限制。增加贫油/干气比 50%，将增加 C_3 回收率约 2%。

（4）脱除贫油中的水。安装除水器能提高回收率。水能积存在塔中，造成塔盘效率降低，起泡沫和过早液泛。

（5）最小化过度汽提。过度汽提会对吸收塔产生超负荷的不利影响，减少 10%汽提量能增加 C_3 回收率 0.8%（图 13.15）。

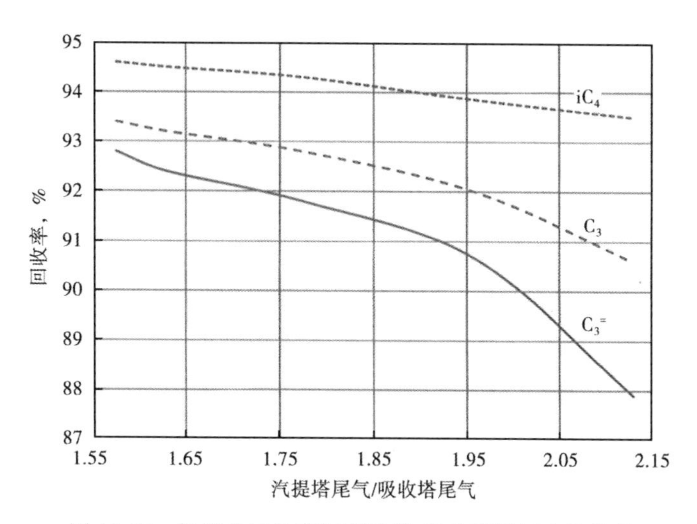

图 13.15　轻馏分回收率与汽提塔/吸收塔尾气比的关系

13.17　消除脱丁烷塔操作的瓶颈

当汽油的雷德蒸气压（RVP）降低时，脱丁烷塔的操作变得非常重要。汽油的蒸气压无法避免重馏分进入烷基化原料中。如果烷基化不做出牺牲，就会限制汽油的生产，这个限制通常是由于塔顶冷却和再沸效率不够而引起的。

（1）优化脱丁烷塔进料的预热温度可以优化塔的负荷。提高预热温度可降低再沸器负荷和塔汽提段的负载，降低预热温度可以减轻塔顶冷凝器负荷和精馏段的负载。在汽提塔底部增加一个换热器可以使这一变数得到控制。

（2）在顶部和底部均应安装压降指示器。

（3）优化操作压力以平衡再沸、冷凝和负荷。考虑采用浮动压力控制，由于蒸气压规格很严，因此脱丁烷塔采用浮动压力控制是一个很好的选择。浮动压力控制可减轻塔的负荷，并且有较好的分离效果。

（4）如果油浆循环回流是热介质，可考虑 HCO 循环回流以使结垢最少。

（5）用高容量塔盘或填料改造塔内构件。

（6）如果回流罐出口连续使用，可以将管线接回到富气压缩机级间容器而不是连到入口。并考虑在气体出口增加一个冷却器。

13.18　仪器

应考虑增加分析设备。针对蒸馏塔严格的规格要求，仅用温度和压力控制是不够的，要考虑使用塔顶物流色谱仪。大多数情况下，一台色谱仪分析多种物流是可行的，但要确保现场能提供合格的服务。

如果装置没有 DCS 系统，消除整个工程的瓶颈是最佳选择；如果装置有 DCS 系统，采用先进控制比较合理。

（1）DCS 系统可以提供更好的装置控制，并使装置稳定在离约束条件更近的状态下。

优化和消除瓶颈就是要在更靠近约束条件的状态下操作。

（2）DCS 系统具有预测趋势和报告现状的能力，装置数据可以存放到一个电子数据表格程序中，并可对变量与变量间的关系作图。

（3）DCS 系统是有价值的排除故障的工具。

（4）DCS 系统只要与一台主计算机相连就可以升级成先进控制和多变量控制。装置对白天与夜晚的温度波动是敏感的，多变量控制可以跟踪环境温度的变化。

有许多装置是在操作或检修期间改造成 DCS 系统的。

13.19 公用工程/厂区外设备

13.19.1 储罐/调和

显著地消除 FCC 装置中的瓶颈会影响罐区和调和系统，要确保罐区可以处置增加的产品产率和产品质量的变化。负责调和的部门需要及早预知汽油组分的变化。

13.19.2 蒸汽/锅炉给水（BFW）

例如，增加一个催化剂冷却器可加重锅炉的负担，或者需要更多的锅炉给水和一个蒸汽接收处。新型进料喷嘴可能需要更多的蒸汽。

在改造提升管末端设备的装置开车及停车期间，常常需要更多的蒸汽，因此，必须检查蒸汽系统的可用性以输送所需要的蒸汽。采用一个联供发生蒸汽装置是一个有吸引力的选择。

13.19.3 含硫污水/胺/硫处理厂

FCC 装置掺炼更重的原料会使炼油厂原油中更多的硫转化成 H_2S。因此，需要核实污水汽提及硫处理厂的能力。

13.19.4 火炬系统

增加富气压缩机的能力和增加气体分馏装置的处理量会影响火炬系统。

13.19.5 燃料系统

加工较重的原料将会产生更多的燃料气且对燃料气组成有不利影响。例如，必须要核实增加的氢含量不会影响加热器。取决于集合管的设计，如果增加的氢含量全部进到集合管的同一分支，那么增加的氢含量就会成为一个问题。

13.20 小结

催化裂化一直是，并且将来还会是炼油工业一个“赚取利润”的主要工艺。在不久的将来不会建立新型的催化裂化装置（尤其是在美国），因此，重点将是寻找改进现有 FCC 装置的操作可靠性和获利能力的方法。

当 FCC 装置同时在多重约束下操作时其性能常常可以得到最大限度发挥。规定约束所允许的最小“舒适操作区”是必不可少的，采用操作员友好的先进控制程序以及选择合适的催化剂配方可以在日常操作中优化 FCC 装置的性能。

本章提出了许多无成本及低成本建议，一旦实施可为 FCC 装置操作带来具有成本效益的附加值。这些例子包括消除主风机、富气压缩机和催化剂循环瓶颈的方法。本章还讨论了关于进料注入系统、提升管末端设备、催化剂汽提以及空气/待生催化剂分布的最新技术。在实施新技术之前，明确装置的目标和限制是至关重要的，以确保实现新技术的预期效益。

所选择的技术必须与特定催化裂化装置的机械限制相匹配。本章所讨论的所有技术都已经得到工业验证。因此，选择的方案必须包括总的安装成本以及炼油厂的预期效益。

第 14 章　排　　放

FCC 装置具有加工各种品质原料的灵活性。FCC 的原料性质直接或间接影响再生器的操作。原料质量及进料速度影响燃烧和载气空气的流速以及为获得“稳定的”催化剂再生而进入再生器的补充氧流量。空气流速的变化影响再生器中催化剂的损失率以及其他污染物的排放量。本章讨论炼油厂调节和控制这些污染物的可行办法，使其排放到大气中的程度要满足和（或）超过监管要求。应该指出的是，催化剂的再生模式（完全或部分燃烧）会极大地影响为遵守环保标准而选择“正确的”技术。

FCC 再生器在燃烧焦炭过程中会产生几种需要被控制的大气污染物。这些潜在的污染物包括 CO、SO_2/SO_3、NO_x、Ni 化合物、颗粒物（PM）以及不透明度。

目前美国有三个主要影响 FCC 装置烟气排放控制的不同监管要求（一些地区也有自己的排放规定），这些监管要求如下：

（1）新能源性能标准（NSPS）的连续应用；

（2）最高可实现控制技术（MACT II）的实施；

（3）EPA 执法行动和同意法令的实施。

上述每个监管要求都会影响炼油厂对于排放控制技术的选择。

14.1　新能源性能标准（NSPS）

NSPS 的建立是为了控制 FCC 装置的颗粒物、CO 以及 SO_2 等排放物。这些标准用于 1984 年 1 月 17 日以后建设的 FCC 装置，并导致其在出现下述情况的现有装置的应用：

（1）重大 FCC 改造（重建），其中累计投资超过两年，超过 50%的固定资产要替换；

（2）设备或操作改变，增加了有排放标准的污染物排至大气的量。

虽然 NSPS 没有对来自 FCC 再生器的 NO_x 排放设定明确限制，但是，当 FCC 装置被允许或改造时，就会制定针对现场和具体情况的 NO_x 排放限制。

14.2　最高可实现控制技术（MACT Ⅱ）

EPA 针对催化裂化装置、催化重整装置以及硫回收装置的有害空气污染物排放国家标准（NESHAP）于 2002 年 4 月 11 日生效。现有的受影响的装置必须在 2005 年 4 月 11 日前述到这一标准。这一标准也被称为炼油厂 MACT Ⅱ。

对于 FCC 装置，MACT Ⅱ的金属排放限制为炼油厂提供了 40 CFR 60.102 中 PM 不受 NSPS 影响的符合有害空气污染物（HAP）排放要求的四个选项（表 14.1）。对于有机的有害空气污染物（HAP）排放要求，限定 CO 的排放量（CO 是有机烃类排放物的代表）不能超过 500mL/m^3（干基）。

MACT Ⅱ的颗粒物及 CO 限制将与目前的 NSPS 要求一致，但是只适用于之前遵守 NSPS 的 FCC 装置。

表 14.1　催化裂化装置的金属 HAP 排放限制

对于每个新建或现有的催化裂化装置，每台再生器的排放都必须满足下列排放限制要求。
1. NSPS 对于 40 CFR 60.102 中 PM 的限制。
再生器中催化剂上每 1000 kg 焦炭燃烧所排出的 PM 不能超过 1.0 kg（1.0 lb/1000 lb），如果所排放的气体通过燃烧附加的或补充的液体或固体化石燃料的焚烧炉或废热锅炉，那么由于液体或固体化石燃料的热输入所增加的 PM 排放量不能超过 43.0g/GJ 或 0.10lb/10^6Btu，保留在 1h 内所得到的 6min 的平均不透明度读数，排放物的不透明度不能超过 30%。
2. 选项 1：不受 NSPS 对于 40 CFR 60.102 中 PM 限制的 NSPS 要求。
再生器中催化剂上每 1000kg 焦炭燃烧所排出的 PM 不能超过 1.0kg（1.0 lb/1000 lb），如果所排放的气体通过燃烧附加的或补充的液体或固体化石燃料的焚烧炉或废热锅炉，那么由于液体或固体化石燃料的热输入所增加的 PM 排放量不能超过 43.0g/GJ 或 0.10lb/10^6Btu，保留在 1h 内所得到的 6min 的平均不透明度读数，排放物的不透明度不能超过 30%。
3. 选项 2：不受 NSPS 对于 40 CFR 60.102 中 PM 限制的 PM 排放限制。
再生器中催化剂上每 1000kg 焦炭燃烧所排出的 PM 不能超过 1.0kg（1.0lb/1000lb）。
4. 选项 3：不受 NSPS 对于 40 CFR 60.102 中 PM 限制的 Ni（lb/h）排放限制。
Ni 的排放量不能超过 13000 mg/h（0.029 lb/h）。
5. 选项 4：不受 NSPS 对于 40 CFR 60.102 中 PM 限制的每 1000lb 焦炭燃烧所产生的 Ni（lb/h）排放限制。
再生器中催化剂上每 1000 kg 焦炭燃烧所产生的 Ni 的排放量不能超过 1.0mg（0.001lb/1000lb）。

14.3　EPA 同意法令

2001 年，EPA 开始对几个炼油厂限制并制订许可法令以大大减少 FCC 装置中 SO_2 和 NO_x 的排放量，被认为可实现的限制是 SO_2 为 25×10^{-6}，NO_x 为 20×10^{-6}。

14.4　控制方法

以下部分讨论控制并减少每种污染物排入大气的量的详细及实用的方法。

14.4.1　CO 排放

离开反应器汽提段的催化剂上通常含有 0.5%～1.3%（质量分数）的焦炭，这些焦炭中包含约 7%的氢、93%的碳及痕量有机硫和氮的化合物。一个典型的鼓泡床再生器设计有两个区：相当高密度（25～40lb/ft^3，即 400～641kg/m^3）流化床区（通常称为密相床）及稀相区（常常称为干舷区）。焦炭及一些夹带催化剂燃烧所产生的燃烧产物不断从密相床输送到稀相区，夹带的催化剂经旋风分离器料腿返回密相床。烟气速度对于稀相区所夹带的催化剂量具有显著影响。

再生器中焦炭的燃烧为部分燃烧或者为完全燃烧。在部分燃烧模式下，控制进入再生器的空气流速或者是为了得到再生器烟气中一定的 CO 含量，或者是为了保持期望的再生器床层温度，同时控制“可接受的” *CRC* 水平。最终的 CO 含量通过 CO 锅炉的操作来实现。在完全燃烧模式下，常常采用 CO 助燃剂及维持烟气中过剩氧来确保 CO 排放量小于 500×10^{-6}。

在完全燃烧模式下，很多因素会影响再生器烟气中 CO 水平，包括进料质量、催化剂性能、操作条件及空气和待生催化剂分布系统的效率等。再生器密相床温度、再生器中催化剂床层料位、催化剂/烟气在再生器中的停留时间、烟气中的过剩氧以及 CO 助燃剂的数量和类型等操作参数都会影响 CO 的排放量。可以明确减少烟气中 CO 的方法包括：采用较高的再生器床层温度、较高的进料预热温度、较长的催化剂/烟气在再生器中的停留时间、较高的再生器中催化剂床层料位、待生催化剂上较高的焦炭含量以及较高的烟气中的过剩氧。“较重的” FCC 原料以及高活性的新鲜催化剂会提高再生器床层温度，因此，可促进 CO 转化成 CO_2 的燃烧。

空气与待生催化剂混合的均匀性对于确保 CO 能否合规极其关键，尤其是深度加氢处理后的 FCC 原料。通常在 CO 和 NO_x 的水平之间存在权衡，较高的 CO 含量往往会减少 NO_x，反之亦然。

当装置在部分燃烧模式下操作时，CO 锅炉中的 CO 含量取决于 CO 锅炉的设计、燃烧室温度、进料的 CO 含量、过剩氧、烟气在 CO 锅炉中的停留时间以及 CO 锅炉的机械设计等。

14.4.2 SO_x 排放

FCC 原料中约有 5%~12%的硫在提升管中转化并富集到催化剂上的焦炭中。影响这一焦炭硫含量的因素取决于 FCC 进料中的硫含量、含硫物质的类型以及反应器—再生器的操作条件。这种硫负载焦炭的燃烧会产生超过 90%的 SO_2，其余大部分是 SO_3。

取决于所要求的烟气中 SO_2 含量，炼油厂通常会采用催化剂添加剂或烟气洗涤的方法。如果总的目标是减少 FCC 产品（汽油和 LCO）中的硫含量以及提高 FCC 进料的质量，那么，深度加氢处理汽油进料也会大大减少 SO_2 的排放量。在这种情况下，仅仅通过深度加氢处理和（或）添加减少 SO_2 排放的催化剂就可使 SO_2 的排放量小于 25×10^{-6}。

14.4.3 SO_2 还原添加剂

FCC 装置的再生器所产生的烟气中 SO_2 含量小于 750×10^{-6}，采用 SO_2 还原催化剂添加剂来满足 SO_2 排放要求常常是经济有效的方法。添加剂被单独注入再生器中，这些添加剂的三个主要成分是氧化镁（40%~60%）、氧化铈（12%~16%）和氧化钒（2%~5%）。在再生器中，氧化铈可促进 SO_2 生成 SO_3 的反应。氧化镁可以捕获再生器（氧化气氛）中的 SO_3 并且在反应器（还原气氛）中以 H_2S 的形式释放出硫。一种可靠的 SO_2 在线分析仪可确定添加剂的注入量是否充足。再生器的操作条件，特别是部分燃烧与完全燃烧以及过剩氧水平将极大地影响添加剂的效果。再生器中空气与待生催化剂的分布效率对于提高添加剂的效率也很关键。FCC 装置所使用的 SO_2 还原添加剂往往限定为新鲜催化剂及添加剂总添加量的 10%。

14.4.4 烟气洗涤

湿烟气洗涤尽管初始投资及操作成本相当高，但它是一种相当简单、操作要求宽松并被工业验证的工艺，可以非常有效地脱除 SO_2/SO_3 及颗粒物。

湿气洗涤系统是使用一种液体（通常是水或碱液）来脱除颗粒或气相污染物的装置。所有的设计旨在提供较好的液体与烟气之间的接触以获得较高的脱除效率（>95%）。湿气洗涤塔在饱和烟气物流的同时，产生了水蒸气羽流及需要在排放前进行处理的排污废水物流。湿气洗涤在中和 SO_2、脱除 SO_3 和催化剂颗粒方面非常有效。

在 FCC 装置中应用的烟气洗涤塔大约有 95%是非再生设计。大多数非再生装置使用氢氧化钠（苛性碱）溶液来中和 SO_2，也可使用其他的碱剂，如苏打粉、氢氧化镁、碳酸钙（石灰石）或氧化钙（石灰）等。有些 FCC 装置的烟气洗涤塔使用一次通过的海水，用海水中碳酸氢钠吸收 SO_2 和 SO_3。

可再生系统使用碱性试剂溶液或专有的胺溶液来捕获 SO_2。捕获 SO_2 后的试剂在一个单独的工艺装置上再生，产生新鲜试剂及富 SO_2 尾气。富 SO_2 物流可在硫酸厂或者炼油厂的硫回收装置进行处理。应该指出的是，可再生系统的安装成本是非再生设计的两倍多。

两个主要的 FCC 烟气洗涤技术供应商分别是 Belco 技术公司（属杜邦公司）（图 14.1）和哈蒙研究—科特雷尔（Hamon Research-Cottrell）（HRC）。HRC 是 ExxonMobil 公司湿烟气洗涤系统（图 14.2）的技术许可方。

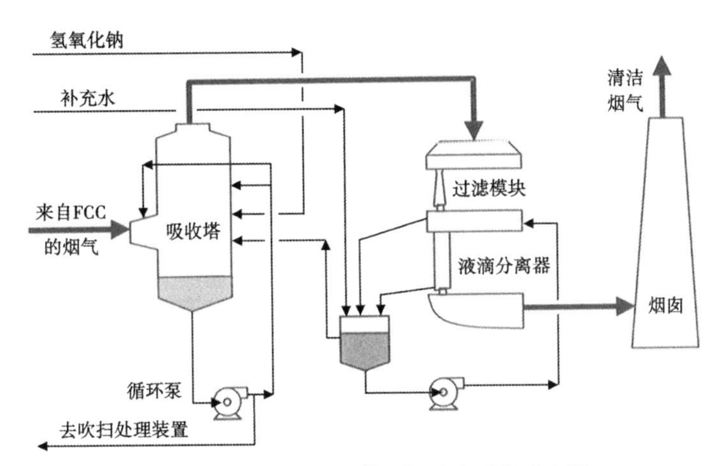

图 14.1　BELCO EDV®湿气洗涤系统示意图

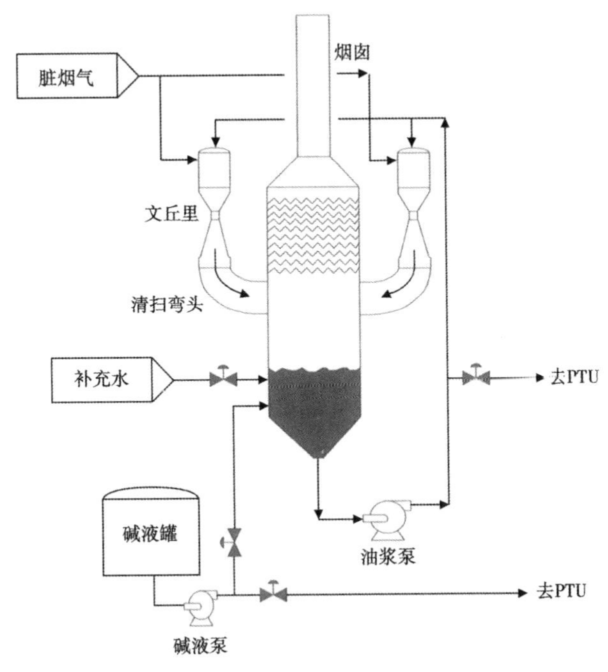

图 14.2　HRC 的 ExxonMobil 湿气洗涤塔设计示意图

PTU—吹扫处理装置

影响湿烟气洗涤塔设计和性能的主要参数包括：

（1）入口颗粒的质量流速（正常条件、非正常条件及运行结束时）；

（2）进入洗涤塔的催化剂粒子的粒度分布；

（3）入口温度；

（4）所选择的试剂；

（5）洗涤塔入口的可用压力；

（6）洗涤塔上游系统的压力等级，例如现有的 CO 锅炉及其承受由洗涤塔施加的额外背压的能力；

（7）入口 SO_2 和 SO_3 的含量；

（8）烟气组成；

（9）补充水的选择及来源；

（10）期望的 SO_2/SO_3 及颗粒的脱除效率；

（11）所需要的公用工程；

（12）吹扫处理系统的设计。

14.5 颗粒物

颗粒物的排放限制常常用每标准立方米烟气中颗粒物的毫克数来表示（mg/m^3）。EPA 的测量单位是每燃烧 1000lb 焦炭所产生的颗粒物的磅值。取决于催化剂再生的模式及 CO_2/CO 的比值，每燃烧 1000lb 焦炭所产生的 1lb 颗粒物约为 95~125mg/m^3。

离开再生器旋风分离器的 FCC 催化剂含量通常为每实际立方英尺烟气中 0.08~0.15 个催化剂颗粒（gr/acf）。要求合规的排放到大气中的颗粒（催化剂及非催化剂颗粒）的量常常表示为再生器中所燃烧的焦炭量的函数。颗粒排放的要求标准随炼油厂及管理当局而变化。最常用的标准是每燃烧 1000lb 焦炭所产生的颗粒物排放量为 1lb。有些情况下，要求每燃烧 1000lb 焦炭所产生的颗粒物排放量为 0.5lb 或更少。

大约 90%的 FCC 装置在其再生器烟气系统采用三级分离设备来脱除残余颗粒物。实践中最常用的方法有：

（1）三级/四级旋风分离系统；

（2）湿烟气洗涤；

（3）干静电除尘器。

14.5.1 三级/四级分离器

三级分离器（TSS）可由几个由传统旋风分离器供应商，如 Buell、Emtrol 及 Van Tongeren 所提供的“常规”大直径旋风分离器组成。TSS 可以与一个向下流动的催化剂过滤系统结合。也有一些由 KBR、Shell Global Solution（SGS）及 UOP 等公司提供的使用“较小”旋风分离器的 TSS 设计/技术。这些技术宣称可以达到每燃烧 1000lb 焦炭所产生的颗粒物排放量小于 1lb 的效果。但是，笔者对于这些设计能提供可持续达到 0.5 lb/1000lb 或更少的效率并没有经验。工业上证实的可达到小于 0.5lb/1000lb 颗粒物排放的技术是使用烟气洗涤、ESP（静电除尘器）或脉冲喷吹过滤如 Pall GSS（气固分离）过滤器。

影响 TSS 装置性能的因素有：

(1) 入口催化剂的粒度分布；

(2) 旋风分离器的数量及构造；

(3) 烟气的均匀分布；

(4) 旋风分离器速率；

(5) 关键流动喷嘴的设计；

(6) 四级和（或）催化剂回收料斗的设计。

14.5.2 干式静电除尘器

ESP 采用高压电极向烟气中夹带的催化剂粒子传导负电荷（图 14.3）。这些带负电的粒子被吸引至地面一个带正电的收集表面（收集盘），粒子沉积在收集盘上。每隔一段时间，盘子被“敲打”，使得粒子落入料斗内。带负电的刚性放电电极位于收集表面中心并由高压绝缘子支撑。

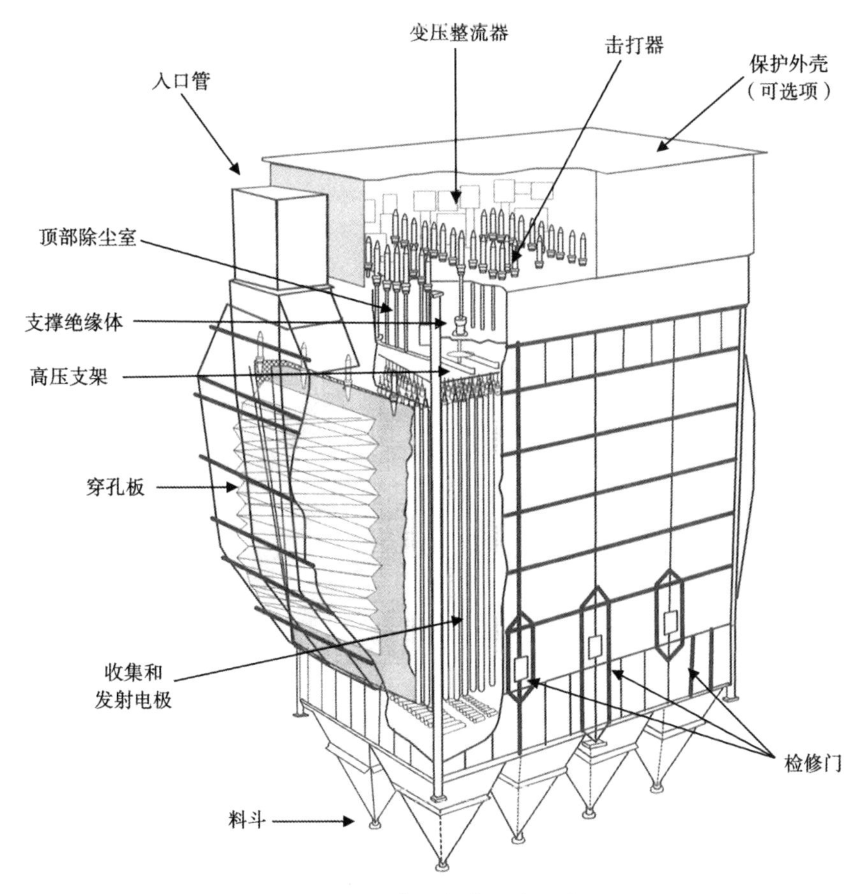

图 14.3 典型的静电除尘器

粒子的电阻率，即粒子接收电荷的能力对于 ESP 的收集效率起着关键作用。如果粒子不能接收足够的电荷，就需要修改粒子的电阻率或增加 ESP 的处理时间。可明确降低催化剂电阻率的关键因素有：

(1) 较高的入口温度；

(2) 催化剂上较高的金属含量；

(3) 催化剂上较高的稀土含量；
(4) 催化剂上较高的碳含量；
(5) 氨注入；
(6) 水分含量。
ESP 的设计及性能还取决于以下因素：
(1) 入口催化剂负载量；
(2) ESP 内部烟气表观速度；
(3) 催化剂粒度分布；
(4) 每个室的气体通道数；
(5) 收集电极的间距；
(6) 总处理长度；
(7) 处理时间；
(8) 放电电极的类型、数量及间距；
(9) 电气分节（串联场数）；
(10) 料斗体积、加热器容量及电平检测。

14.6 烧结金属脉冲喷气过滤

另外一个使颗粒物排放合规（$PM_{2.5}$和PM_{10}限制）的方法是采用烧结不锈钢或碳化硅过滤元件的屏障过滤器（如 Pall 公司的 PSS®过滤器）。

过滤介质提供了一个粒子形成的蛋糕状表面，这个粒子层不断堆积直到达到预定的压降，这个压降是蛋糕层厚度及蛋糕层压缩性的函数。然后，逆向流动的洁净气体（反吹）被引入以脱除过滤器中的蛋糕层。脱出的固体被从过滤系统吹扫出来，或者直接返回工艺中再次使用，或者从工艺物流中脱除并输送至收集装置。

虽然其他合金（如 300 系列烧结不锈钢 PSS®过滤元件）是在较低的操作温度下使用，但这些采用铁铝合金的高温过滤系统能在高达 1472℉（800℃）下操作。这些过滤系统利用工厂的空气进行在线反吹清洁（图 14.4）。

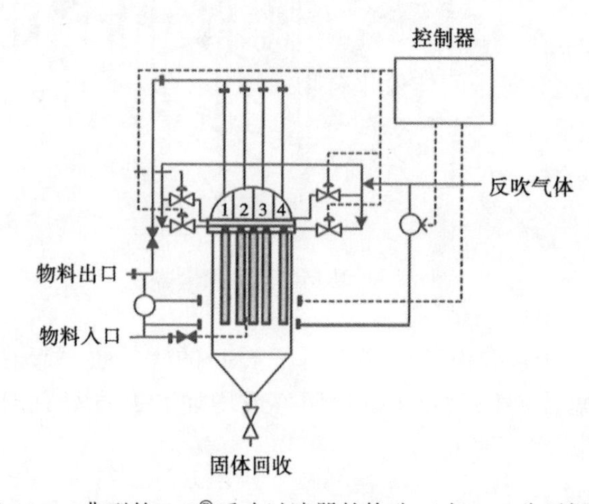

图 14.4 典型的 PSS®反吹过滤器的构造（由 Pall 公司提供）

这些过滤器可以安装在TSS的位置，也可以安装在TSS上向下流动的占烟气总流量3%~6%的烟气物流处（图14.5）。

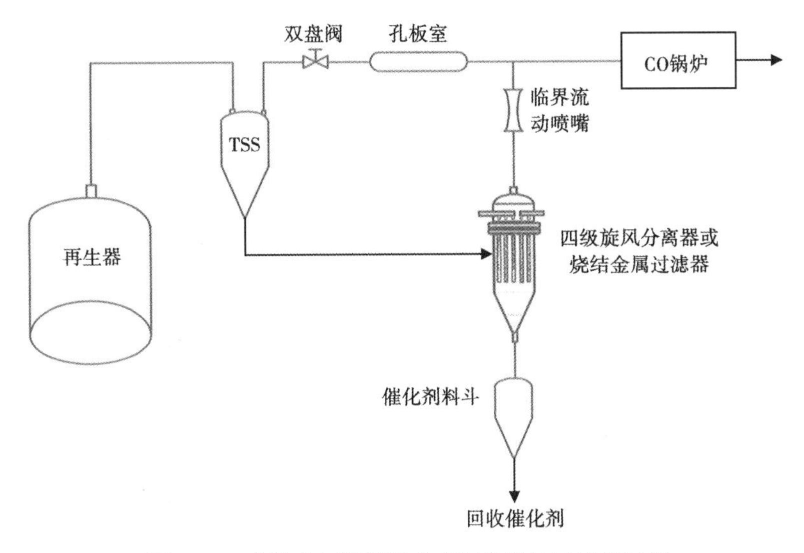

图14.5　安装在四级旋风分离器位置的过滤器示例

14.7　NO_x

顾名思义，NO_x是指NO和NO_2。当FCC装置的再生器在完全燃烧模式下操作时，超过90%的NO_x形成NO，其余是NO_2和N_2O。形成NO_x的两个主要途径是热途径和化学途径。热途径的NO_x是从燃烧空气中氮的固定（$N_2+O_2 \longrightarrow 2NO$）过程形成的。热途径$NO_x$形成的速率是温度（>1500℉或815℃）、氧含量和停留时间的函数。取决于FCC装置的再生器设计、催化剂汽提段性能及再生器床层温度，再生器烟气中的一部分NO_x可以热途径产生。

化学或燃料NO_x是由FCC装置的再生器在完全燃烧模式下操作时氮化合物的燃烧产生的。进料中约50%的氮被转化和沉积在待生催化剂上的焦炭中而进入再生器，在催化剂再生完全燃烧模式下，这些氮化合物中大约95%被直接或间接转化成N_2，其余5%转化成氮氧化物如NO。在催化剂再生部分燃烧模式下，由于没有过剩氧，形成的NO极少，反而在再生器烟气中含有氨和氰化氢等中间体氮化合物。

14.7.1　原料质量

原料质量、操作条件及机械硬件影响FCC装置烟气中的NO_x含量。

FCC装置的原料质量会直接和间接影响NO_x的排放量。例如，对FCC原料进行深度加氢处理过程中脱除了原料中的有机氮化合物，因此可减少NO_x的排放量。含有较高焦化瓦斯油或渣油比例的瓦斯油原料往往会产生更大量的NO_x，特别是它们会对催化剂的汽提性能和（或）催化剂再生产生不利影响。

14.7.2　操作条件

调节FCC装置的一些操作条件/习惯可轻微减少NO_x的排放量。这些参数包括降低烟气中的过剩氧、降低再生器床层温度以及消除/减少铂基CO助燃剂的使用。通过这些调节办法，可以降低NO_x的排放量。

14.7.3 催化剂添加剂

催化剂添加剂是用于催化剂在完全燃烧模式下再生时减少NO_x排放量的固体催化剂粒子。催化剂添加剂的效率可从没有减少NO_x至可减少高达50%NO_x之间而变化。再生器/内构件的机械设计及FCC装置的原料质量是影响这些添加剂性能的关键参数。

最有效的NO_x添加剂使用铜作为还原元素。铜可提高FCC约10%的产气率，使用这些添加剂很容易使吸收塔尾气中的氢含量翻番。再生器尾燃及CO的排放量也会增加。此外，这些NO_x还原添加剂的使用会对SO_2还原添加剂的效率产生不利影响。

有利的一面是，这些添加剂的使用（仅指完全燃烧模式的再生器）不需要任何资本支出，它们的性能很快就可以确定（通常少于60天）。此外，有一个添加剂成本（踢出因子）限制，这个限制是：脱除每吨NO_x需要10000美元，或者使用每磅添加剂可脱除1.8磅NO_x。

14.7.4 机械硬件

由于NO_x是在再生器中产生的，因此可以预见，改进待生催化剂和燃烧空气的混合效果应当可以减少不必要的NO_x的产生。

根据我的经验，待生催化剂和燃烧/提升空气同时均匀混合要比待生催化剂和燃烧空气以逆流方式混合产生更大量的NO_x。

14.7.5 选择性催化还原

选择性催化还原（SCR）是被证实的可将NO_x降至20×10^{-6}以下的工艺。典型的SCR装置使用一种以钛为基质表面涂覆含有钒/钨氧化物成分的固体催化剂。催化剂体系可以是蜂窝状、金属板状或波状设计。根据以下化学反应式，NH_3作为中和NO的物质：

$$4NO+4NH_3+O_2 \longrightarrow 4N_2+6H_2O \tag{14.1}$$

$$6NO+4NH_3 \longrightarrow 5N_2+6H_2O \tag{14.2}$$

"理想的"烟气操作温度通常介于550℉和750℉之间（288℃和399℃）。为了使反应能完全进行，常常需要在烟气中含有最少1%的过剩氧。NH_3注入系统的适宜设计对于其在烟气物流中的完全混合至关重要。

影响SCR过程效率的因素如下：

（1）将SCR装置集成到现有的烟气系统中会对项目总体成本产生显著影响；

（2）SCR反应的发生所需要的停留时间；

（3）所允许的NH_3逸出的控制；

（4）烟气中的SO_2/SO_3含量会引起催化剂结垢；

（5）催化剂床层被极细小FCC催化剂粒子过早堵塞。

SCR的优点是极高的NO_x脱除率（可达97%）及很少的NH_3逸出（$<10\times10^{-6}$）。缺点包括储存和处理NH_3涉及的安全问题、高资金成本、高操作条件要求及较高的烟气压降（特别是催化剂床层被逐渐堵塞时）。其他缺点还包括占用空间大及潜在的以硫酸氢铵形式

出现的硫沉淀。

14.7.6 选择性非催化还原

选择性非催化还原（SNCR）工艺可用于减少 NO_x 的排放量。以空气或蒸汽作为载气，将 NH_3 或 50%尿素［CO（NH_2）$_2$］溶液注入热烟气中。市场上有两个工业化的 SNCR 工艺：

（1）Fuel Tech 公司的 NO_xOUT®工艺，使用 50%尿素溶液；

（2）EMRE 公司的 Thermal DeNOX™工艺，使用 NH_3 和 H_2。

使用尿素溶液的 NO_xOUT 是被 Fuel Tech 公司许可的工艺，其操作温度“窗口”从 1800℉至 2000℉（982℃到 1093℃），该工艺通常可达到 20%~60% NO_x 的还原。

影响 NO_xOUT®工艺性能的因素如下：

（1）温度；

（2）锅炉设计；

（3）温度窗口内的停留时间；

（4）烟气速度/方向；

（5）NO_x 含量基线。

在非常高的炉温下，NO_xOUT®工艺的性能会因消耗尿素溶液或者导致 NO_x 形成的竞争反应而降低。压缩空气常常被用作载气来雾化尿素溶液，如果尿素分布不是最佳的，则 NH_3 逸出可能过量。

当使用尿素时，尿素首先分解成 NH_3，总反应式为：

$$CO(NH_2)_2+2NO+\frac{1}{2}O_2 \longrightarrow 2N_2+CO_2+2H_2O \tag{14.3}$$

混合较好及停留时间足够长的系统有利于这个反应，SNCR 往往在 1800~2000℉（982~1093℃）的温度范围内工作最佳，因此，该工艺适用于在烟气系统采用 CO 锅炉和（或）燃烧炉的 FCC 装置。

Thermal DeNOX™工艺使用 NH_3 以及 H_2 作为添加剂使得在 1250~1350℉（677~732℃）的操作温度下 NO_x 的排放减少。

总化学反应式为：

$$NO+NH_3+\frac{1}{2}O_2+2H_2O+\frac{1}{2}H_2 \longrightarrow N_2+4H_2O \tag{14.4}$$

NO_x 的脱除效率预计在 20%~40%，但是，由于使用 H_2 作为还原剂，NO_x 的脱除效率声称可接近约 70%。NH_3 的混合效率、烟气温度、烟气中的过剩氧含量、烟气的停留时间及 NH_3 逸出等因素影响该工艺的脱除效率。

14.8 $LoTO_x$™技术

$LoTO_x$™技术是由 Belco 技术公司开发（属杜邦公司）经 Linde 工业气体公司（前 BOC 气体公司）许可的可在炼油厂应用的技术。$LoTO_x$™系统是一种氧化工艺，该工艺将 O_3 注入烟气管线中，使不溶性的 NO_x（NO 和 NO_2）氧化为水溶性的化合物如 N_2O_5。这些反应必须在小于 300℉（<149℃）下发生。这些氧化物与烟气中所含的水进行反应而形成硝酸，在一个典型的采用苛性钠的烟气洗涤塔中，硝酸被洗涤并转换成硝酸钠。该工艺涉及以下化学反应：

$$NO+O_3 \longrightarrow NO_2+O_2$$
$$2NO_2+O_3 \longrightarrow N_2O_5+O_2$$
$$N_2O_5+H_2O \longrightarrow 2HNO_3 \tag{14.5}$$

与 $LoTO_x$™系统相关的操作成本在很大程度上源自电力、氧气及 O_3 发生器的冷却水。这些成本几乎与处理的 NO_x 水平成正比。该系统被证实不论烟气如何变化或负载如何波动，在系统出口排出的 NO_x 含量均小于 10×10^{-6}和（或）脱除效率大于 95%。

$LoTO_x$™技术的优点在于系统中烟气的压降非常低，它不会将 SO_2 转化成 SO_3，并且是在烟气的饱和温度下操作（即湿洗涤塔的操作温度）。虽然 $LoTO_x$™技术每年的运营成本高于 SCR，但与 $LoTO_x$™技术相关的资金成本与 SCR 装置的资金成本相似。此外，具有廉价的氧源对于采用 $LoTO_x$™技术是必不可少的。

14.9 小结

本章讨论的是如何使 FCC 装置再生器烟气排放的污染物合规。炼油厂有很多方法来满足这些要求。但是，在开始选择这些方法前，应当在操作上优化催化裂化装置目前的性能并确保通过再生器的空气/催化剂的均匀分布。

第 15 章　渣油和深度加氢处理原料的加工

FCC 是一种令人惊叹的工艺，其满足未来能源和环境需求的灵活性是独一无二的。

随着原油价格的增长，越来越多的炼油厂或者改造其 FCC 装置以加工渣油或者安装渣油催化裂化装置（渣油 FCC/RFCC）以代替常规的瓦斯油裂化，特别是在远东、中东及非洲等地区的国家。

另一方面，一些炼油厂因其 FCC 原料被认为质量“太好”会对催化剂再生及产品回收产生不利影响。

本章重点讨论渣油裂化，并提供成功加工渣油原料的洞察力以取得长期的操作及机械可靠性。

本章还包括在 FCC 装置上成功加工“深度”加氢处理的原料可采取的一些措施。

15.1　渣油裂化

RFCC 装置与常规的瓦斯油 FCC 装置的区别在于其原料质量。通常渣油的定义是沸点在 1050℉（565℃）以上且康氏残炭含量大于 0.5%（质量分数）的原料馏分。RFCC 原料中渣油馏分的通常范围是 1.0%~6.0%（质量分数）。除了渣油馏分外，渣油原料常常还包含以下含量增加了的污染物：

（1）有机氮；

（2）有机金属（钒、镍、铁、钠和钙）。

表 15.1 给出了 RFCC 装置典型的渣油原料性质，表 15.2 包含与这些原料性质相应的平衡催化剂（循环催化剂）的性质。

并不是所有的渣油馏分都具有相似的分子结构。但是，平均大约 50%的微碳渣作为焦炭沉积在催化剂上。例如，如果在常规的瓦斯油裂化过程中瓦斯油原料中有 5%（质量分数）转化为焦炭，那么，加工康氏残炭为 4%的渣油原料（含有典型的杂质）会导致 7%的焦炭产率。

催化裂化是热消耗过程，意味着再生器中硬/软焦炭的燃烧必须能提供足够的热量来满足以下需要：

（1）将原料从预热温度汽化；

（2）将原料温度提高到最终的裂化温度；

（3）补偿反应的整体吸热；

（4）将来自空气鼓风机的燃烧空气/载气的排气温度加热至烟气温度；

（5）加热各种至提升管/反应器的蒸汽物流；

（6）加热进入提升管的循环物流至裂化温度；

（7）补偿来自反应器—再生器组分的热损失。

在渣油裂化过程中，再生器中产生的热量/能量常常超出上述需要，因此，必须移走这部分多余的热量来维持再生器温度在合理水平，最好小于1350℉（730℃）。

再生器密相床的温度取决于催化剂上所具有的“好”和“差”的硬/软焦炭进入再生器的结果。“差”的焦炭来自于：

（1）催化剂与瓦斯油在进料注入区的混合欠佳；

（2）渣油雾化不充分；

（3）对原料杂质的处理不够；

（4）提升管中停留时间不够；

（5）不适当的提升管末端设备；

（6）催化剂汽提欠佳。

表15.1 典型的FCC装置进料性质

炼油厂		A	B	C	D
再生模式		部分燃烧	完全/部分燃烧	部分燃烧	部分燃烧
催化剂冷却		有	无①	无	有
API度		18.3	19.4	22.6	20.4
馏程，℉	方法	D1160	模拟蒸馏	模拟蒸馏	模拟蒸馏
	初馏点	563	450	390	425
	5%	675	622	525	561
	10%	721	674	582	622
	30%	859	776	714	765
	50%	991	850	787	886
	70%		936	872	1, 031
	90%		1, 112	1, 046	1, 215
	95%		1, 234	1, 168	1, 310
	干点		1, 400	1, 411	1, 390
Watson K 因子		11.78	11.71	11.76	12.10
氢含量，%（质量分数）		12.02	12.0	12.46	12.55
相对分子质量		468	423	375	534.3
硫，%（质量分数）		2.14	1.05	0.65	0.35
有机氮 10^{-6}	碱性氮	622	610	438	766
	总氮	1569	1674	1692	2380
渣油，%（质量分数）		7.5	3.2	1.2	5.0
镍，μg/g		16.4	3.7	4.1	10.4
钒，μg/g		14.1	5.9	7.5	1.6
钠，μg/g		1.4	0.5	0.7	1.2
铁，μg/g		6.9		19.0	5.2
钙，μg/g				2.8	32

①使用不稳定石脑油。

表 15.2 典型的平衡催化剂（E-cat）数据

炼油厂		A	B	C	D
催化剂添加速率，(lb/bbl)		0.68	0.39	0.72	0.82
催化剂添加速率，kg/t		2.1	1.2	2.5	2.5
活性,%（质量分数）		68.0	78.0	67.6	69.2
氧化铝（Al_2O_3）,%（质量分数）		47.6	43.4	59.1	54.0
稀土（RE）,%（质量分数）		2.9	3.5	1.33	1.84
结焦因子（质量比）		1.34	1.2	2.3	1.1
生气因子（体积）		3.84	1.9	3.0	1.4
总表面积（*SA*），m^2/g		134	173	106	116
基质表面积（*MSA*），m^2/g		33	38	67	57
沸石表面积（*ZSA*），m^2/g		101	135	39	59
沸石/基质（*Z/M*）比（质量比）		3.1	3.9	0.58	1.0
平均堆密度（*ABD*），g/mL		0.85	0.85	0.82	0.86
孔体积（*PV*），mL/g		0.36	0.37	0.33	0.33
钠（Na）,%（质量分数）		0.28	0.26	0.33	0.42
镍（Ni），μg/g		5,940	270	2,310	4,900
钒（V），μg/g		5,830	1,027	4,000	1,215
铁（Fe）,%（质量分数）		0.62	0.53	0.99	0.51
铜（Cu），μg/g		18	—	37	22
氧化钙（CaO）,%（质量分数）		0.19	0.08	0.20	1.13
催化剂上的焦炭（*CRC*）,%（质量分数）		0.07	0.09	0.31	0.1
锑（Sb）,%		576	14.20	600	1,450
锑/镍比（质量比）		0.10	0.05	0.26	0.30
粒径分布	0~20μm,%（质量分数）	0.0	3.48	0	0
	0~40μm,%（质量分数）	2.0	16.84	2.5	3.7
	0~80μm,%（质量分数）	40	66.9	32	51
	平均粒径（*APS*），μm	88	67.9	107	79

15.1.1 加工渣油时的注意事项

（1）渣油原料真正的终馏点很容易超过 1800℉（980℃），且其相对分子质量可能超过 500。

（2）为了使进料雾化合适，进料喷嘴必须设计成可处理相当于最小 5.0%（质量分数）新鲜进料量的分散蒸汽量。

（3）通过进料喷嘴油侧的压降应当充足，最小压降为 50psi（3.5bar）。

（4）目标 *CRC* 应当小于 0.15%（质量分数）。

（5）锑溶液的注入系统必须设计正确以提供最大化的镍钝化。

（6）合适的新鲜催化剂配方很关键。催化剂最好具有活性基质并且活性位易接近。

（7）再生催化剂必须与进料均匀接触以雾化渣油原料。

(8) 提升管内停留时间（基于提升管的出口条件）必须至少为 2.5s 以确保大/重分子的裂化。

(9) 裂化温度最低为 980℉（527℃）以确保大/重分子的裂化。

(10) 提升管末端设备及反应器旋风分离器必须坚固耐用以避免过早的焦炭沉积。

(11) 催化剂在汽提塔的停留时间必须在 1.5min 范围之内以助于软焦的床层裂化。每 1000lb 催化剂循环量汽提蒸汽的量至少为 3lb（3kg/1000kg）。

15.1.2 加工渣油可用的设计方案

常规的 FCC 装置能否加工渣油取决于：

(1) 渣油含量及其杂质；

(2) 期望的进料速率及转化率水平；

(3) 催化剂处理限制；

(4) 再生模式为部分燃烧或完全燃烧；

(5) 现有的和（或）计划的烟气排放控制；

(6) 再生器最高操作温度；

(7) 可用的空气鼓风机及 WGC 容量。

取决于渣油原料的康氏残炭含量及其他杂质，当加工渣油原料时，再生器床层温度会明显上升。理想情况下，如果再生器床层温度可保持在低于 1325℉（718℃）以减少催化剂失活和提升管中过早的热裂化反应，这可通过以下方式实现：

(1) 最小化进料预热温度；

(2) 如果已经安装了 CO 锅炉，使再生器在部分燃烧模式下操作；

(3) 进料中注入石脑油以降低其黏度，更重要的是，可从再生器中移走热量；

(4) 在再生器稀相中注入蒸汽；

(5) 在新鲜进料中注入含硫污水；

(6) 安装密相催化剂冷却器。

金属含量，尤其是钒/镍比，在为了达到合理的催化剂活性而需要的新鲜催化剂和（或）购买的平衡催化剂的数量方面起着关键作用。镍中毒的有害影响可通过在进料中注入锑溶液来减少。但是，对于高钒、铁、钠及钙含量的渣油，还没有经济有效的处理办法。

FCC 催化剂会失去其沸石和基质活性主要是由于：

(1) 再生器床层温度高；

(2) 催化剂汽提欠佳；

(3) 钒、钠、铁及钙含量超过平均水平。

当加工渣油原料时，炼油厂采用两种途径来达到合理的催化剂活性。第一种途径是使用所有新鲜催化剂。典型的新鲜催化剂添加速率范围是每桶进料 0.5~1.0 lb 催化剂（1~3kg/t）。第二种途径是利用新鲜催化剂与所购买的平衡催化剂的混合物来稀释高金属含量。最佳选择取决于：

(1) 所购买的稳定及高品质平衡催化剂的可用性；

(2) 催化剂处理设施；

(3) 期望的进料速率及转化率水平；

(4) 催化剂总成本与预计的节约成本。

15.2 RFCC技术供应商

在美国，已经有一段时间没有新建的FCC或RFCC装置。因此，要在其FCC装置上加工渣油的炼油厂可通过以下方法来完成这一任务：

(1) 安装密相催化剂冷却器；

(2) 催化剂再生在部分燃烧模式下操作；

(3) 在完全燃烧模式下控制再生器操作温度在1400℉ (760℃) 左右，无须外部散热；

(4) 在再生器稀相注入蒸汽和（或）在进料中注入含硫污水。

在美国以外，炼油厂使用两个常见的技术来加工渣油原料，这两个技术是：

(1) Shaw Axens RFCC；

(2) UOP RFCC。

为了减少因钒中毒引起的催化剂过早失活，这两个技术都采用两级催化剂再生。

15.2.1 Shaw Axens RFCC装置

Shaw Axens RFCC装置（图15.1）的主要特征如下：

(1) 来自催化剂汽提塔的待生催化剂经由一个“浴缸式”分布器被分配到R1再生器中；

(2) R1再生器在部分燃烧模式下操作而R2再生器在完全燃烧模式下操作；

(3) 从R1再生器出来的催化剂通过塞阀和提升管线被提升到R2再生器中；

(4) 部分再生的催化剂在R2再生器中被完全再生；

(5) 去R1和R2再生器的燃烧空气以及提升空气常常通过一个轴流风机输送；

(6) R1再生器包含几对内置的旋风分离器；

(7) R2再生器的旋风分离器可以是外置的，也可以是内置的；

(8) 再生催化剂通过一个外部回收井料斗从R2再生器排出。

(9) R1和R2再生器的压力是分别控制的；

(10) 可以安装密相催化剂冷却器以移走再生器的热量；

(11) 采用专用喷嘴，可将不稳定石脑油回收至提升管以移走R2再生器的热量。

15.2.2 UOP RFCC装置

UOP的两级RFCC装置（图15.2）具有以下主要特征：

(1) 在原料注入前采用一个高于平均高度的进料注入系统将蒸汽和烟气注入以预加速再生催化剂，其目的是在原料与催化剂接触前先钝化活性金属；

(2) 来自催化剂汽提塔的待生催化剂经由一个“滑跃式”催化剂导流板进入第一级再生器（上部再生器）；

(3) 总燃烧空气中大约70%在第一级再生器中被消耗，其余30%在第二级再生器（下部再生器）中被消耗；

(4) 从第二级再生器出来的烟气通过位于第二级再生器底部封头的通风管向上进入第一级再生器；

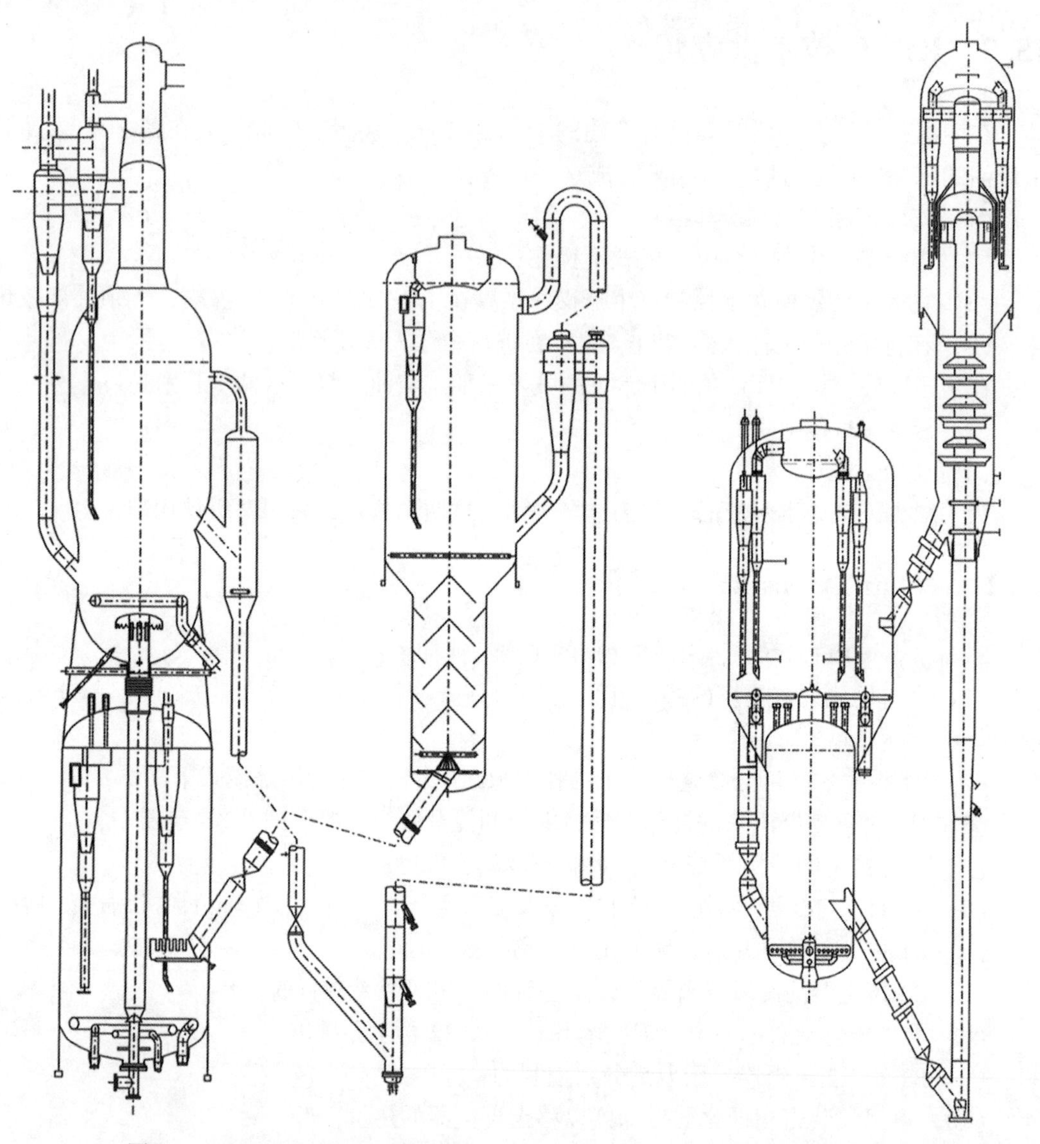

图 15.1　Shaw Axens RFCC 装置示例

图 15.2　UOP RFCC 装置示例

（5）汇合的烟气流经几个二级旋风分离系统后离开第一级再生器；

（6）第一级再生器在部分燃烧模式下操作，其典型的 CO_2/CO 比为 3.0；

（7）采用循环催化剂立管/滑阀将催化剂从第一级再生器输送至第二级再生器；

（8）可使用返混催化剂冷却器移走第一级再生器的热量；

（9）再生催化剂经由一个倾斜的立管离开第二级再生器。

15.3　操作及机械可靠性

在 FCC 装置上加工渣油不像常规的瓦斯油裂化那么要求宽松。加工渣油不能达到期望的运行周期及装置过早停运的最常见原因是：结焦、催化剂过度损失及高温波动。

结焦可出现在进料喷嘴注入器周围、提升管内部、反应器壳体、反应器旋风分离器内部/外部、反应器油气管线、主分馏塔底部以及待生催化剂滑阀周围。原料雾化低效、裂化温度不够、提升管中停留时间不够长、催化剂活性不够以及原料引入过早等是结焦的主要原因。通过从反应器顶部注入干燥及热蒸汽可以减少反应器顶部结焦。

在反应器旋风分离器内部所形成的焦炭会导致显著的催化剂损失，装置常常需要立刻停车。反应器旋风分离器必须设计成可确保足够的催化剂冲刷以减少焦炭在旋风分离器集尘器及料腿的积聚。

由于渣油裂化的新鲜催化剂添加速率比“常规”瓦斯油裂化高几倍，因此其相应的催化剂损失也会高些。所以，新鲜催化剂和（或）所购买的平衡催化剂的物理性质对于催化剂过度损失并无贡献，这一点至关重要。

维持稳定的再生器温度对保证再生器旋风分离器的长周期运行极其重要。因此，必须制定预防措施以避免由于进料质量和（或）热量移除装置的改变而引起的频繁的温度波动。使床层温度保持在“合理”范围以确保反应器—再生器设备的机械可靠性还有很长的路要走。

15.4 渣油原料对操作的影响

由于含有较高的康氏残炭以及其他杂质，使得渣油对于装置操作会产生以下影响：

（1）频繁的催化剂装卸。通常再生催化剂冷却的局限性限制了催化剂的排出速率和随后的添加速率。

（2）排出催化剂的物流和处置费用将具有挑战性。

（3）较高的催化剂添加速率增加了来自反应器和再生器旋风分离器的催化剂损失，这会导致油浆产品中灰分含量超标和（或）烟气洗涤塔洗涤水或 ESP 料斗中催化剂含量过高。

（4）干气或吸收塔尾气产率比瓦斯油裂化至少超过 50%，所以会增加富气压缩机的容量并对 C_3/C_4 的回收产生不利影响。

（5）新鲜催化剂的稳定性很关键，可以考虑控制再生器温度和金属含量。稀土交换的催化剂可提供较好的稳定性，但是，稀土价格高企，而不采用稀土交换的催化剂则会对反应产率产生不利影响。

（6）渣油原料中较高的氮和硫水平会挑战和增加与 NO_x 和 SO_x 排放相关的合规成本。

（7）主分馏塔塔底温度必须经常保持小于 650℉（345℃）以避免过早结垢。

15.5 加工“深度”加氢处理的原料

在炼油工业中，最让人印象深刻的变化之一是柴油和汽油燃料中硫含量的降低。为了满足汽油和柴油燃料新的硫含量要求，一些炼油厂已选择“深度”加氢处理/温和加氢裂化的 FCC 原料，同时可以最大化柴油燃料的生产。如表 15.3 所示，“深度”加氢处理/温和加氢裂化的 FCC 原料具有很高的氢含量且没有杂质。

表 15.3　典型的深度加氢处理的原料性质

API 度		30.5
馏程,℉	方法	D2887 模拟蒸馏
	初馏点	576
	5%	658
	10%	691
	30%	761
	50%	812
	70%	874
	90%	966
	95%	1,010
	干点	1,111
Watson *K*-因子（计算值）		12.45
氢含量,%（质量分数）（计算值）		14.00
相对分子质量（计算值）		410.3
硫,%（质量分数）		0.0081
有机氮，μg/g		7
苯胺点,℉		226
折光指数（70℃）		1.4614
残炭,%（质量分数）		0.01

遗憾的是，随着结焦前兆体的显著下降，焦炭差（待生催化剂上的焦炭含量）相当低，从而导致再生器床层温度相当低。这是由于再生器中产生的热量不足以裂化瓦斯油以及加热再生器中的燃烧空气。

这种相当低的再生器床层温度［<1250℉（677℃）］常常导致过度尾燃并且会超过允许的 CO 排放含量，当烟气/催化剂在再生器中的停留时间不足和（或）空气/催化剂分布不均匀时尤为明显。

深度加氢处理的原料不会产生很多油浆产品，所以会影响主分馏塔的热平衡，在主分馏塔中下部将不会有足够的热量。此外，由于油浆产率很低，主分馏塔塔底液体的停留时间会显著增加，这会导致焦炭过早形成，尤其是主分馏塔塔底温度未做调整时。

为了取得稳定的催化剂再生以及主分馏塔操作，可以考虑的方法如下：

（1）提高进料预热温度至 600~700℉（315~370℃）；

（2）确保新鲜催化剂中有足够的沸石和基质活性；

（3）使用有效的 CO 助燃剂；

（4）在提升管中安装专用的油浆或循环 HCO 喷嘴；

（5）确保待生催化剂和燃烧空气混合均匀；

（6）改造主分馏塔内构件以匹配调整了的反应产率；

（7）回收油浆产品。

15.6 小结

在 FCC 或 RFCC 装置上加工渣油原料所遇到的挑战在设计新建装置时就必须解决，或针对现有装置的情况进行全面评估。最佳进料/催化剂注入系统、催化剂配方/添加速率的正确选择以及再生器密相床的充分散热对于渣油裂化获得长期成功极为关键。裂化温度必须足够高且再生器床层温度需要足够低以裂化大分子，同时可最小化催化剂失活、防止过早结焦、并提供最大量的液体产品。

当加工深度加氢处理的原料时，具有稳定的催化剂再生是必需的。为了控制 CO 的排放并尽可能减少过早尾燃，需要高于平均水平的进料预热温度、高于平均水平的催化剂活性以及均匀的空气/催化剂分布。

附　　录

附录 1　液体黏温曲线

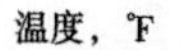

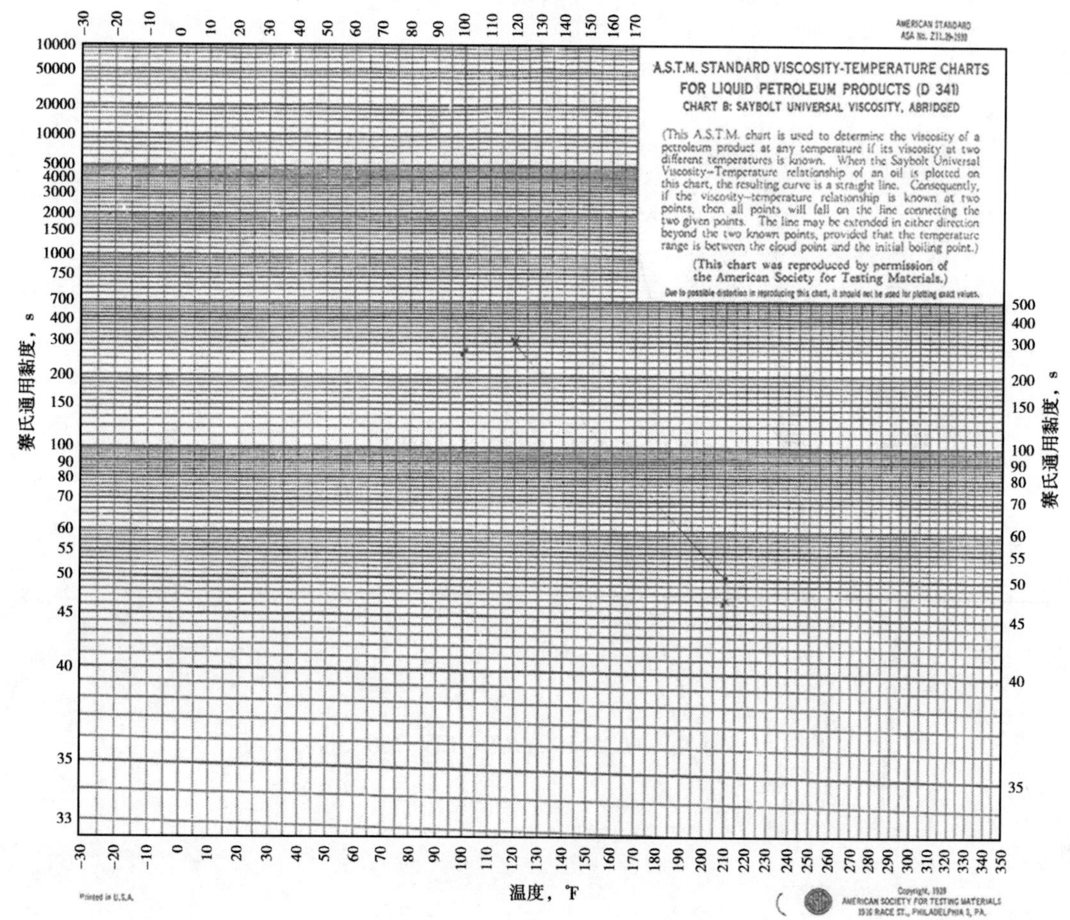

参见例 3.3。

资料来源：美国商业部，改编自“ASTM D-341-09，图表 1 高运动黏度范围”（运动黏度范围：0.3~20000，000 cSt，温度范围：-70~370℃）。

附录 2　体积平均沸点校正

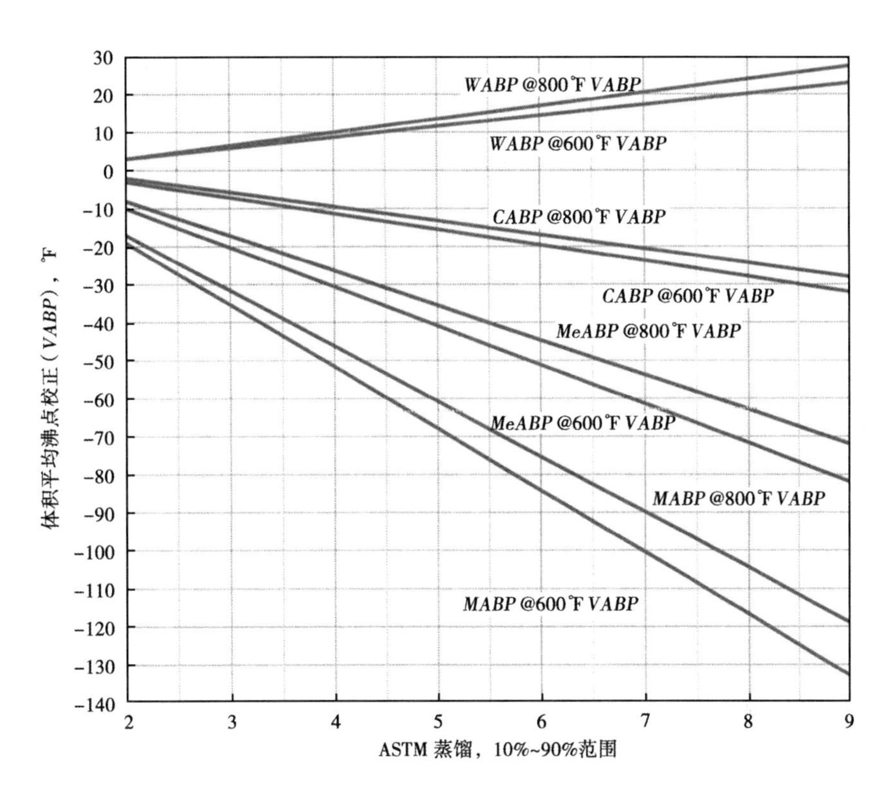

CABP—立方平均沸点；*MABP*—摩尔平均沸点；*MeABP*—平均沸点；*WABP*—加权平均沸点。同时参见第 3 章文本及例 3. 1。

附录 3　TOTAL 关联式

芳烃碳含量：

$$C_A = -814.136 + 635.192 \times RI_{20} - 129.266 \times \mathrm{SG} + 0.013 \times MW - 0.34 \times S - 6.872 \times \ln(V)$$

氢含量：

$$CH_2 = 52.825 - 14.26 \times RI_{(20)} - 21.329 \times \mathrm{SG} - 0.0024 \times MW - 0.052 \times S + 0.757 \times \ln(V)$$

相对分子质量：

$$MW = 7.8312 \times 10^{-3} \times SG^{-0.09768} \times (AP, ℃)^{0.1238} \times (VABP, ℃)^{1.6971}$$

折光指数［20℃（68℉）］：

$$RI_{(20)} = 1 + 0.8447 \times SG^{1.2056} \times (VABP, ℃ + 273.16)^{-0.0557} \times MW^{0.0044}$$

折光指数［60℃（140℉）］：

$$RI_{(60)}=1+0.8156\times SG^{1.2392}\times(VABP,℃+273.16)^{-0.0576}\times MW^{-0.0007}$$

参见第 3 章。

资料来源：

H. Dhulesia，New correlations predict Fcc feed characterizing parameters，Oil Gas J. 84（2）（1986）5I-54。

附录 4　*n-d-M* 关联式

$\nu=2.51\times(RI_{(20)}-1.4750)-(D_{20}-0.8510)$

$\omega=(D_{20}-0.8510)-1.11\times(RI_{20}-1.4750)$

如果 $v>0$：$\%C_A=430\times\nu+\frac{3.660}{MW}$

如果 $v<0$：$\%C_A=670\times\nu+\frac{3.660}{MW}$

如果 $\omega>0$：$\%C_R+820\times\omega-3\times S+\frac{10.000}{MW}$

如果 $\omega<0$：$\%C_R=1440\times\omega-3\times S+\frac{10.6000}{MW}$

$\%C_N=\%C_R-\%C_A$

$\%C_P=100-\%C_R$

每个分子的平均芳环数（R_A）：

如果 $v>0$：$R_A=0.44+0.055\times M\times\nu$

如果 $v<0$：$R_A=0.44+0.080\times M\times\nu$

每个分子的平均总环数（R_T）：

如果 $\omega>0$：$R_T=1.33+0.0146\times M\times(\omega-0.005\times S)$

如果 $\omega<0$：$R_T=1.33+0.180\times M\times(\omega-0.005\times S)$

每个分子的平均环烷环数（R_N）：

$R_N=R_T-R_A$

参见例 3.3。

资料来源：ASTM 标准 D3238-80，ASTM 版权，经许可使用。

附录 5　由黏度测量值估算石油馏分的相对分子质量

运动黏度，mm^2/s（37.8℃）	摘自 D2502 表 1 中的 H 函数表（部分）									
	H									
	0	1	2	3	4	5	6	7	8	9
40	334	336	339	341	343	345	347	349	352	354
50	355	357	359	361	363	364	366	368	369	371
60	372	374	375	377	378	380	381	382	384	385
70	386	387	388	390	391	392	393	394	395	397
80	398	399	400	401	402	403	404	405	406	407
90	408	409	410	410	411	412	413	414	415	415
100	416	417	418	419	420	420	421	422	423	423
110	424	425	425	426	427	428	428	429	430	430
120	431	432	432	433	433	434	435	435	436	437
130	437	438	438	439	439	440	441	441	442	442
140	443	443	444	444	445	446	446	447	447	448
150	448	449	449	450	450	450	451	451	452	452
160	453	453	454	454	455	455	456	456	456	457
170	457	458	458	459	459	460	460	460	461	461
180	461	462	462	463	463	463	464	464	465	465
190	465	466	466	466	467	467	468	468	468	469

参见例 3.3。

资料来源：ASTM 标准 D2502，ASTM 版权，经许可使用。

石油相对分子质量

黏度—相对分子质量曲线图

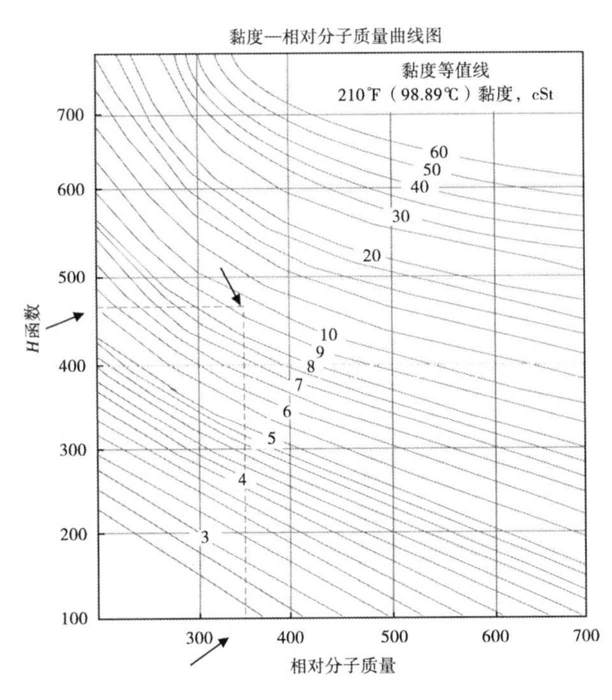

资料来源：ASTM 标准 D2502，ASTM 版权，经许可使用。

附录 6　运动黏度与赛氏通用黏度

运动黏度，cSt	对应的赛氏通用黏度，SUS	
	100°F	210°F
1. 81	32. 0	32. 2
2. 72	35. 0	35. 2
4. 26	40. 0	40. 3
7. 27	50. 0	50. 3
10. 33	60. 0	60. 4
13. 08	70. 00	70. 5
15. 66	80. 00	80. 5
18. 12	90. 0	90. 6
20. 55	100. 1	100. 8
43. 0	200. 0	201. 0
64. 6	300. 0	301. 0
86. 2	400. 0	402. 0
108. 0	500. 0	503. 0
129. 4	600. 0	603. 0
139. 8	648. 0	652. 0
151. 0	700. 0	
172. 6	800. 0	
194. 2	900. 0	
215. 8	1000. 0	

参见例 3. 3。

摘自 ASTM 方法 D-2161-87，ASTM 版权，经许可使用。

附录 7　API 关联式

烷烃的摩尔分数为（X_P）：

$$X_P = a + b(R_i) + c(VGC)$$

环烷烃的摩尔分数为（X_N）：

$$X_N = d + e(R_i) + f(VGC)$$

芳烃的摩尔分数为（X_A）：

$$X_A = g + h(R_i) + i(VGC)$$

常数	重馏分 200<MW<600
$a=$	2. 5737
$b=$	1. 0133
$c=$	−3. 573
$d=$	2. 464
$e=$	−3. 6701
$f=$	1. 96312
$g=$	−4. 0377
$h=$	2. 6568
$i=$	1. 60988

R_i——比折光度（refractivity intercept）

VGC——黏重常数

$$R_i = RI_{(20)} - \frac{d}{2}$$

式中　$RI_{(20)}$——折光指数/20℃；

d——20℃的密度。

黏重常数（VGC）为：

$$VGC = \frac{SG - 0.24 - 0.022 \times \lg(v_{210} - 35.5)}{0.755}$$

式中　v_{210}——210℉下的赛氏通用黏度/s。

20℃（68℉）折光指数为：

$$RI_{20} = \left(\frac{1+2\times I}{1-I}\right)^{1/2}$$

$$I = A \times \exp(B \times MeABP + C \times SG + D \times MeABP \times SG) \times MeABP^{E} \times SG^{F}$$

式中常数为：

$A=2.341\times10^{-2}$

$B=6.464\times10^{-4}$

$C=5.144$

$D=-3.289\times10^{-4}$

$E=-0.407$

$F=-3.333$

$$MW = a \times \exp(b \times MeABP + c \times SG + d \times MeABP \times SG) \times MeABP^{e} \times SG^{f}$$

式中常数为：

$a=20.486$

$b=1.165\times10^{-4}$

$c=-7.787$

$d=1.1582\times10^{-3}$

$e=1.26807$

$f=4.98308$

参见例 3.4。

资料来源：

M. R. Riazi, *T. E. Daubert*, *Prediction of the composition of pertroleum fractions*, *Ind. Eng. Chem. Process Des. Dev.* 19（2）（1982）289-294.

附录 8　流态化术语的定义

松动气：可以增加催化剂流化的任何补充气体（空气、蒸汽、氮气等）。

内摩擦角（α）：内摩擦角也称剪切角，是固体对固体的角，是催化剂以非流化状态流动本身形成的角。对于 FCC 催化剂，剪切角大约为 70°。

静止角（β）：倾倒催化剂的斜面与水平线形成的角。对于 FCC 催化剂，静止角通常为 30°，参见图 8-1。

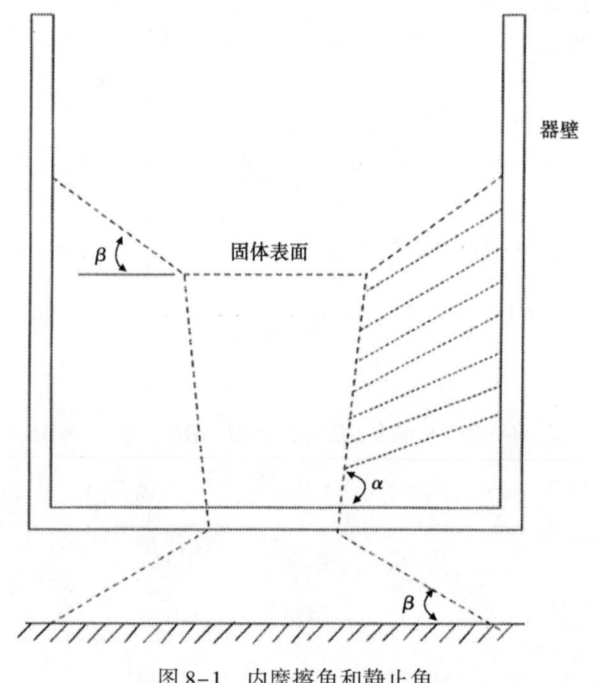

图 8-1　内摩擦角和静止角

表观堆积密度（*ABD*）：催化剂在自然堆积状态下的密度，是在最小流化速度下的催化剂密度。

床层密度（ρ_b）：固体颗粒和气体形成的流化床的平均密度。床层密度主要是气体速度和较小程度上的温度的函数。

最小鼓泡速度（U_{mb}）：即离散的气泡开始形成时的速度。对于 FCC 催化剂，典型的最小鼓泡速度为 0.03ft/s（0.9cm/s）。

最小流化速度（U_{mf}）：催化剂全部重量被流化气体支撑起的最低速度。是固体颗粒填充床开始膨胀并表现为流体的最小气体流速，对于 FCC 催化剂，最小流化速度约为 0.02ft/s

(0.6cm/s)。

颗粒密度(ρ_p):考虑到固体颗粒结构中空隙(孔)体积的固体颗粒的实际密度，颗粒密度的计算式如下:

$$\rho_p = \frac{骨架密度}{(骨架密度 \times PV) + 1}$$

孔体积(PV):催化剂颗粒中的孔或空隙的体积。

最小鼓泡速度与最小流化速度比(U_{mb}/U_{mf}):该比值的计算如下:

$$\frac{U_{mb}}{U_{mf}} = \frac{2300 \times \rho_g^{0.126} \times \mu^{0.523} \times \exp(0.716 \times F)}{d_p^{0.8} \times g^{0.934} \times (\rho_p - \rho_g)^{0.934}}$$

式中 ρ_g——气体密度/kg/m³;

μ——气体黏度，kg/(m·s);

F——小于45μm的细粉所占的百分数;

d_p——平均颗粒大小;

ρ_p——颗粒密度，kg/m³;

g——重力常数，9.81m/s²。

U_{mb}/U_{mf}比值越大，催化剂越容易被流化。

骨架密度(SD):构成单个催化剂颗粒的纯固体材料的实际密度。对于FCC催化剂，骨架密度计算如下:

$$SD = \frac{100}{\left(\frac{Al}{3.4} + \frac{Si}{2.1}\right)}$$

式中 Al——催化剂中的氧化铝含量,%(质量分数);

Si——催化剂中的氧化硅含量,%(质量分数)。

滑落因子:蒸气速度与催化剂速度的比值。

黏滑流动:催化剂在立管中连续发生的突然停止和恢复的流动，通常是由松动气不足引起的。

空塔速度(表观速度):气体通过无任何固体存在的容器和管道时的速度，是流化气体通过单位横断面积时的体积流速。

附录9 ASTM50%馏出点与TBP50%馏出点的温度换算

下式可用于将ASTM D86 50%馏出点温度换算成TBP 50%馏出点的温度:

$$TBP(50) = 0.87180 \times ASTM\ D86(50)^{1.0258}$$

式中 TBP(50)——实沸点蒸馏50%(体积分数)馏出点的温度,℉(体积分数);

ASTM D86(50)——ASTM D86蒸馏观察到的50%体积分数馏出点的温度,℉。

例如：

已知 ASTM D86（50）= 547℉，则 TBP50%馏出点的温度为：

$$\begin{aligned}TBP(50) &= 0.87180\times(547)^{1.0258}\\ &=0.87180\times644\\ &=561℉\end{aligned}$$

资料来源：

T. E. Daubert, Petroleum fraction distillation inter - conversions, Hydrocarbon Process. 73（8）（1994）75-78.

附录 10　由 ASTM D86 法确定 TBP 切割点

相邻的 TBP 切割点之间温度的差可由下式确定：

$$Y_i = AX_i^B$$

式中：Y_i——TBP 蒸馏中两个切割点之间温度的差，℉；

X_i——ASTM D-86 蒸馏中观察到的两个切割点之间温度的差，℉；

A，B——常数，随切割点范围的变化而变化，见表（10-1）。

表 10-1　切割点范围与常数的关系

i	切割点范围，%	A	B
1	100~90	0.11798	1.6606
2	90~70	3.0419	0.75497
3	70~50	2.5282	0.820072
4	50~30	3.0305	0.80076
5	30~10	4.9004	0.71644
6	10~0	7.4012	0.60244

$TBP(0) = TBP(50) - Y_4 - Y_5 - Y_6$

$TBP(10) = TBP(50) - Y_4 - Y_5$

$TBP(30) = TBP(50) - Y_4$

$TBP(70) = TBP(50) + Y_3$

$TBP(90) = TBP(50) + Y_3 + Y_2$

$TBP(100) = TBP(50) + Y_3 + Y_2 + Y_1$

资料来源：

T. E. Daubert, Petroleum fraction distillation inter - conversions, Hydrocarbon Process. 73（8）（1994）75-78.

附录 11　管材公称尺寸

表 11-1　管材公称尺寸表

管材公称尺寸 in mm	OD in mm	ID		管材牌号 ASME			壁厚		重量	
		in	mm				in	mm	lb/ft	kg/m
1/8	0.405	0.335	8.52	5			0.035	0.889	0.138	0.205
6	10.3	0.307	7.81	10		10S	0.049	1.245	0.190	0.283
		0.291	7.40	30			0.057	1.448	0.212	0.316
		0.269	6.85	STD	40	40S	0.068	1.727	0.257	0.382
		0.215	5.47	XS	80	80S	0.095	2.413	0.315	0.468
1/4	0.540	0.442	11.21	5			0.049	1.245	0.257	0.382
8	13.7	0.408	10.35	10		10S	0.066	1.676	0.330	0.491
		0.394	9.99	30			0.073	1.854	0.364	0.542
		0.364	9.23	STD	40	40S	0.088	2.235	0.425	0.632
		0.302	7.65	XS	80	80S	0.119	3.023	0.535	0.796
3/8	0.675	0.577	14.61	5			0.049	1.245	0.328	0.487
10	17.1	0.545	13.80	10		10S	0.065	1.651	0.420	0.625
		0.529	13.39	30			0.073	1.854	0.470	0.699
		0.493	12.48	STD	40	40S	0.091	2.311	0.568	0.845
		0.423	10.70	XS	80	80S	0.126	3.200	0.739	1.099
1/2	0.840	0.710	18.00	5		5S	0.065	1.651	0.538	0.801
15	21.3	0.674	17.08	10		10S	0.083	2.108	0.671	0.998
		0.650	16.47	30			0.095	2.413	0.757	1.126
		0.622	15.76	STD	40	40S	0.109	2.769	0.851	1.266
		0.546	13.83	XS	80	80S	0.147	3.734	1.088	1.619
		0.466	11.80	160			0.187	4.750	1.309	1.948
		0.252	6.36	XXS			0.294	7.468	1.714	2.550
3/4	1.050	0.920	23.40	5		5S	0.065	1.651	0.684	1.017
20	26.7	0.884	22.48	10		10S	0.083	2.108	0.857	1.276
		0.860	21.87	30			0.095	2.413	0.970	1.443
		0.824	20.96	STD	40	40S	0.113	2.870	1.131	1.683
		0.742	18.88	XS	80	80S	0.154	3.912	1.474	2193
		0.612	15.57	160			0.219	5.563	1.944	2.893
		0.434	11.05	XXS			0.308	7.823	2.441	3.632
1	1.315	1.185	30.10	5		5S	0.065	1.651	0.868	1.291
26	33.4	1.097	27.86	10		10S	0.109	2.769	1.404	2.089
		1.087	27.61	30			0.114	2.896	1.464	2.178
		1.049	26.64	STD	40	40S	0.133	3.378	1.679	2.498
		0.957	24.31	XS	80	80S	0.179	4.547	2.172	3.232
		0.815	20.70	160			0.250	6.350	2.844	4.232
		0.599	15.21	XXS			0.358	9.093	3.659	5.445

续表

管材公称尺寸 in mm	*OD* in mm	*ID* in	mm	管材牌号 ASME			壁厚 in	mm	重量 lb/ft	kg/m
1-1/4	**1.660**	**1.530**	38.90	5		5S	**0.065**	1.651	**1.107**	1.647
32	42.2	**1.442**	36.66	10		10S	**0.109**	2.769	**1.806**	2.687
		1.426	36.26	30			**0.117**	2.972	**1.930**	2.872
		1.380	35.09	STD	40	40S	**0.140**	3.556	**2.273**	3.382
		1.278	32.50	XS	80	80S	**0.191**	4.851	**2.997**	4.460
		1.160	29.50	160			**0.250**	6.350	**3.765**	5.602
		0.896	22.79	XXS			**0.382**	9.703	**5.214**	7.758
1-1/2	**1.900**	**1.770**	45.00	5		5S	**0.065**	1.651	**1.274**	1.896
40	48.3	**1.682**	42.76	10		10S	**0.109**	2.769	**2.085**	3.102
		1.650	41.95	30			**0.125**	3.175	**2.372**	3.529
		1.610	40.93	STD	40	40S	**0.145**	3.683	**2.718**	4.044
		1.500	38.14	XS	80	80S	**0.200**	5.080	**3.631**	5.403
		1.338	34.03	160			**0.281**	7.137	**4.859**	7.230
		1.100	27.98	XXS			**0.400**	10.160	**6.408**	9.535
2	**2.375**	**2.245**	57.00	S		5S	**0.065**	1.651	**1.604**	2.387
50	60.3	**2.209**	56.08				**0.083**	2.108	**2.030**	3.021
		2.157	54.76	10		10S	**0.109**	2.769	**2.638**	3.925
		2.125	53.95	30			**0.125**	3.175	**3.000**	4.464
		2.093	53.14				**0.141**	3.581	**3.360**	5.000
		2.067	52.48	STD	40	40S	**0.154**	3.912	**3.652**	5.434
		2.031	51.56				**0.172**	4.369	**4.050**	6.026
		1.999	50.75				**0.188**	4.775	**4.390**	6.532
		1.939	49.23	XS	80	80S	**0.218**	5.537	**5.022**	4.473
		1.875	47.60				**0.250**	6.350	**5.670**	8.437
		1.687	42.82	160			**0.344**	8.738	**7.462**	11.103
		1.503	38.15	XXS			**0.436**	11.074	**9.029**	13.435
2-1/2	**2.875**	**2.709**	68.78	5		5S	**0.083**	2.108	**2.475**	3.683
73.0	73	**2.635**	66.90	10		10S	**0.120**	3.048	**3.531**	5.254
		2.499	63.45	30			**0.188**	4.775	**5.400**	8.035
		2.469	62.69	STD	40	40S	**0.203**	5.156	**5.793**	8.620
		2.323	58.98	XS	80	80S	**0.276**	7.010	**7.661**	11.400
		2.125	53.95	160			**0.375**	9.525	**10.010**	14.895
		1.771	44.96	XXS			**0.552**	14.021	**13.690**	20.371
3	**3.500**	**3.334**	84.68	5		5S	**0.083**	2.108	**3.029**	4.507
80	88.9	**3.260**	82.80	10		10S	**0.120**	3.048	**4.332**	6.446
		3.124	79.35				**0.188**	4.775	**6.656**	9.904
		3.068	77.93	STD	40	40S	**0.216**	5.486	**7.576**	11.273
		2.900	73.66	XS	80	80S	**0.300**	7.620	**10.250**	15.252
		2.624	66.65	160			**0.438**	11.125	**14.320**	21.308
		2.300	58.42	XXS			**0.600**	15.240	**18.580**	27.647

管材公称尺寸 in mm	OD in mm	ID		管材牌号 ASME			壁厚		重量	
		in	mm				in	mm	lb/ft	kg/m
3-1/2	**4.000**	**3.834**	97.38	5		5S	**0.083**	2.108	**3.472**	5.166
90	101.6	**3.760**	95.50	10		10S	**0.120**	3.048	**4.973**	7.400
		3.624	92.05	30			**0.188**	4.775	**7.661**	11.400
		3.548	90.12	STD	40	40S	**0.226**	5.740	**9.109**	13.554
		3.364	85.45	XS	80	80S	**0.318**	8.077	**12.500**	18.600
		2.728	69.29	XXS			**0.636**	16.154	**22.850**	34.001
4	**4.500**	**4.334**	110.08	5		5S	**0.083**	2.108	**3.915**	5.826
100	114.3	**4.260**	108.20	10		10S	**0.120**	3.048	**5.613**	8.352
		4.188	106.38				**0.156**	3.962	**7.237**	10.769
		4.124	104.75	30			**0.188**	4.775	**8.658**	12.883
		4.026	102.26	STD	40	40S	**0.237**	6.020	**10.790**	16.056
		3.938	100.03	60			**0.281**	7.137	**12.660**	18.838
		3.826	97.18	XS	80	80S	**0.337**	8.560	**14.980**	22.290
		3.626	92.10	120			**0.437**	11.100	**19.000**	28.272
		3.438	87.33	160			**0.531**	13.487	**22.510**	33.495
		3.152	80.06	XXS			**0.674**	17.120	**27.540**	40.980
4-1/2	**5.000**	**4.506**	114.45	STD	40	40S	**0.247**	6.274	**12.530**	18.645
115	127	**4.290**	108.97	XS	80	80S	**0.355**	9.017	**17.610**	26.204
		3.580	90.93	XXS			**0.710**	18.034	**32.430**	48.256
5	**5.563**	**5.345**	135.76	5		5S	**0.109**	2.769	**6.349**	9.447
125	141.3	**5.295**	134.49	10		10S	**0.134**	3.404	**7.770**	11.562
		5.047	128.19	STD	40	40S	**0.258**	6.553	**14.620**	21.755
		4.813	122.25	XS	80	80S	**0.375**	9.525	**20.780**	30.921
		4.563	115.90	120			**0.500**	12.700	**27.040**	40.236
		4.313	109.55	160			**0.625**	15.875	**32.960**	49.044
		4.063	103.20	XXS			**0.750**	19.050	**38.550**	57.362
6	**6.625**	**6.407**	162.76	5		5S	**0.109**	2.769	**7.585**	11.286
150	168.3	**6.357**	161.49	10		10S	**0.134**	3.404	**9.289**	13.822
		6.249	158.75				**0.188**	4.775	**12.920**	19.225
		6.065	154.08	STD	40	40S	**0.280**	7.112	**18.970**	28.227
		5.761	146.35	XS	80	80S	**0.432**	10.973	**28.570**	42.512
		5.501	139.75	120			**0.562**	14.275	**36.390**	54.148
		5.187	131.77	160			**0.719**	18.263	**45.350**	67.481
		4.897	124.41	XXS			**0.864**	21.946	**53.160**	79.102

管材公称尺寸	*OD*	*ID*		管材牌号 ASME			壁厚		重量	
in mm	in mm	in	mm				in	mm	lb/ft	kg/m
7	**7.625**	**7.023**	178.41	STD	40		**0.301**	7.645	**23.570**	35.072
175	193.7	**6.625**	168.30	XS	80		**0.500**	12.700	**38.050**	56.618
		5.875	149.25	XXS			**0.875**	22.225	**63.080**	93.863
8	**8.625**	**8.407**	213.56			5S	**0.109**	2.769	**9.914**	14.752
200	219.1	**8.329**	211.58	10		10S	**0.148**	3.759	**13.400**	19.939
		8.125	206.40	20			**0.250**	6.350	**22.350**	33.257
		8.071	205.03	30			**0.277**	7.036	**24.700**	36.754
		7.981	202.74	STD	40	40S	**0.322**	8.179	**28.550**	42.482
		7.813	198.48	60			**0.406**	10.312	**35.640**	53.032
		7.625	193.70	XS	80	80S	**0.500**	12.700	**43.390**	64.564
		7.439	188.98	100			**0.593**	15.062	**50.950**	75.814
		7.189	182.63	120			**0.718**	18.237	**60.710**	90.336
		7.001	177.85	140			**0.812**	20.625	**67.760**	100.827
		6.875	174.65	XXS			**0.875**	22.225	**72.420**	107.761
		6.813	173.08	160			**0.906**	23.012	**74.690**	111.139
9	**9.625**	**8.941**	227.13	STD	40		**0.342**	8.687	**33.90**	50.443
225	244.5	**8.625**	219.10	XS	80		**0.500**	12.700	**48.72**	72.495
		7.875	200.05	XXS			**0.875**	22.225	**81.77**	121.674

注：ASME—美国机械工程师协会；*OD*—外径；*ID*—内径。

附录 12　换算因子

1 atm = 14.696 lbf/in^2（绝压）

1 atm = $1.013\times10^5 N/m^2$

1 atm = 1.013bar

1 bar = 10^5Pa

1 barrel（bbl），42US gal = 0.159m^3

1 barrel/d = $6.625\times10^{-3}\ m^3/h$

1 Btu = 1055J

1 Btu = 252.0cal

1 Btu/h = 3.93×10^{-4}hp

1 Btu/h = 0.252kcal/h

1 Btu/h = 0.29307W

1 Btu/lb = 0.556cal/g

1 Btu/lb = 2.326J/g

1 Btu/(lb·℉) = 4.186 J/(g·℃)

1 Btu/(lb · °F) = 1.0 cal/(g · ℃)

1 Btu/(h · ft² · °F) = 4.882 kg · cal/(h · m² · ℃)

°F = 1.8×℃ +32

°K = ℃ +273

°R = 460+ °F

1ft (′) = 12in (″)

1ft (′) = 0.3048m

1 US gal = 3.785L

1 US gal = 3.785×10^{-3} m^3

气体常数 (R) = 10.73 psi × ft^3/(lb · mol · °R)

气体常数 (R) = 8314 N/m^2× m^3/(kg · mol · K)

1 hp = 746 W

1 in (″) = 2.54cm

1 in (″) = 0.0254m

1 lb = 453.6g

1 lb/ft^2 · s = 4.8761kg/(m^2 · s)

1 lb/ft^3 = 0.016g/cm^3

1 lb/ft^3 = 0.016g/ml

1 lb/ft^3 = 16.018kg/m^3

1 lb/ US gal = 0.1198g/cm^3

1 lbf/in^2 (psi) = 0.0689bar

1 lbf/in^2 (psi) = 0.0680atm

1 lbf/in^2 (psi) = 0.0703kg/cm^2

1 mile = 1.61km

1 t (美, 短) = 2000lb

1 t (美, 短) = 907.2kg

1 t (公) = 1000.00kg

1 t (英, 长) = 1016.0kg

1 t (英, 长) = 2240lb

1 Å = 0.1nm

1 bpd = 1bbl/d

1MMSCFD = 1000000 SCFD = 1116.3m^3/h

1rpm = 1r/min

附录 13　名词解释

吸收：一种物质消失在另一种物质中，使得被吸收的物质失去其识别特征而吸收物质则保留其大部分原始物理性质。吸收被用于炼油工业以选择性脱除工艺物流中的特定组分。

酸处理：一种使用硫酸处理未完成的石油产品，如汽油、煤油和润滑油等以改善其色泽、气味及其他性质的过程。

吸附：气体或液体分子附着在固体材料表面。

先进控制（APC）：一种通过操纵常规控制以使单元操作更优化的机制。

松动气：任何用于流化 FCC 催化剂的气体的总称。

尾燃（二次燃烧）：在再生器稀相或旋风分离器中将一氧化碳转化为二氧化碳的燃烧。

烷基化：轻烯烃分子与异丁烷反应（在硫酸或氢氟酸存在下）生成想得到的汽油组分——烷基化油的精制过程之一。

美国材料试验学会（ASTM）：一个开发分析测试和程序以促进商业化的组织。

苯胺点：等体积的苯胺与烃样品完全互溶的最低温度。在催化裂化过程中，苯胺溶液可用来确定 FCC 原料的芳香度。随着苯胺点的降低，芳香度增大。

锑：一种金属，通常以烃溶液或水溶液的形式被注入新鲜进料中来钝化镍。

API 度（美国石油学会重度）：一种液体重度的人为标度，定义为：$(141.5/SG)-131.5$。该标度是从水的 API=10°发展而来。使用 API 度的主要优点是可以将液体密度的微小变化放大。

表观堆密度（*ABD*）：在指定的容器中测定的“松散堆积的”催化剂的密度。

芳烃：带有一个或多个苯环的有机化合物。

沥青质：溶于二硫化碳但不溶于石蜡者石脑油的沥青化合物。

平均粒径（*APS*）：催化剂的加权平均直径。

返混：催化剂沿提升管向上运动的速度慢于油气的现象。

苯：一种不饱和的六碳环基芳烃化合物。

碱性氮：FCC 进料中的有机氮化合物，可与催化剂的酸性中心反应，从而降低催化剂的活性和选择性。

β 位断裂：指与正碳离子相邻的第二个 C—C 键的断裂。

黏结剂：一种用于 FCC 催化剂的材料，将基质与沸石组分黏结成单一的均匀颗粒。

加利福尼亚空气资源委员会（CARB）：调节和制定空气质量和各种污染物排放标准的国家机构。

碳烯离子（Carbenium Ion）：一个带正电荷的离子（$R—CH_2^+$），是由一个正电荷到烯烃上和（或）烷烃分子中去掉一个氢和两个电子形成的。

碳正离子（Carbocation）：带正电荷碳离子的通用术语，碳正离子进一步细分成碳烯离子（Carbenium Ion）和正碳离子（Carbonium Ion）。

炭黑原料（CBFS）：用于 FCC 中代表油浆产品，可作为生产炭黑的原料出售。

正碳离子（Carbonium Ion）：一个带正电荷的（CH5+）离子，是在烷烃上加一个氢离子（H^+）形成的。

剂/油比：在提升管进料注入区中再生催化剂与新鲜进料的重量比。

催化剂活性：在 MAT（微反活性试验）实验室由进料（瓦斯油）转化为汽油、轻质产品和焦炭的转化率。

催化剂冷却器：一种热交换器，通过发生蒸汽从再生器中移走热量。

催化裂化：利用热量和催化剂将较重的烃分子断裂为较轻的烃馏分的过程。

十六烷值：一种燃料（煤油、柴油、取暖油）点火质量的数值表示。十六烷值是在单缸发动机中测定的，而十六烷指数是一个计算值。

焦炭：作为催化反应的副产品留在催化剂上的一种贫氢残留物。

生焦因子：在同一转化率下，平衡催化剂的生焦特性与标准催化剂的生焦特性的比值。

再生催化剂含碳量（*CRC*）：当催化剂从再生器出来时仍留在催化剂上的残留碳水平。

焦炭产率：热平衡下装置所生成的焦炭量，通常用占进料的百分数表示。

冷破碎强度（*CCS*）：用于测量一种产品承受给定载荷能力的压缩试验，一般在室温下焙烧至特定温度后进行测量。

康氏残炭：确定重油进料中残炭水平的标准测试方法。

常规汽油：可以满足苯、硫、烯烃及 T90 排放要求的一种非新配方汽油。

转化率：常定义为新鲜进料裂化成汽油、轻质产品和焦炭的百分数。转化率的粗略计算是 100 减去比汽油重的 FCC 产品的体积或质量分数（基于新鲜进料），或：

转化率=［100-（LCO + HCO + DO）］%（体积分数）或%（质量分数）。

转换器：FCC 装置中反应器—再生器部分。

裂化：通过利用热量和压力，使用或不使用催化剂，将重的大分子烃断裂为较轻的烃分子。

旋风分离器：一种从气体中收集或除去颗粒物的离心分离器。

D86：一种常用的 ASTM 测试方法，将试样在常压下进行蒸馏，测量终馏点（干点）小于 750℉（399℃）的“轻质”液烃在不同馏出体积分数下的馏出温度。

D1160：一种 ASTM 测试方法，将试样在减压（结果转化为常压）条件下蒸馏，测量“重质”液烃在不同馏出体积分数下的馏出温度。D1160 应用范围限制为最大终馏点大约为 1000℉（538℃）。

脱除瓶颈：通常指运用硬件变化来改善 FCC 装置的性能。

油浆、澄清油或塔底油：催化裂化反应中最重的、也常常是最廉价的液体产品。

焦炭差（Δ 焦炭）：待生催化剂上的焦炭含量与再生催化剂上的焦炭含量之差，焦炭差数值的计算：焦炭差= 焦炭产率/剂油比。

密相：大量流化催化剂存在的区域。

脱盐：从原油中脱除矿物盐（大多指氯化物，如氯化镁和氯化钠）。

稀相：在密相区的上方，催化剂的浓度明显降低的区域。

料腿：是旋风分离器的一部分，在旋风分离器入口与旋风分离器固体出口之间提供一个气压密封。

沉降器：用于反应器壳体的术语。由于实质上所有期望的裂化反应均发生在提升管内，传统的反应器不再是一个反应器，反而更像一个容纳旋风分离器和从油气中分离催化剂的容器。

分布控制系统（DCS）：一种带有分布架构的数字控制系统，在专门的控制器中实现不同的控制功能。

干气：通常指 FCC 装置中产生的 C_2 及较轻的气体（氢气、甲烷、乙烷和乙烯）。

动态活性：用 MAT（微反活性试验）实验室数据表示的每单位焦炭的转化率。

平衡催化剂（E-cat）：从反应器到再生器循环的再生催化剂。

排放苯：苯毒性物的释放量，排放苯是芳烃和苯的函数。

膨胀节：一种设计用来消除大的管道热应力的机械部件。

八面沸石：一种天然产生的矿石，具有特定晶状的铝硅结构，用于制备 FCC 催化剂。沸石八面体是一种合成的矿物质形式。

填充物：是 FCC 催化剂的非活性组分。

挡板阀、翼阀、止回阀：常常用于旋风分离器料腿的末端使窜入料腿的气体量最小，并且在装置启动期间催化剂损失最小。

烟气：在 FCC 工艺中指从再生器出来的燃烧产物。典型的“湿”烟气物流离开完全燃烧的再生器时含有约 73%N_2、16%CO_2、10%H_2O、1%O_2 及痕量的 CO、SO_2 和 NO_x。

自由基：在热裂化的初始阶段形成的不带电荷的分子。自由基反应活性高但寿命短。

完全燃烧：指 FCC 再生器中催化剂上的焦炭被燃烧成含 CO_2 和痕量 CO 的气体离开再生器。

瓦斯油：石油馏分中的中间馏分，沸点范围为 350~750℉（177~399℃），通常包括柴油燃料、煤油、加热油及轻质燃料油。

生气因子：平衡催化剂与标准催化剂在相同转化率下的氢和轻气体产气（C_1~C_4）特性的比值。

汽油：石脑油和炼油厂其他产品的混合物，具有足够高的辛烷值及适合作为内燃机燃料的其他理想特性。

硬焦：Reza 关于裂化过程中在催化剂上沉积的焦炭的定义。这种焦炭包括未被完全汽化/裂化的烃分子和（或）经过汽提的挥发性烃分子。

热平衡：指在再生器中产生的热量与 FCC 原料在期望的裂化温度下裂化所需要的热量匹配，以及加热主风机空气到烟气温度并维持“可接受的”再生器温度。

裂化热：将 FCC 进料转化为预期产品所需的能量。

重循环油（HCO）：一种比油浆轻而比 LCO 产品重的物流，主要用作循环物流来移走主分馏塔的热量。

高压液相色谱（HPLC）：很有用的实验室技术（遗憾的是不容易获得），可用于测定 FCC 原料中核心和非核心芳烃环以及饱和馏分。

加氢裂化：一种采用高的操作压力（1500~3000psi）（105~210 bar）、相当高的温度（650~800℉）（345~425℃）以及有催化剂的固定床反应器将瓦斯油原料和 LCO 转化成低沸点产品（石脑油、馏出油及 LPG）的炼制过程。

氢转移：一种从较大的、贫氢分子中抽取氢，使烯烃（主要是异构烯烃）转化为烷烃的二次反应。

加氢处理：一种使用氢气在有催化剂的固定床反应器中脱除硫、有机氮的炼制过程，取决于操作压力，还可饱和多环芳烃分子。

惰性气体：在 FCC 装置中指随再生催化剂夹带到提升管中的烟气混合物（N_2，CO，CO_2 和 O_2），它们随着二级吸收塔的尾气离开装置。

抑制剂：用于防止或减缓产品质量或使用产品的设备条件的不良变化的添加剂。

异辛烷：具有优良防爆特性的烃分子（2，2，4-三甲基戊烷），100 辛烷值即基于异辛烷。

高岭土：一种通常并入 FCC 催化剂的黏土填充物，作为催化剂制备过程的一部分用来平衡催化剂活性。

特性因数 K：设计用来平衡密度与沸点的一个指标，只与烃的氢含量有关。

液化石油气（LPG）：由轻烃组成（丙烷、丙烯、丁烷和丁烯），在通常环境条件下为气态，在适中的压力下为液态。

基质：裂化催化剂中可将沸石嵌入其中的一种载体，基质常用作 FCC 催化剂的活性、非沸石组分的术语。

最高可实现控制技术（MACT Ⅱ）：由环境保护机构针对燃烧排放的有害废物而建立的符合 1990 清洁空气法案修正案 III 的空气排放条例。

中平均沸点（*MeABP*）：由原料的其他性质及蒸馏曲线的体积平均沸点计算得到的 FCC 原料的假沸点。

微反活性试验（MAT）：采用小的填充床催化裂化反应来测量进料—催化剂共同作用的活性与选择性的试验。

混合区域温度：在提升管底部再生催化剂与未裂化的已汽化进料之间的理论平衡温度。

断裂模量（*MOR*）：测量耐火材料弯曲或拉伸强度的指标。对于浇注料，测量水泥基质的结合强度。

分子筛：用于沸石的一种术语。沸石表现为择形选择性和烃吸收性。

马达法辛烷值（*MON*）：在苛刻操作条件［900/r/min 及 300℉（149℃）］下模拟燃料的性能，对燃料“爆震”的定量测定值。

有害空气污染物的国家排放标准（NESHAP）：EPA 针对催化裂化装置、催化重整装置及硫回收装置制定的排放标准，于 2002 年 4 月 11 日生效。现有的受到影响的装置不得不遵守这一标准直至 2005 年 4 月 11 日。这个条例也称为炼厂 MACT Ⅱ。

n-*d*-*M*：一种估算液体物流化学组成的 ASTM 方法。

新能源性能标准（NSPS）：针对 FCC 装置而建立的控制颗粒物、一氧化碳和二氧化硫排放的标准。

辛烷值桶产率：用于 FCC 中，定义为（*RON*+*MON*）/2×汽油产率。

烯烃：包含一个 C—C 双键的不饱和烃族，通式为 C_nH_{2n}。

优化：指使现有设备的进料速率和（或）转化率最大同时达到设备尽可能多的极限。

烷烃：饱和脂肪烃族，通式为 C_nH_{2n+2}。

部分燃烧：指 FCC 装置，控制再生器中的焦炭燃烧以实现再生器烟气中期望的 CO 水平。

颗粒密度：考虑到固体颗粒结构内任何空隙（孔）体积的固体颗粒的实际密度。

粒度分布（PSD）：以百分数表示的通过给定尺寸孔的 FCC 催化剂的粒度含量。

永久线性变化（PLC）：涵盖确定耐火砖在规定条件下加热时其永久线性变化的测试方法，以确定任何潜在的收缩。

集气室：在装置排气前从多套旋风分离器收集气体的一种设备。

多环芳烃（PNA）：在紧凑分子排列中包含三个或多个苯环的众多复杂烃化合物中的任何一种。

孔直径：催化剂平均孔尺寸的估算值。

预热器：一个热交换器或加热器，用于烃类被送到装置前对其加热。

压差指示控制器（PDIC）：用于调节和控制经过滑阀和反应器与再生器之间的压差的装置。

自燃硫化铁：一种通常在罐内和加工装置中由于烃中含硫化合物与设备中铁和钢的腐蚀性相互作用而形成的物质，暴露在空气（氧气）中可自燃。

急冷油：注入离开裂化或重整加热器或反应器的产品中以降低温度并停止裂化过程

的油。

兰氏残炭：与康氏残炭类似，是试样残炭的定量指标。

稀土：用于制备 FCC 催化剂的 14 种镧系金属元素的统称，可提高沸石的稳定性、活性和汽油的选择性。

反应器或提升管出口温度（*ROT*）：常用于调节从再生器到反应器的催化剂循环速率。

新配方汽油（RFG）：在一些臭氧不达标的城市区域售卖的汽油，设计用来降低臭氧和其他空气污染物。

折光指数（*RI*）：类似于苯胺点，是试样芳香性的定量指标。

耐火材料：一种水泥样材料，用于承受磨损和侵蚀。

雷德蒸气压（*RVP*）：汽油在 100℉（38℃）下的蒸气压。

研究法辛烷值（*RON*）：在低的发动机苛刻度［600r/min 及 120℉（49℃）］下模拟燃料的性能，对燃料“爆震”的定量测定值。

渣油裂化（Resid）：指一个工艺，如对渣油进行催化裂化以提升渣油的价值。

渣油（Residue）：原油加工过程中残留的物质（如减压和非减压渣油）。

提升管：是一个垂直的“管”，实际上所有的 FCC 反应都在此发生。

提升管末端设备（RTD）：连接到提升管末端用于快速分离进入的催化剂和油气的任何机械装置。

赛氏重油黏度计（SFV）：用于测量非常稠的流体，如重油的黏度的仪器。

选择性：“目的”产品的产率与转化率之间的比值。

二氧化硅与氧化铝之比（硅铝比）（SAR）：用于描述沸石的骨架组成。

骨架密度：组成单个颗粒的纯固体材料的实际密度。

滑阀或塞阀：用于调节反应器与再生器之间催化剂流动的阀。

滑落因子：在提升管内催化剂停留时间与烃蒸气停留时间之比。

钠 Y 沸石：一种在离子交换前以 Y-八面沸石“结晶”形式存在的沸石。

软焦：是 Reza 用于描述伴随待生催化剂的可挥发烃、FCC 原料中任何未气化/未裂化的部分以及再生器中所使用的火炬油的术语。

声速：在干空气中，声音的速度是 1126ft/s（343m/s）或 768m/h（1236km/h）。

酸气：一种含有腐蚀性含硫化合物，如硫化氢和硫醇的天然气体。

相对密度：一种物质的密度（单位体积的质量）与参考物质（对于液体为水，对于气体为空气）的密度（同样单位体积的质量）的比值。

待生催化剂：在汽提器中的结焦催化剂。

立管：在反应器和再生器之间传输催化剂的一种设备。

黏滑流动：由通过立管的催化剂堆积架桥引起的不稳定的循环流动。

直馏汽油：原油通过初级蒸馏所产生的不含裂化、聚合、烷基化、重整或减黏物料的汽油。

应力腐蚀开裂（SCC）：通常指延性金属在腐蚀性环境中（尤其在金属提高使用温度的情况下）经受拉伸应力而出现的意外突然失效。

表观速度（空塔速度）：即空速，指流体在没有任何内部设备的容器（如旋风分离器）中的速度。

脱臭：是从石油馏分或物流中脱除讨厌的硫化合物（主要是硫化氢、硫醇和噻吩）或者将其（如硫醇）转化为无味的二硫化物以改善气味、色泽和氧化稳定性的过程。

热裂化：指高温下未借助催化剂使重油分子断裂为较轻馏分。

第三级分离器（TSS）：安装在 FCC 再生器内气体出口管线的二级旋风分离器之后的气旋收集装置或系统，其作用是捕捉从再生器中逸出的催化剂以保护下游设备和（或）减少排放到大气中的颗粒物。

运输脱离高度（TDH）：颗粒终端速度低于气体速度以回落至鼓泡床所需要的区域。

实沸点（TBP）蒸馏：指在回流比 5:1 下有 15 块不同理论塔板特性的蒸馏分离。

检修（TAR）：指炼油厂的整个工艺或部分工艺的有计划完全停车，或者整个炼油厂进行主要维修、大修和修缮操作并检查、测试和替换工艺材料及设备。

超低硫柴油（ULSD）：最大硫含量为 15μg/g 的柴油燃料。

超稳 Y（USY）：一种经水热处理过的 Y 八面沸石，晶胞尺寸等于或小于 24.50Å，具有比钠 Y 八面沸石优越的水热稳定性。

晶胞尺寸（*UCS*）：沸石中活性位和硅铝比（SAR）的一种间接测量。

UOP：以前的环球油品（Universal Oil Products）。

涡流脱离系统（VDS）：由 UOP 公司为 FCC 装置提供的具有外部提升管的提升管末端设备设计。

涡流分离系统（VSS）：由 UOP 公司为 FCC 装置提供的具有内部/中央提升管的提升管末端设备设计。

湿气（富气）：一种含有相对较高比例的烃并可作为液体回收的气体。

富气压缩机（WGC）：压缩来自主分馏塔塔顶气室的湿气或蒸气。富气压缩机通常为二级中冷离心机。

沸石：一种用于生产 FCC 催化剂的合成晶状铝硅材料。